全国医药中等职业技术学校教材

生 物 学 基 础

全国医药职业技术教育研究会　组织编写

赵　军　主编　　苏怀德　主审

U0390015

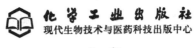

化学工业出版社

现代生物技术与医药科技出版中心

·北京·

本书是全国医药中等职业技术学校教材，由全国医药职业技术教育研究会组织编写。本书浓缩了《动物学》、《植物学》、《分子生物学》、《微生物学》、《生物工程》等多门课程。全书分为理论和实验两部分内容，内容选择上充分考虑了与初中毕业学生认知水平和理解能力的衔接，简明易授。突出了动手能力的培养，实验部分收集了相关实验17个，并与理论教学内容相配套。每章均附有习题，供师生在教学过程中根据需要选择使用。以满足生物技术制药专业的教学需求。

本书可供生物制药专业的学生使用，也可作为医药技工、相关行业的职工培训教材和生物制药类技术人员的参考资料。

图书在版编目（CIP）数据

生物学基础/赵军主编 . —北京：化学工业出版社，2006.6（2025.3重印）

全国医药中等职业技术学校教材

ISBN 978-7-5025-9016-1

Ⅰ . 生… Ⅱ . 赵… Ⅲ . 生物学-专业学校-教材
Ⅳ.Q

中国版本图书馆 CIP 数据核字（2006）第 071118 号

责任编辑：陈燕杰　余晓捷　孙小芳　　　　　　　　文字编辑：张春娥
责任校对：洪雅姝　　　　　　　　　　　　　　　　装帧设计：关　飞

出版发行：化学工业出版社　现代生物技术与医药科技出版中心
　　　　　（北京市东城区青年湖南街 13 号　邮政编码 100011）
印　　装：北京虎彩文化传播有限公司
787mm×1092mm　1/16　印张 14　字数 351 千字　2025 年 3 月北京第 1 版第 19 次印刷

购书咨询：010-64518888　　　　　　　　　　　售后服务：010-64518899
网　　址：http://www.cip.com.cn
凡购买本书，如有缺损质量问题，本社销售中心负责调换。

定　　价：35.00 元

版权所有　违者必究

《生物学基础》编审人员

主　　编　　赵　军　（上海市医药学校）

主　　审　　苏怀德　（国家食品药品监督管理局）

副 主 编　　张庆英　（上海市医药学校）

编写人员　（按姓氏笔画排序）

白瑞霞　（北京市医药器械学校）

劳凤学　（北京市医药器械学校）

辛嘉萍　（上海市医药学校）

张庆英　（上海市医药学校）

赵　军　（上海市医药学校）

全国医药职业技术教育研究会委员名单

会　长　　苏怀德　　国家食品药品监督管理局

副会长　　（按姓氏笔画排序）

　　　　　王书林　　成都中医药大学峨眉学院
　　　　　严　振　　广东化工制药职业技术学院
　　　　　陆国民　　上海市医药学校
　　　　　周晓明　　山西生物应用职业技术学院
　　　　　缪立德　　湖北省医药学校

委　员　　（按姓氏笔画排序）

　　　　　马孔琛　　沈阳药科大学高等职业技术学院
　　　　　王吉东　　江苏省徐州医药高等职业学校
　　　　　王自勇　　浙江医药高等专科学校
　　　　　左淑芬　　河南中医学院药学高职部
　　　　　白　钢　　苏州市医药职工中等专业学校
　　　　　刘效昌　　广州市医药中等专业学校
　　　　　闫丽霞　　天津生物工程职业技术学院
　　　　　阳　欢　　江西中医学院大专部
　　　　　李元富　　山东中药技术学院
　　　　　张希斌　　黑龙江省医药职工中等专业学校
　　　　　林锦兴　　山东省医药学校
　　　　　罗以密　　上海医药职工大学
　　　　　钱家骏　　北京市中医药学校
　　　　　黄跃进　　江苏省连云港中医药高等职业技术学校
　　　　　黄庶亮　　福建食品药品职业技术学院
　　　　　黄新启　　江西中医学院高等职业技术学院
　　　　　彭　敏　　重庆市医药技工学校
　　　　　彭　毅　　长沙市医药中等专业学校
　　　　　谭骁彧　　湖南生物机电职业技术学院药学部

秘书长　　（按姓氏笔画排序）

　　　　　刘　佳　　成都中医药大学峨眉学院
　　　　　谢淑俊　　北京市高新职业技术学院

全国医药中等职业技术教育教材建设委员会委员名单

主 任 委 员　苏怀德　国家食品药品监督管理局

常务副主任委员　王书林　成都中医药大学峨眉学院

副 主 任 委 员　（按姓氏笔画排序）

　　　　　　　　李松涛　山东中药技术学院

　　　　　　　　陆国民　上海市医药学校

　　　　　　　　林锦兴　山东省医药学校

　　　　　　　　缪立德　湖北省医药学校

顾　　　　　问　（按姓氏笔画排序）

　　　　　　　　齐宗韶　广州市医药中等专业学校

　　　　　　　　路振山　天津市药科中等专业学校

委　　　　　员　（按姓氏笔画排序）

　　　　　　　　王质明　江苏省徐州医药中等专业学校

　　　　　　　　王建新　河南省医药学校

　　　　　　　　石　磊　江西省医药学校

　　　　　　　　冯维希　江苏省连云港中药学校

　　　　　　　　刘　佳　四川省医药学校

　　　　　　　　刘效昌　广州市医药中等专业学校

　　　　　　　　闫丽霞　天津市药科中等专业学校

　　　　　　　　李光锋　湖南省医药中等专业学校

　　　　　　　　彭　敏　重庆市医药技工学校

　　　　　　　　董建慧　杭州市高级技工学校

　　　　　　　　潘　雪　北京市医药器械学校

秘　　　　　书　（按姓氏笔画排序）

　　　　　　　　王建萍　上海市医药学校

　　　　　　　　冯志平　四川省医药学校

　　　　　　　　张　莉　北京市医药器械学校

前　言

　　半个世纪以来，我国中等医药职业技术教育一直按中等专业教育（简称为中专）和中等技术教育（简称为中技）分别进行。自20世纪90年代起，国家教育部倡导同一层次的同类教育求同存异。因此，全国医药中等职业技术教育教材建设委员会在原各自教材建设委员会的基础上合并组建，并在全国医药职业技术教育研究会的组织领导下，专门负责医药中职教材建设工作。

　　鉴于几十年来全国医药中等职业技术教育一直未形成自身的规范化教材，原国家医药管理局科技教育司应各医药院校的要求，履行其指导全国药学教育、为全国药学教育服务的职责，于20世纪80年代中期开始出面组织各校联合编写中职教材。先后组织出版了全国医药中等职业技术教育系列教材60余种，基本上满足了各校对医药中职教材的需求。

　　为进一步推动全国教育管理体制和教学改革，使人才培养更加适应社会主义建设之需，自20世纪90年代末，中央提倡大力发展职业技术教育，包括中等职业技术教育。据此，自2000年起，全国医药职业技术教育研究会组织开展了教学改革交流研讨活动。教材建设更是其中的重要活动内容之一。

　　几年来，在全国医药职业技术教育研究会的组织协调下，各医药职业技术院校认真学习有关方针政策，齐心协力，已取得丰硕成果。各校一致认为，中等职业技术教育应定位于培养拥护党的基本路线，适应生产、管理、服务第一线需要的德、智、体、美各方面全面发展的技术应用型人才。专业设置必须紧密结合地方经济和社会发展需要，根据市场对各类人才的需求和学校的办学条件，有针对性地调整和设置专业。在课程体系和教学内容方面则要突出职业技术特点，注意实践技能的培养，加强针对性和实用性，基础知识和基本理论以必需够用为度，以讲清概念，强化应用为教学重点。各校先后学习了《中华人民共和国职业分类大典》及医药行业工人技术等级标准等有关职业分类、岗位群及岗位要求的具体规定，并且组织师生深入实际，广泛调研市场的需求和有关职业岗位群对各类从业人员素质、技能、知识等方面的基本要求，针对特定的职业岗位群，设立专业，确定人才培养规格和素质、技能、知识结构，建立技术考核标准、课程标准和课程体系，最后具体编制为专业教学计划以开展教学活动。教材是教学活动中必须使用的基本材料，也是各校办学的必需材料。因此研究会首先组织各学校按国家专业设置要求制订专业教学计划、技术考核标准和课程标准。在完成专业教学计划、技术考核标准和课程标准的制订后，以此作为依据，及时开展了医药中职教材建设的研讨和有组织的编写活动。由于专业教学计划、技术考核标准和课程标准都是从现实职业岗位群的实际需要中归纳出来的，因而研究会组织的教材编写活动就形成了以下特点：

　　1. 教材内容的范围和深度与相应职业岗位群的要求紧密挂钩，以收录现行适用、成熟规范的现代技术和管理知识为主。因此其实践性、应用性较强，突破了传统教材以理论知识为主的局限，突出了职业技能特点。

2. 教材编写人员尽量以产学结合的方式选聘，使其各展所长、互相学习，从而有效地克服了内容脱离实际工作的弊端。

3. 实行主审制，每种教材均邀请精通该专业业务的专家担任主审，以确保业务内容正确无误。

4. 按模块化组织教材体系，各教材之间相互衔接较好，且具有一定的可裁减性和可拼接性。一个专业的全套教材既可以圆满地完成专业教学任务，又可以根据不同的培养目标和地区特点，或市场需求变化供相近专业选用，甚至适应不同层次教学之需。

本套教材主要是针对医药中职教育而组织编写的，它既适用于医药中专、医药技校、职工中专等不同类型教学之需，同时因为中等职业教育主要培养技术操作型人才，所以本套教材也适合于同类岗位群的在职员工培训之用。

现已编写出版的各种医药中职教材虽然由于种种主客观因素的限制仍留有诸多遗憾，上述特点在各种教材中体现的程度也参差不齐，但与传统学科型教材相比毕竟前进了一步。紧扣社会职业需求，以实用技术为主，产学结合，这是医药教材编写上的重大转变，今后的任务是在使用中加以检验，听取各方面的意见及时修订并继续开发新教材以促进其与时俱进、臻于完善。

愿使用本系列教材的每位教师、学生、读者收获丰硕！愿全国医药事业不断发展！

全国医药职业技术教育研究会
2005 年 6 月

编 写 说 明

按照全国医药职业技术教育研究会教材编写的要求，本教材在整合课程内容上，结合医药行业对工人的技术要求标准，坚持以能力为本位的教学模式改革方向，强调学生是课程的主体，强调教学活动的完整性。供生物技术制药专业的学生使用。

《生物学基础》是生物技术制药专业的基础课程，在《动物学》、《植物学》、《微生物学》、《生物化学》、《分子生物学》、《生物工程》等课程体系上，按新的课程体系编排教学内容，根据初中毕业学生的认知水平和理解能力，增加实践性的知识，讲求教学内容的适用性，提高授课的效率而编写。

本教材由赵军担任主编，张庆英担任副主编。参加编写的人员都从事医药职业教育多年，具有丰富的教学经验和深厚的专业理论知识。具体编写分工为：第一篇由辛嘉萍编写，第二篇由张庆英编写，第三篇由白瑞霞和赵军编写，第四篇由劳凤学、赵军、张庆英、辛嘉萍编写，实验部分由白瑞霞、赵军、张庆英编写。

苏怀德教授担任本教材的主审，对本书的编写提出了宝贵的意见和建议，在此表示衷心感谢。

在本书编写过程中，还得到了上海市医药学校领导的大力支持，在此一并表示感谢。由于编者水平有限，加上时间仓促，错误和不足之处在所难免，诚恳欢迎读者批评指正。

编 者

2006 年 6 月

目　　录

第一篇　动物与植物

第二篇　分子生物学

第三篇　微　生　物

第四篇　生物工程

实　验

第一篇　动物与植物

第一章　动物概述

【教学要求】

1. 教学目的

掌握动物细胞的基本结构，细胞膜的物质运输功能，动物组织的分类、血液的组成成分及各成分的功能；

熟悉常见细胞器的特点及功能；

了解动物的分类概况。

2. 教学重点

动物细胞的结构，动物的四大组织，血液的组成。

第一节　动物细胞

细胞（cell）一词由英国学者胡克（Robert Hooke）创立，他用自制的显微镜（放大倍数 40～140）观察了软木的薄片，第一次借用拉丁文 cell 这个词描述他所看到的类似蜂巢的极小的封闭小室。

一切有机体都是由细胞（除病毒、类病毒为非细胞结构外）构成的。单细胞生物仅由一个细胞构成，多细胞生物体一般由数以万计乃至百万、千万、亿计的细胞组成。有些极低等的多细胞生物体，如盘藻仅由 4 个、8 个或几十个未分化的相同的细胞组成，它们实际上是单细胞与多细胞生物之间的过渡类型。高等动植物有机体是由无数个功能与形态结构不同的细胞组成。在多细胞生物机体内，构成高等生物体的细胞虽然都是高度"社会化"功能的细胞，具有分工与协同的相互关系，但它们又保持着形态与结构的独立性，每个细胞具有自己独立的一套"完整"的结构体系，构成有机体的基本结构单位。有机体的生长、发育、繁殖、遗传与进化都与细胞有关。有机体的一切代谢活动都在细胞结构内完整而有序地进行着。无数实验证明，任何细胞结构完整性的破坏，都不能实现细胞完整的生命活动，也就是说，没有细胞就没有完整的生命。

一、细胞的化学组成

细胞是所有生命有机体的基本结构和功能单位。由于生物进化上的差异，各种细胞的组成结构虽有不同，但它们的化学组成却基本相似。

1. 细胞的元素组成

细胞中所含的主要化学元素是碳（C）、氢（H）、氧（O）、氮（N），这四种元素约占细胞总质量的 96%，是构成各种有机化合物的主要成分。其次是硫（S）、磷（P）、钠（Na）、钾（K）、氯（Cl）、镁（Mg）、铁（Fe）、钙（Ca）。这十二种元素约占细胞总质量的 99% 以上。此外，还有微量的其他元素，如硼（B）、硅（Si）、锰（Mn）、铜（Cu）、锌（Zn）等，这些微量元素在生命活动中都有重要作用，也是必不可少的。还有一些元素是偶然存在于细胞中，它们的作用还不完全清楚。细胞的元素组成及其含量如表 1-1 所示。

表 1-1　组成细胞的元素及其含量　　　　　　　　　%

含量最高的必需元素/相对含量	其他必需元素/相对含量		偶然存在的元素/相对含量
碳(C)/18.0	磷(P)/1.1000	碘(I)/0.0004	钒(V)/痕量
氢(H)/10.0	硫(S)/0.2500	锰(Mn)/痕量	钼(Mo)/痕量
氮(N)/3.0	钙(Ca)/2.0000	钴(Co)/痕量	锂(Li)/痕量
氧(O)/65.0	钾(K)/0.3500	铜(Cu)/痕量	氟(F)/痕量
	钠(Na)/0.1500	锌(Zn)/痕量	溴(Br)/痕量
	氯(Cl)/0.1500	硒(Se)/痕量	硅(Si)/痕量
	镁(Mg)/0.0500	镍(Ni)/痕量	砷(As)/痕量
	铁(Fe)/0.0040		钡(Ba)/痕量

2. 细胞的组成

(1) 水　水是活细胞中含量最大的成分，一般占细胞总量的 60%～90%。不同的生物细胞，它们的含水量是不同的。在干燥的种子中，水的含量一般较低，只有 10%～14%。在同一种生物体内的不同器官中，水的含量也不一致。成年人的骨骼含水量为 23%，肌肉中为 76%，脑为 86%。

水在细胞正常的代谢活动中具有重要意义。细胞中的水以两种形式存在，即游离水和结合水。大部分水以游离的形式存在，作为代谢反应物的溶剂参与代谢物质运输。少量水则直接与蛋白质等有机大分子结合，是构成原生质的组成成分，称为结合水。游离水和结合水随着代谢活动的进行可以相互转变。

水的比热容大，能在温度升高时吸收较多的热量，因而使细胞的温度和代谢速率得以保持稳定。水的蒸发热也较高，有利于生物体保持体温。

对绿色植物来说，水还是光合作用的原料。

(2) 无机盐　细胞中的无机盐一般都是以离子状态存在的，如 Na^+、K^+、Ca^{2+}、Mg^{2+}、Cl^-、HPO_4^{2-}、HCO_3^- 等，它们对细胞的渗透压和 pH 起着重要的调节作用。有些离子是酶活化和调节的因子，如 Ca^{2+}、Mg^{2+} 等。有些则是合成有机物的原料，如 PO_4^{3-} 是合成磷脂、核苷酸的原料，Mg^{2+} 是合成叶绿素的原料。

(3) 糖类　糖类物质是生物界分布极广、含量较多的一类有机物，几乎存在于所有的生命有机体中，其中以存在于植物界为最多，约占其干重的 80%；人和动物的脏器以及组织中的含糖量不超过其干重的 2%；微生物的含糖量约占菌体干重的 10%～30%。

(4) 脂类　脂类广泛存在于自然界，是脂肪酸和醇脱水所生成的物质，主要由 C、H、O、N、P 组成，它们的结构各不相同，但都具备下列共同特性：不溶于水，易溶于乙醚、丙酮、三氯甲烷、苯和四氯化碳等非极性溶剂。

细胞内的脂类有多种，可分为储存脂类、结构脂类和功能脂类。储存脂类如脂肪，可作为能量储存在生物体内，并构成生物体的保护层，防止机械损伤和热量、水分的散失。结构脂类如磷脂是构成生物膜系统的主要成分之一，与细胞的表面物质、细胞识别、种的特异性、组织免疫等密切相关。功能脂类如维生素 A、维生素 D、各种类固醇激素、前列腺素等具有强烈的生物活性，对机体正常代谢起着调节作用。

(5) 蛋白质　蛋白质的组成元素有 C、H、O、N、S 等，是以氨基酸为基本单位而构成的大分子多聚物，是细胞原生质的重要组成部分，在生命活动中起着关键作用。没有蛋白质就没有生命。蛋白质有许多种，在生物体的各个重要的生命活动中，每一种不同的蛋白质以及其复杂的构象变化使其具有广泛的生物学功能，如起着催化作用的酶、运输小分子和离子物质的载体蛋白质、动物的皮肤和骨骼中具有的很强的抗牵拉作用的胶原蛋白、具有免疫防护作用的抗体、对代谢有调节作用的激素等均是蛋白质。由此可见蛋白质作用之广及其重要性。

（6）核酸 由于它们是酸性的，并且最先是从细胞核中分离的，故称为核酸。核酸是由核苷酸脱水聚合而成的，主要由 C、H、O、N、P 组成的高分子化合物。根据其组成不同，分为核糖核酸（RNA）和脱氧核糖核酸（DNA）。DNA 主要存在于细胞核内的染色质中，线粒体和叶绿体中也有，是遗传信息的携带者；RNA 在细胞核内产生，然后进入细胞质中，在蛋白质的合成中起重要作用。

二、细胞的大小和形态

1. 细胞的大小

细胞一般很小，用显微镜才能观察到。细胞靠表面接受外界信息并和外界进行物质交换。细胞体积小，单位体积的表面积相对较大，这有利于细胞的生命活动。测量细胞的常用长度单位是微米（μm）、纳米（nm）。大多数细胞的直径是在几到几十微米的范围内。但不同种类的细胞间大小差别悬殊。鸟类的卵细胞肉眼可见，鸵鸟的卵细胞直径可达 75mm。长颈鹿的神经细胞可长达 3m 以上，而现在已知最小的细胞是支原体，直径仅为 0.1μm，要用电镜才能看到。细胞的大小与生物的进化程度和细胞功能是相适应的。卵细胞之所以大，是由于卵细胞中含有大量的营养物质（供其胚胎发育之用）；神经细胞之所以长，与其传导功能相一致。但细胞的大小与生物体的大小并无直接关系，大象和小鼠的体积相差很大，但细胞的大小却几乎相差无几。多细胞生物个体的生长主要是由于细胞数目的增多，而不是细胞体积的增大。例如，新生儿约有 2 万亿个细胞，60kg 体重的成人约有 60 万亿个细胞。一般来说，多细胞生物的个体越大，细胞数目就越多。

2. 细胞的形态

细胞的形态多种多样，有圆形的、椭圆形的、立方体形的、扁形的、梭形的、柱状的以及星形的等（图 1-1）。一般来说，细胞的形态与它们所处的环境条件或所担负的生理功能

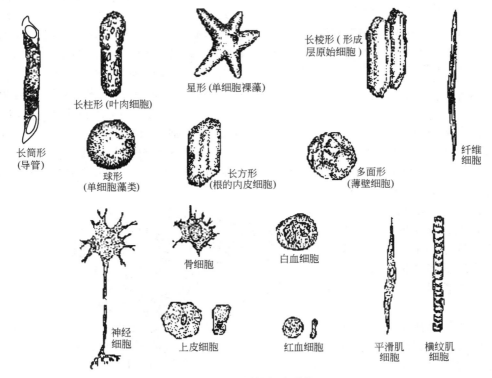

图 1-1 不同的细胞形状

是密切相关的。比如植物体中具有输导作用的细胞呈长筒状，支持器官的细胞呈长纺锤形，吸收水分和无机盐的根毛细胞向外突起以增加吸收面积；而动物体中管理运动的肌肉细胞是长梭形或纺锤形的，担负氧气运输的红细胞是圆盘状的，神经细胞细长且有很多的分支或突起、这便于接受和传导刺激等。

三、细胞的结构与功能

动物细胞典型的细胞结构（图 1-2）分为细胞膜、细胞质和细胞核三部分。

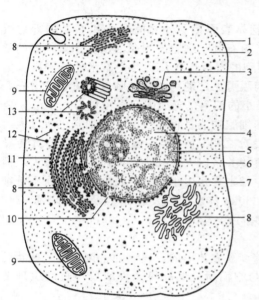

图 1-2　动物细胞结构模式图

1—细胞膜；2—细胞质；3—高尔基体；4—核液；
5—染色质；6—核仁；7—核膜；8—内质网；
9—线粒体；10—核孔；11—内质网上的核
糖体；12—游离的核糖体；13—中心体

1. 细胞膜

细胞膜又称质膜，是细胞内的原生质膜，是指围绕在细胞最外层的薄膜，一般厚度为 $7\sim8nm$，与各种细胞器的膜和核膜总称为生物膜。质膜是各种细胞必不可少的基本膜。

（1）生物膜的结构　在电子显微镜下观察生物膜结构，可以分为内、中、外三层。内外两层为电子密度大的暗层；中间为电子密度小的亮层。通常把这种三层结构的膜称为单位膜。生物膜的分子结构是由按一定规律排列的脂类和蛋白质分子所组成，有些细胞的膜中还含有糖类分子。脂类主要包括磷脂和固醇，而蛋白质成分的种类较多。

目前公认的生物膜结构是液态镶嵌模型（图 1-3），该模型认为，生物膜是以磷脂类的双分子层为骨架（脂双层）。脂双层的表面是磷脂分子的亲水端，内部是疏水的脂肪酸链。其表面镶有蛋白质分子，其内嵌有蛋白质。这些蛋白质有的是有催化作用的酶，有的和物质运输有关，有的是激素或生物活性物质的受体。细胞膜的表面还有糖类分子，它们大多与蛋白质分子结合成糖蛋白，与细胞的识别功能有关。

（2）生物膜的功能　真核细胞由于细胞膜的存在而与外界分隔并使其具有一个稳定的内环境，有利于与外界进行有序的物质交换。由于生物膜的分隔，使细胞核和细胞器也都呈一个隔间，各个隔间都有自己的特性，分别执行一定的功能，所以生物膜为细胞系列化反应的有序性和生物功能的区域化提供了物质基础。生物膜的功能是多样的、复杂的，各种膜的功能差异主要是因其所含蛋白质的不同。

细胞膜是生活细胞的屏障，对细胞的生命活动起着保护作用，能选择性地进行物质交换和运输，调控细胞内外物质和离子的平衡以及

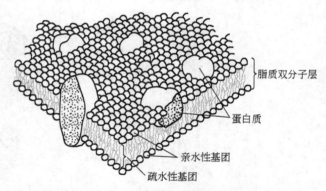

脂质双分子层

蛋白质

亲水性基团

疏水性基团

图 1-3　生物膜液态镶嵌模型

渗透压平衡，维持细胞内外环境恒定。细胞膜也是能量转换和信息传递的场所。细胞膜还与代谢调控、基因表达、细胞识别和信息传递以及免疫功能等有关。

2. 细胞质和细胞器

细胞质是占据质膜之内核膜之外空间的实物体系，是细胞的主要部分，也是细胞新陈代谢的主体，又是细胞生命活动的主要表现者。细胞质的构造比较复杂，包括无定形的基质部分和有一定形态的亚细微结构——细胞器，二者分工协作，共同组成细胞质整体。

细胞基质是细胞质的液态部分，充满细胞内各种膜系构造之间，包含各种可溶性成分，承载各种细胞器和颗粒体，是细胞代谢的基地，同时又是代谢的仓库，含有各种酶及其代谢中间产物，给各种途径的代谢提供能量、原料和条件，故基质又称为细胞代谢库。细胞基质又是细胞的内在调节者，基质中含有大量的水分和无机盐，对细胞内盐-水平衡起调节作用，基质中还有有机物、蛋白质等，是渗透压、酸碱度的调节者。

（1）核糖体　核糖体是由核糖体核糖核酸（rRNA）和蛋白质构成的略呈球形的颗粒状小体，没有被膜包裹，其直径约为25nm。哺乳动物的细胞中，核糖体的沉降系数为80S，由大（60S）、小（40S）两个亚单位组成。

核糖体是蛋白质合成的主要场所，称为"蛋白质的加工厂"。附着核糖体与游离核糖体所合成的蛋白质的种类不同，但核糖体的结构与化学组成是完全相同的。没有核糖体存在的细胞便不能合成蛋白质。丧失合成蛋白质能力的细胞，其寿命比较短。因此可以说核糖体是细胞最基本的不可缺少的结构。

（2）线粒体　线粒体是普遍存在于真核细胞内的一种重要的独特的细胞器，形态多种多样，大多呈圆形、椭球形以及杆状。其形状、体积、数量、分布及内部结构常因细胞的种类、功能和生理状况而有很大差异。在一定条件下其形状的变化是可逆的。

线粒体的结构相当复杂，它是由内外两层膜包裹的囊状细胞器（图1-4），外膜是平滑而连续的界膜；内膜反复延伸折入内部空间形成嵴。嵴的存在大大增加了内膜的表面积，有利于生物化学反应的进行。内外膜之间的间隙称外腔，含有许多可溶性酶，电子密度低；内膜包围的腔为内腔，腔中充满颗粒状基质，电子密度大于外腔。嵴和内膜的基质面上附有许多电子传递粒子（基粒），它们是进行氧化磷酸化、产生ATP高能磷酸键的功能单位。线粒体的功能是进行呼吸作用，释放出的能量供细胞代谢使用，是细胞的"动力工厂"。

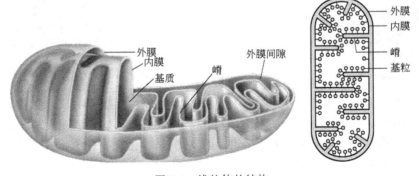

图 1-4　线粒体的结构

（3）内质网　内质网是广泛分布于多种细胞细胞质内的膜性管状或囊状的结构体系。由单层膜包围而成，不仅与核膜和质膜内褶部分相连，并与高尔基体紧密相关。在细胞基质内形成立体网络结构，成为细胞内输送物质的重要渠道，也是膜更新的重要方式。除了红细胞等几种细胞之外的所有细胞均有内质网。

膜的表面附着有核糖体的内质网称为糙面内质网，其所占比例远远大于滑面内质网，是

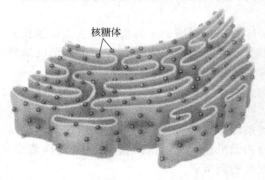

图 1-5　糙面内质网与核糖体

蛋白质的合成场所（图 1-5），因此糙面内质网最主要的功能是合成分泌型蛋白、膜蛋白以及内质网、高尔基体和溶酶体中的蛋白质。所合成的蛋白质的糖基化修饰及折叠与装配也都发生在内质网中。其次是参与制造更多的膜。滑面内质网的膜上没有核糖体颗粒，但却有许多具有活性的酶，这种内质网比较少见，但在与脂类代谢有关的细胞中却很多，有合成脂肪、磷脂的功能。在肌细胞中的功能是储存钙，调节钙的代谢，参与肌肉的收缩。

（4）高尔基体　高尔基体是由单层膜围成的扁平囊组成，存在于绝大多数细胞内，尤以分泌细胞中最发达。大小不一，形态各异，在不同的细胞中，甚至在同一细胞的不同生长阶段都有很大的区别。一般动物细胞中数目较少，即使在含量丰富的肝细胞中也仅有 50 个左右的高尔基体，大多位于细胞核的附近。

电镜下典型的高尔基体是由扁平囊、小泡和大泡所组成（图 1-6）。扁平囊平行排列，切面呈弓形。弓形的凸面与糙面内质网所芽生的转移小泡相融合，接受新合成的蛋白质，称此面为形成面。形成面所接受的物质经高尔基体加工浓缩后在弓形的凹面处形成分泌颗粒——大泡，故凹面称分泌面。因此高尔基体的主要功能是对糙面内质网合成的蛋白质进行加工、浓缩、储存和输送（图 1-7）。

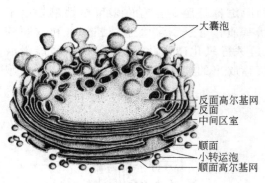

图 1-6　高尔基复合体模式图

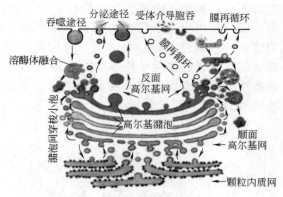

图 1-7　高尔基复合体功能示意

（5）溶酶体　溶酶体普遍存在于动物细胞中，是由糙面内质网和高尔基体产生的。它是由单层膜围成的近似球形的个体，其中含有多种酸性水解酶，这些酶有的是水溶性的，有的则结合在膜上。其功能是起自溶和消化作用，帮助细胞消化吞噬进的物体，还可自我消化一些衰老或损伤的结构，便于结构更新（图 1-8）。

（6）中心粒　在细胞进行有丝分裂时容易观察到，而在细胞分裂间期不易见到。通常每个细胞含有 1 对中心粒，且彼此垂直，这种成对的中心粒称中心体。每个中心粒由圆筒状排列的九根微管组成。它的功能与细胞分裂时染色体的移动有关。

（7）微体　微体是细胞中一些单层膜围成的小体。内含一种或几种氧化酶类。细胞中有

两种微体，一种称为过氧化物酶体，一种是乙醛酸循环体。过氧化物酶体是动物细胞、植物细胞都有的，细胞内大约20%的脂肪酸是在过氧化物酶体中氧化分解的。其中一些酶可将脂肪酸氧化分解产生H_2O_2，还有一些酶能将细胞中的H_2O_2分解生成H_2O和O_2。如果H_2O_2在细胞内储积，它将杀死细胞。乙醛酸循环体主要存在于油料植物种子中，脂肪经它含的几种酶逐步分解。

3. 细胞核

细胞核的出现是细胞进化的重要标志之一，除哺乳动物的成熟红细胞和植物筛管细胞无细胞核外，所有的真核细胞都有细胞核。细胞核是真核细胞内最大最重要的细胞器，蕴藏着大量的遗传信息，是细胞遗传与代谢的调控中心。

细胞核的大小、形状以及在细胞内的分布位置，与细胞的发育阶段、细胞类型

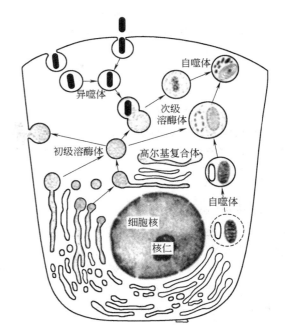

图 1-8　溶酶体功能示意

及生理状况有关，也受外界环境条件的影响。生活细胞一般具有一个细胞核，也有具有两个核或多个核的。细胞核通常位于细胞中央，也有偏向一边的，如腺细胞、脂肪细胞和成熟的植物细胞的细胞核。完整的细胞核包括核膜、核仁、核基质、染色质四个部分（图1-9）。

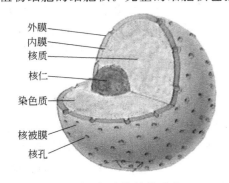

图 1-9　细胞核结构示意

（1）核膜　细胞核的包膜是完整而不密闭的膜系，由内、外两层单位膜组成。核膜是半开放的，双层膜上有相连通形成的核孔，核孔是核内外物质交流的窗口，它容许生物大分子和其他胶粒通过，但核仁和染色体不能通过。

核膜是非永久性的构造，在细胞分裂前期末核膜消失，细胞分裂末期重建。

（2）核仁　在光学显微镜下，核仁是细胞核中折光性很强的均匀小球体。各种生物的核仁数目一般都是固定的。除极少数细胞如精子细胞外，大多数细胞核都有1个或1个以上的核仁。在电镜下，核仁是裸露无膜并由纤维丝构成的海绵状结构。其化学成分主要是RNA和蛋白质。核仁的主要功能是合成rRNA和组装核糖体的亚单位。

（3）核基质　核基质呈胶状液，内含核代谢的各种酶和物质，也是染色质附着的场所。通过核孔，核质与细胞质可相互流动，可称为交流。

（4）染色质　利用固定染色技术，如用苏木精染色，可在光镜下看到细胞核中许多细丝状交织成网的物质，网上还有较粗大的染色更深的团块，这些就是染色质。其主要成分是DNA、组蛋白、还有少量的非组蛋白和RNA。分裂间期，核内的染色质分散在核液中呈细丝状，光学显微镜下不能分辨。细胞分裂时，这些染色质丝经过几级螺旋聚集，形成一定数

目和形态的染色体。分裂结束，染色体又松散开来，扩散成染色质。因此染色质和染色体实际上是同一物质在细胞的不同时期表现出来的不同形态。

第二节   组   织

组织是由一些形态类似、机能相同的细胞群构成。在组织内，不仅有细胞，也有非细胞形态的物质——细胞间质。高等动物及人的组织可分为 4 大类，即上皮组织、结缔组织、肌肉组织和神经组织。

一、上皮组织

上皮组织是由紧密排列的上皮细胞和少量的细胞间质所组成，覆盖在体表和体内以及各器官内外的表面，具有保护、吸收、排泄、分泌、呼吸等功能。覆盖体表的皮肤有保护作用，防止有害物质侵入；覆盖在腹膜、胸膜、心外膜等浆膜的内表面者，称为间皮，使内脏活动自如，防止相互粘连；覆盖在血管、淋巴管、心脏等管腔的内表面者，称为内皮，有减少血液或淋巴液的阻力和便于物质的交换作用。此外，还有一些有分泌功能的上皮，称为分泌上皮，构成体内的腺体，如甲状腺、肾上腺、消化腺等。

二、结缔组织

结缔组织与上皮组织不同，其特点是细胞种类多、细胞数量少、间质多。细胞间质包括基质和纤维 2 种成分。基质是略带黏性的物质，填充于细胞和纤维之间，为物质代谢的交换媒介。纤维可分为胶原纤维、网状纤维和弹性纤维 3 类。纤维有联系体内各组织和器官的作用。根据结缔组织的性质和成分，可分为疏松结缔组织（网状组织、蜂窝组织、脂肪组织）、致密结缔组织（韧带、肌腱、软骨、骨）和血液。脂肪的主要成分是细胞，韧带的主要成分是纤维，而软骨的主要成分是基质。结缔组织在体内具有支持、保护、营养、修复和物质运输的功能。

三、肌肉组织

肌肉组织主要由肌细胞组成。肌细胞呈长纤维状，故又称肌纤维。肌肉组织分 3 种：平滑肌、心肌和骨骼肌。平滑肌分布于内脏，如胃、肠、血管、子宫等处，能进行缓慢而不随意的收缩。平滑肌细胞多呈梭形，单核。骨骼肌分布于骨骼上，能进行迅速、随意的收缩。骨骼肌是多核的。骨骼肌和心肌都有横纹，可分明暗两部分，故称横纹肌。组成心脏的心肌，进行持久的、有节律性的而不是随意的收缩。

四、神经组织

神经组织是一种分化最高级的组织，动物愈高等，神经组织愈发达。神经组织由神经细胞（或称神经元）和神经胶质细胞组成。神经细胞有高度发达的感觉刺激和传导兴奋的能力。神经细胞包括胞体和突起。突起有 2 种：树突和轴突，树突短而数量多，轴突长而数量少，一般只有一根，但在末端会有许多分支。神经细胞的胞体大都被限制在中枢神经系统和神经节里，但是，它们的轴突却很长，并形成分支遍布于全身。神经纤维多指神经细胞的轴突部分。神经胶质细胞具有很多突起，彼此交织成网，有支持、保护和营养的功能，但还没有证明有传导兴奋的能力。

第三节　血液的组成与功能

血液是一种流动性结缔组织，循环于心血管系统内。它将身体必需的营养物质和氧输送至各个器官、组织和细胞；同时将机体不需要的代谢产物运送到排泄器官，以排出体外。血液还有免疫、保护和调节功能，是体液的重要组成部分。

血液由液体成分血浆和有形成分血细胞两部分组成。有形成分包括红细胞、白细胞和血小板。从正常人体内抽出血液，放入有抗凝剂的试管中，混匀后，经离心沉降，管内血液分为两层：上层淡黄色透明液体是血浆，下层是血细胞。血细胞中最上面一薄层是白细胞和血小板，其下呈红色，为红细胞。如果不加抗凝剂，血液凝固后，析出的淡黄色澄明液体称为血清。

一、血浆的成分与生理功能

血浆含有大量的水分和一定量的溶质，这些溶质包括血浆蛋白、非蛋白氮、不含氮的有机物、无机盐等，是血浆理化特性和生理功能的物质基础。

（1）血浆蛋白　血浆蛋白可分为白蛋白、球蛋白和纤维蛋白原等几种，含量最多的是白蛋白。白蛋白的功能主要是形成血浆胶体渗透压，当血浆白蛋白含量下降时，胶体渗透压会下降，导致全身水肿。血浆白蛋白还可运输某些激素和药物。血浆球蛋白参与免疫功能；纤维蛋白原参与凝血功能。

（2）非蛋白氮　蛋白质以外的含氮物质，总称非蛋白氮。主要是尿素，还有尿酸、肌酐、氨基酸、多肽、氨和胆红素等。氨基酸和多肽是营养物质，可参加各种蛋白质的合成。其余多为代谢产物（废物），大部分经肾排出体外。

（3）无机盐　血浆中的无机物，绝大部分以离子状态存在。阳离子以 Na^+ 浓度最高，还有 K^+、Ca^{2+} 和 Mg^{2+} 等，阴离子以 Cl^- 最多，还有 HCO_3^- 等。各种离子都有其特殊生理功能。如 NaCl 维持血浆晶体渗透压；Ca^{2+} 参与凝血及维持神经肌肉兴奋性；还有一些微量元素是构成某些酶、维生素或激素的必要原料等。

二、血细胞组成与生理功能

（1）红细胞　红细胞体积很小，直径有 $7\sim8\mu m$，圆盘形，中间凹陷，边缘较厚。正常成熟的红细胞没有细胞核、高尔基体和线粒体等细胞器。红细胞是血液中数量最多的血细胞，成年男性正常平均为 $5.0\times10^{12}/L$；女性为 $4.2\times10^{12}/L$。血红蛋白的含量，男性为 $120\sim160g/L$；女性为 $110\sim150g/L$。红细胞的主要功能是运输 O_2 和 CO_2，此外对血液的酸碱平衡也起一定的缓冲作用。这两项功能均是通过血红蛋白来完成的。

（2）白细胞　白细胞为无色有核血细胞，体积比红细胞大。正常成人有白细胞 $4\times10^9\sim10\times10^9/L$。根据形态、功能和来源的不同，可将它们分为 3 类。①粒细胞：根据着色的不同又可分为中性粒细胞、嗜酸性粒细胞、嗜碱性粒细胞。中性粒细胞约占总数的 $50\%\sim70\%$。②单核细胞：约占总数的 7%。③淋巴细胞：约占总数的 $25\%\sim30\%$。中性粒细胞主要起重要的防御作用，淋巴细胞主要是具有特异性免疫功能，嗜碱性粒细胞与过敏反应的发生有关。

（3）血小板　血小板是巨核细胞的碎片，无细胞核，有完整的细胞膜。正常成人约为 $1\times10^{11}\sim3\times10^{11}/L$。血小板在凝血过程中起重要作用，可促进止血；对毛细血管有营养和支持作用。如果血小板的数量低于 $5\times10^{10}/L$，就会出现自发性出血倾向。

第四节　动物的分类

根据结构水平，将动物分为原生动物亚界和后生动物亚界。

一、原生动物亚界

原生动物亚界分为 7 个门，分别介绍如下。

（1）肉鞭门　以鞭毛、伪足或两者为运动器。除少数例外，只有一个类型的细胞核。有性生殖为配子配合生殖。又可分为鞭毛亚门、蛙片亚门、肉足亚门。

（2）顶复门　在电镜下可见顶端复合器，无纤毛。有性生殖为配子生殖。全部是寄生种类。分为拍琴纲、孢子纲。

（3）盘蜷门　滋养体期细胞产生透明的细胞质物质，形成"黏质物"，联合成生网体。产生异鞭毛的动孢子。腐生或寄生在海产藻类或头足类上。

（4）微孢子门　具单细胞孢子。孢子内含有单核的或双核的胞质和冲出器。细胞内寄生。分为原微孢子纲和微孢子纲。

（5）囊孢子门　孢子多细胞或单细胞，内含 1 个或多个胞质。具有线粒体。寄生于无脊椎动物。分为星孢子纲和无孔孢子纲。

（6）粘体门

（7）纤毛门

二、后生动物亚界

可分为许多门，如多孔动物门、中生动物门、腔肠动物门、扁形动物门、纽形动物门、线虫动物门、轮虫动物门、环节动物门、软体动物门、节肢动物门、棘皮动物门、半索动物门、脊索动物门等。脊索动物门又可分为圆口纲（七鳃鳗）、软骨鱼纲（海马）、两栖纲（青蛙、蟾蜍）、爬行纲（蛇、龟）、鸟纲（家鸽）、哺乳纲等。哺乳纲分为 3 个亚纲，即原兽亚纲、后兽亚纲、真兽亚纲。原兽亚纲代表动物为鸭嘴兽；后兽亚纲代表动物为大袋鼠；真兽亚纲现存有 18 个目，其中分布在我国的有 14 目约 500 种。如啮齿目中的兔科（家兔）、豚鼠科（豚鼠）、鼠科（大白鼠、小鼠），长鼻目（象），食肉目中的猫科（猫）、犬科（狼、家狗），有蹄目（鹿、牛、羊），灵长目中的猴科（猕猴）。人属于真兽亚纲中的灵长目，人科。

习　　题

1. 动物细胞的基本结构是什么？
2. 组成细胞的主要元素是哪几种？细胞中含量最多的分子是什么？
3. 动物细胞中的"动力工厂"、"蛋白质加工厂"是指什么？
4. 什么叫液态镶嵌学说？
5. 血液的组成有哪些？
6. 动物的组织分为哪几类？血液属于哪一类？
7. 写出人在动物分类中的位置？

第二章　常用实验动物

【教学要求】

1. 教学目的

掌握常用实验动物的选择依据、应用部位及用途；

熟悉常用实验动物的习性特点；

了解常用实验动物的分类特征。

2. 教学重点

常用实验动物的选择及用途。

一、选择实验动物的依据

药物的药理学研究工作只有首先使用动物，在动物身上得出可靠的数据，才能用在人身上。实验动物种类很多，选择合适的动物进行药物的研究，不仅可以节约经费，得出的数据也更可靠，更接近人的指标。在选择动物方面主要应考虑以下几点。

① 要求所用动物对药物的反应比较敏感而且尽量与人接近。也就是说希望选用那些与人有更多共同点的动物。从进化系统上讲，越是高等的动物，对药物的反应越是与人接近。从动物分类看，脊索动物门中的哺乳纲是比较高级的，而其中的灵长目又比食肉目高级，食肉目比啮齿目动物高级。也就是猴（灵长目）、狗、猫的反应远比属于啮齿类的大白鼠、小鼠或兔敏感而且与人接近。

② 要求所用动物能大量繁殖供应，并且种系清楚，以保证反应性能一致，便于重复和核对，也便于互相交流材料。但高度纯种的动物繁殖饲养要求较高，又给大量应用造成了限制。因此在选择时就必须权衡利弊。一般在筛选实验时用杂种动物；在效价比较时，用纯种动物比较理想。

③ 价格比较便宜。猴的反应性与人最接近，但来源有限，价格昂贵，除特殊需要外，无法常规使用。而鼠类可以大量繁殖，价格便宜，在一定条件下，可以保证使用相同的种系的动物，且其反应性也有一定规律。因此，综合各方面，鼠类仍是目前药物实验中最常用的最大量的动物。

④ 要求发育正常，生长健康的动物。甚至有些实验对动物的性别也有一定的要求。如做某些激素的实验，避孕药的研究等。

二、实验动物的各项正常指标

实验动物的各项正常指标见表 2-1。

三、常用实验动物的特点及用途

1. 家兔

（1）习性特点　啮齿类动物，分类地位较低，以草食为主，故其在消化系统与人类差距甚远。心血管系统比猫狗等动物脆弱，常易在手术时发生反射性衰竭，记录急性血压时也不如猫稳定，使用时应注意。兔喜安静、独居，爱干爽，白天活动少，夜里活动多。

（2）家兔的某些应用解剖部位

表 2-1 实验动物的各项正常指标

指 标	狗	猫	家兔	豚鼠	大白鼠	小白鼠	田鼠	蟾蜍
实验用体重	6～15kg	2～3kg	1.5～3kg	300～600g	50～100g	18～25g		30g
寿命/年	10～12	2～10	5～7	6～8	2～3	2～3	2～2.5	
繁殖年龄	10～12m	10～12m	5～6m	4～6m	50～60d	40d	30d	
繁殖适合期	12m	12m	7～9m	4～6m	70～90d	56d		
发情周期/d	180			16	4	4	4～6	
哺乳时间/d			40～60	21	21	21	21	
体温/℃	38.5	38.5	39	39		37.4		冷血
心率/次·分$^{-1}$	70～150	120～140	140～150	130～190	200～360	520～780		40～50
呼吸/次·分$^{-1}$	19～30	20～30	50～80	100～150	100～150	136～216		40～50
血压/mmHg	120～150/ 45～90	120～150/ 75～100	90～120/ 60～90	80～90	75～130/ 60～140	90～160/ 70～110		20～60/ 20～40
染色体数目(2n)/个	78	38	44	64	42	40	44	22

注：青蛙染色体数（2n）为 24；m 表示月；1mmHg＝133.325Pa。

① 兔的耳部血管。常用于静脉给药和取血。注射时先从耳尖部开始，并小心保护血管。

② 兔颈部气管、血管和神经。常用于研究药物对呼吸系统和心血管系统的反应。

③ 坐骨神经。位于后腿肌肉深部，可用于局麻药实验等。

④ 骨骼肌。如臀大肌、股四头肌等，可用于给药及检查药物对肌肉的刺激实验，如检查油制剂普鲁卡因青霉素的刺激性时，《中华人民共和国药典》（2005 年版）规定将药物注入股四头肌内。

（3）用途 家兔的应用极广，常用作直接记录血压、呼吸，观察药物对心脏的影响，了解心电图的变化，进行卵巢、胰岛等内分泌实验。用于检查热原、解热药实验、中枢兴奋药实验、利尿药实验，对肠平滑肌、对子宫的影响药物实验等均常用家兔进行。在微生物学方面也被广泛应用，如过敏、免疫、狂犬病、脑炎等。

2. 小白鼠

（1）习性特点

① 小白鼠属啮齿目，鼠科。

② 小白鼠小而娇嫩，抵抗力差，易生病，因此用具要清洁，喂食要定时定量，不能经常更换饲料。

③ 小白鼠喜白天休息，夜间活动，喜安静、光线暗的环境，性情较温顺，一般不会咬人。

④ 生长与体重的关系：小白鼠在 18～24g 之间正是接近成熟而生长最快的时期。此时期身体健壮活泼，反应灵敏，最宜于进行一般实验。

（2）应用部位 可用于背部皮下注射、腹腔注射、尾静脉注射、灌胃等操作。

（3）用途 小白鼠是实验室最常用的一种动物，如药物筛选、急性毒性、安全试验，药物的效价比较及抗癌药的研究等。还可以感染血吸虫、疟疾、流行性感冒和一些细菌性疾病，故在化疗药物中也用得很多。此外在各种药物、血清、疫苗等的生物检定中也被广泛地使用。

3. 大白鼠

（1）习性特点

① 大白鼠属啮齿目，鼠科，是先天性患有色素缺乏症的正常动物。性情不温顺，易受

惊，表现凶猛，易咬人，雄鼠间好斗，常生斗伤。

② 喜欢安静、干燥、通风、较暗的环境。白天喜欢挤在一起休息、活动也少，晚上活动度大、吃食也多。不分昼夜，活动和睡眠交替进行。因此，白天除实验必需外，一般不要常抓取它。

③ 生长与体重的关系：大白鼠在 200g 以下，是接近成熟而生长最快的时期。此时期代谢旺盛，对药物的反应灵敏，宜用于实验。

（2）用途　大白鼠除了比小白鼠体形大以外，其他方面都与小白鼠相近，用途也与小白鼠相似。可用于高级神经活动的实验；肾上腺、卵巢、垂体等内分泌实验；直接记录血压，用于降压药研究；防治动脉粥样硬化药物的筛选；治疗硅沉着病药物的筛选；用踝关节进行抗炎药的研究；解热药的筛选；镇痛药的筛选；横纹肌松弛药的研究；解痉药的研究；利尿药的研究等。在抗肿瘤药研究中应用也较广。流感病毒传代、厌氧菌等细菌学实验、肺水肿实验等均常用大白鼠进行。药物代谢研究、亚急性实验也常用大白鼠进行。

4. 蟾蜍和青蛙

（1）习性特点　蛙类是两栖类动物中比较典型的代表，是脊椎动物从水生演化到陆生的中间类型，有适应水陆两栖生活的特性。蛙喜生活在田间、沟池边等潮湿地区，捕食昆虫。冬天潜伏土中冬眠，春天出土后便到水中进行繁殖。

（2）应用部位　蛙心、脑、坐骨神经、肠系膜血管等。

（3）用途　青蛙和蟾蜍在生理药理研究中十分常用。其心脏离体仍可有节奏地搏动，故常用于研究心脏功能及有关药物。蛙类的腓肠肌和坐骨神经可用来观察外周神经的生理功能和药物对周围神经、横纹肌或神经肌接头的作用。蛙还常被用来作脊休克、脊髓反射和反射弧的分析，肠系膜上的血管变化和渗出现象实验；蟾蜍下肢血管灌流观察药物对血管的作用，临床上用雄蛙作妊娠试验等。

5. 豚鼠

（1）习性特点

① 啮齿类动物，性温和，不急躁，胆小，外界声音对它影响很大。因此保持环境安静很重要，也厌恶污秽和潮湿的环境。活泼喜动，故宜在池子里饲养。

② 体内不能自己制造维生素 C，故易缺乏，应多加一些青饲料。

③ 食量很大，不择食，随吃随拉，无分顿食的习惯。应保持经常有饲料，尤其青饲料。

④ 夜间少食少动，听觉、嗅觉非常发达，生殖能力强，但孕期长，平均 65 天，且性成熟较晚，常在 5～8 个月后才成熟。

⑤ 非纯种的短毛豚鼠，生长迅速，抗病能力强，故实验时应尽量选用杂色豚鼠，不用白色豚鼠。

（2）用途　对组胺很敏感，故在平喘和抗组胺药研究中常用。对结核菌也敏感，常用于结核病的研究。血清学及细菌学方面应用更广，常被用作过敏及免疫实验。豚鼠血管反应敏感，在观察出血性实验和血管通透性实验中也常用。用豚鼠切断迷走神经引起的肺水肿实验，效果也比其他动物明显。

习　　题

1. 如何正确选择实验动物？
2. 家兔的习性特点是什么？可用于哪些实验？
3. 小白鼠的习性特点及用途？

第三章 植物概述

【教学要求】
1. 教学目的
掌握植物细胞的基本结构、植物细胞特有的细胞结构；
熟悉植物的组织分类；
了解植物的分类。
2. 教学重点
植物细胞特有的细胞结构。

第一节 植物的分类

早期的植物分类法是根据植物的用途、习性、生活环境或某些形态特征为标准进行分类的。自 19 世纪以来，随着科学的发展，人们认识到自然界的植物大致是同源，便开始依据植物进化趋向和彼此间的亲缘关系来进行分类，并逐渐完善。这种比较接近自然的分类方法称为自然分类法，用其编制的分类系统称为自然分类系统。

植物分类上设立多种等级，用来表示各种植物间相似的程度以及亲缘关系的远近。植物分类的主要等级是界、门、纲、目、科、属、种。

种是分类的基本单位，是指具有许多共同特征，并具有该种的相当稳定的性质的一群个体。同一种植物是在形态构造、生理功能、生活习性和遗传特性上基本相同的个体群。不同的种是具有不同本质特性的个体群。

具有相近亲缘关系的一些种集合为一属。同一属的种具有共同特征。亲缘关系相近的属组合为一科。以此类推，分别组合为目、纲、门和界，界是分类的最高单位。有时因某级分类群太庞大，根据需要又可在该级之下增设一个亚级，如门之下设亚门，纲之下设亚纲，以此类推，分别设亚目、亚科、亚属、亚种等。有时亚科以下还有族和亚族；亚属以下还有组和系各单位；亚种以下还有变种和变型等分类等级。变型是分类等级中最小的单位。

现以黄连为例，分类等级如下。

界 植物界
　门 被子植物门
　　纲 双子叶植物纲
　　　亚纲 离瓣花亚纲
　　　　目 毛茛目
　　　　　科 毛茛科
　　　　　　属 黄连属
　　　　　　　种 黄连

植物自然分类系统，应根据植物的系统发育和植物类群间的亲缘关系来编排。但由于资料不全或种类已灭绝，植物分类工作者只能根据各自掌握的资料来编制自然分类系统，因此各家意见不一，现以一种系统为例，仅供参考。

一、低等植物　　　　　　二、高等植物
1. 裸藻门　　　　　　　　1. 苔藓植物门
2. 绿藻门　　　　　　　　2. 蕨类植物门
3. 轮藻门　　　　　　　　3. 裸子植物门
4. 金藻门　　　　　　　　4. 被子植物门
5. 甲藻门
6. 褐藻门
7. 红藻门
8. 蓝藻门
9. 细菌门
10. 粘菌门
11. 真菌门
12. 地衣门

第二节　植物细胞

植物细胞是构成植物体的基本单位，也是植物生命活动的基本单位。仅由一个细胞组成的单细胞植物（如低等植物衣藻类、小球藻等），其生长、发育和繁殖都由一个细胞完成。高等植物的个体由许多形态和功能不同的细胞组成，细胞间分工协作，共同完成复杂的生命活动。各种实验结果表明，高等植物的每个细胞在实验条件下都具有全能性。

一、细胞的形状和大小

植物细胞的形状和大小随着植物的种类以及存在部位和执行的机能不同而异，游离的或排列疏松的多呈球状体；排列紧密的则呈多面体或其他形状；执行机械作用的多是细胞壁增厚，呈圆柱形、纺锤形等；执行输送作用的则多为长管状。多数植物的细胞都很小，直径一般在 $10\sim50\mu m$ 之间，必须借助显微镜才能看到，仅少数植物的细胞肉眼可见，如麻纤维细胞长达 550mm。最长的乳管细胞可达数十米。

二、细胞的结构

构成动物机体与植物机体的细胞均有基本相同的结构体系与功能体系。很多重要的细胞结构与细胞器，如细胞膜、核膜、染色质、核仁、线粒体、高尔基体、内质网与核糖体、微管与微丝等，在不同细胞中不仅其形态结构与成分相同，功能也一样。在此只简单介绍植物细胞所特有的细胞结构与细胞器。

植物体内的各类细胞虽然在形状、结构和功能方面有各自的特点，但它们之间有着根本的共性，也就是说它们的基本结构是一样的，都是由三个部分组成，即原生质体、细胞壁和液泡（图 3-1）。

（1）细胞壁　细胞壁是植物细胞区别于动物细胞的显著特征之一。它包围在细胞质膜的外面，具较坚韧而复杂的结构，无生命，此层壁往往决定细胞的形状。细胞壁的结构与化学成分因植物种类、细胞发育程度及功能的不同而有很大差别。

植物细胞壁可分为胞间层、初生壁和次生壁三个层次（图 3-2）。

① 胞间层。胞间层是细胞分裂末期产生新细胞时，在两个子细胞之间形成的薄层，其主要成分是果胶质。它是一种无定形的、可塑性大且高度亲水的多糖，胶黏而柔软，能将相邻的细胞粘连在一起而不怕挤压，也不影响细胞生长。在生长过程中，胞间层可局部消失形

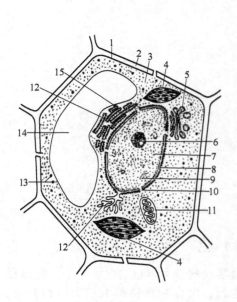

图 3-1　植物细胞亚微结构模式图

1—细胞膜；2—细胞壁；3—细胞质；
4—叶绿体；5—高尔基体；6—核仁；
7—核液；8—核膜；9—染色质；
10—核孔；11—线粒体；
12—内质网；13—游离的
核糖体；14—液泡；
15—内质网上的核糖体

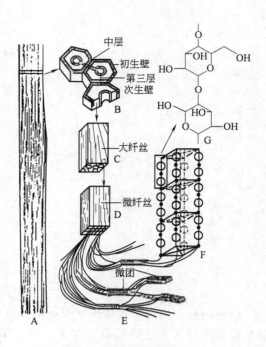

图 3-2　细胞壁的详细结构图

A—纤维细胞束；B—纤维细胞的横切面，表示中层、初生
壁和第三层次生壁；C—次生壁中间层的一小部分，表示
大纤丝（白色）和纤丝间空间（黑色），这些空隙充满
了非纤维素的物质；D—大纤丝的一小部分，表示微纤
丝（白色），微纤丝之间的空间（黑色）也充满了
非纤维素的物质；E—微纤丝的结构，纤维素的
链状分子的某些部分有规则地排列，这些部分
就称微团；F—微团的一小部分，表示纤维素
分子部分排列成立体格子；G—由一个氧
原子连接起来的两个葡萄糖基（即纤维素
分子的一小部分）

成细胞间隙。在一些酶或酸、碱的作用下会发生胞间层分解，使相邻细胞失去连接而彼此分离。西瓜、番茄等果实成熟时部分果肉细胞的分离就是这个原因。

② 初生壁。初生壁是细胞生长体积增大时形成的壁层，位于胞间层两侧。初生壁较薄，具弹性，可随细胞的生长而延长，主要由纤维素、半纤维素和果胶质等组成。一般具有分生能力，正在生长的薄壁细胞都有胞间层和初生壁。

③ 次生壁。次生壁位于质膜与初生壁之间，是有些细胞为适应特殊的功能而产生的，其主要的成分是纤维素和半纤维素，此外还含有大量的木质素、木栓质等物质。次生壁较厚而坚硬，可使细胞具有较大的机械强度和抗张能力。

细胞在形成次生壁时，并非全面均匀地拉厚，在一些位置上并不沉积次生壁物质，这种在次生壁层中未增厚的区域成为纹孔。相邻的细胞壁上的纹孔往往成对发生，形成纹孔对。纹孔对中间的胞间层及其两侧的初生壁，合称为纹孔膜。纹孔是细胞之间水分和物质交换的通道。

胞间连丝是穿过细胞壁上纹孔对的细胞质细丝。生活的植物细胞之间，一般都有胞间连丝相连。它使相邻细胞乃至整个植物体的细胞质联成一个整体。胞间连丝在植物生长发育、物质运输、信息传递以及遗传物质的转移中起着极其重要的作用。此外，胞间连丝也为病毒等在植物体传播提供了通路（图 3-3）。

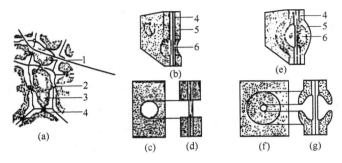

图 3-3　纹孔和胞间连丝

(a) 相邻细胞间的胞间连丝通过初生纹孔场；(b)～(d) 单纹孔；(e)～(g) 具缘纹孔

[(b)、(e) 为立体剖面；(c)、(f) 为正面观；(d)、(g) 为侧面观]

1—细胞质；2—初生纹孔场和胞间连丝；3—液泡；4—初生壁；5—次生壁；6—纹孔腔

（2）液泡　液泡是植物细胞的代谢库，起调节细胞内环境的作用。它是由脂蛋白膜包围的封闭系统，内部是水溶液，溶有盐、糖与色素等物质，甚至还含有有毒化合物，溶液浓度可以达到很高的程度。随着细胞的生长，可由小液泡合并与增大成为大液泡。占据细胞中央很大一部分，而将细胞质和细胞核挤到细胞的边缘（图 3-4）。液泡的主要功能是渗透调节作用，使细胞维持膨胀状态。还有储藏、消化等功能。

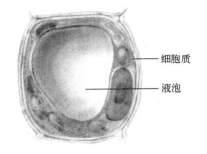

图 3-4　植物的液泡

（3）原生质体　原生质体是植物细胞特有的细胞器，根据是否含色素或所含色素的不同分为以下 3 种。

① 白色体。白色体无色、不含色素，主要存在于分生组织以及不见光的细胞中。可含有淀粉，也可含有蛋白质或油类。主要功能为储存作用。

② 有色体。有色体又名色质体，含有各种色素，如叶黄素、胡萝卜素等。花、成熟水果及秋天落叶的颜色主要来自于这种质体。番茄的红色来自一种含有特殊的类胡萝卜素和番茄红素的质体。

③ 叶绿体。叶绿体含有叶绿素、叶黄素、胡萝卜素，主要分布于植物体绿色部位。叶绿体是进行光合作用的场所。叶绿体的形状、数目和大小随不同的植物和不同的细胞而异。叶绿体在细胞中的分布与光照有关。有光照时，叶绿体常分布在细胞外周；黑暗时，叶绿体常向细胞内部分布。

第三节　植物的组织

许多来源和机能相同、形态构造相似而又紧密联系的细胞所组成的细胞群，称为组织。高等植物体的各种器官（根、茎、叶、花、果实和种子）均是由一些组织构成。

植物的组织一般可分为分生组织、薄壁组织（基本组织）、保护组织、机械组织、输导组织和分泌组织六类，后五类都是由分生组织分化来的，所以又称成熟组织或永久组织。

一、分生组织

分生组织由一群有分生能力的细胞所构成，能进行细胞分裂，增加细胞的数目，使植物不断生长。其特点是细胞小，排列紧密，无胞间隙，细胞壁薄，细胞核大，细胞质浓，无明显的液泡。按来源不同可分为 3 种。

（1）原分生组织 原分生组织来源于种胚的原始细胞。位于植物根、茎和枝的先端，即生长点，又称顶端分生组织。分生的结果使根、茎和枝不断的伸长和长高。

（2）初生分生组织 初生分生组织是原分生组织分裂而来的仍保持分生能力的细胞，如原表皮层、基本分生组织和原形成层。分生的结果是产生根、茎的初生构造。

（3）次生分生组织 次生分生组织存在于裸子植物和双子叶植物的根和茎内，产生次生构造，如木栓形成层、根的形成层和茎的束间形成层，一般排列成环状，并与轴向平行，所以又称侧生分生组织（图 3-5）。分生的结果是使根、茎和枝不断加粗。

图 3-5 顶端分生组织与
侧生分生组织的分布
（黑色部分为顶端分
生组织，虚线部分为
侧生分生组织）

的髓和莲的叶柄。

二、薄壁组织

薄壁组织（基本组织）位于植物体的各个器官内，是组成植物体的基础，是由起代谢活动和营养作用的薄壁细胞组成。其特点是细胞壁薄，细胞壁一般由纤维素和果胶质组成，为生活细胞，其形态常呈圆球体、圆柱体、多面体等，有明显胞间隙（图3-6）。可分以下 4 种。

（1）一般薄壁组织 常位于根、茎的皮层和髓部。起填充和联系其他组织的作用，可转化成次生分生组织，对植物体切枝、嫁接及创伤的修复起重要作用。

（2）通气薄壁组织 位于水生和沼泽植物体内。其特点是胞间隙特别发达，具较大的空隙和通道，便于储存空气，如灯心草

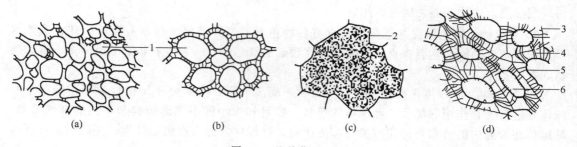

图 3-6 几种薄壁组织
（a）美人蕉属叶中的普通气薄壁组织；（b）马蹄莲属叶柄中的通气薄壁组织；
（c）裸麦属胚乳的储藏薄壁组织；（d）柿胚乳的薄壁组织
1—细胞间隙；2—淀粉粒；3—初生壁；4—胞间层；5—胞间连丝；6—细胞腔

（3）同化薄壁组织 大多位于植物的叶肉和茎的周皮内层（绿皮层）等部分。细胞中有叶绿体，能进行光合作用。

（4）储藏薄壁组织 大多位于植物体的地下部分及果实、种子中，含有大量淀粉、糊粉粒、脂肪油或糖类等营养物质。

三、保护组织

保护组织位于植物的体表，对植物体起保护作用，并能控制和进行气体交换。又分为初生保护组织（表皮组织）与次生保护组织（周皮）。

（1）表皮组织　表皮组织位于幼茎及叶、花、果实和种子的表面，为一层扁平长方形或波状不规则形细胞，彼此嵌合，排列紧密，无胞间隙。常不含叶绿体，外壁常角质化，并在表面形成角质层，有的在角质层外还有蜡被。有些表皮细胞分化成毛茸或气孔，它们是鉴别生药的依据之一。

① 毛茸。毛茸是由表皮细胞向外伸出形成的突起物，具有保护和减少水分蒸发或分泌的功能。毛茸常分 2 类：a. 腺毛　有头、柄之分，头部膨大，位于柄的顶端，能分泌挥发油、黏液、树脂等物质。由于组成头、柄的数目不同而有多种类型的腺毛。b. 非腺毛　先端窄尖。无头、柄之分，无分泌功能。有的细胞壁表面有小凸起，称疣点；有的内壁为硅质化增厚，变得坚硬，由于组成细胞数目及分枝情况不同，有多种类型非腺毛。

② 气孔。气孔是由两个肾形的保卫细胞对合而成，中间有孔隙，称气孔。多见于叶的下表皮，呈星散分布或成行分布。保卫细胞吸水时，孔隙张开；失水时，孔隙关闭。所以气孔有控制气体交换和调节水分蒸发的能力。

（2）周皮　周皮是次生构造中取代表皮的次生保护组织。由木栓形成层及其向外产生的木栓层、向内产生的栓内层三者组成。

四、机械组织

机械组织是细胞壁明显增厚的细胞群，在植物体内起着支持作用和巩固作用。根据细胞壁增厚的部位和程度不同以及木质化增厚或纤维素增厚，可分以下 2 类。

（1）厚角组织　厚角组织位于植物体的棱角处，如幼茎的四周、叶柄、叶的主脉及花梗部分。在表皮下成环或成束分布，为生活细胞组成，横切面呈多角形，细胞腔内常含叶绿体，多在壁的角隅处增厚，厚角部分由纤维素和果胶质组成（图 3-7）。如薄荷、芹菜等。

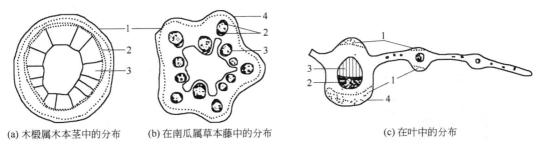

(a) 木樨属木本茎中的分布　(b) 在南瓜属草本藤中的分布　(c) 在叶中的分布

图 3-7　厚角组织

1—厚角组织；2—韧皮部；3—木质部；4—嵴

（2）厚壁组织　厚壁组织多位于根、茎的皮层、维管束及果皮、种皮中，细胞壁全面增厚，具纹孔和层纹，成熟后胞腔变小并变成死细胞。可分两类。

① 纤维。细胞常呈长梭形，壁厚，胞腔狭窄，具纹孔。纤维末端彼此嵌插成束沿器官长轴排列，加强机械支持作用。

② 石细胞。多数为近球形、多面体形，亦有短棒状、分枝状等。大小不一，单个或成群分布在根皮、茎皮、果皮及种皮中，其壁强烈木质化增厚。纹孔呈细管状或分枝状。有些植物叶的石细胞如茶叶，呈分枝状。

五、输导组织

由植物体内输送水分、无机盐或营养物质的管状细胞组成，常上下相连成细长管状。

1. 管胞和导管

管胞和导管位于木质部，负责自下而上输送水分和无机盐。

（1）管胞　管胞是蕨类植物和多数裸子植物木质部的输导组织，在被子植物的木质部中少见。细胞呈狭长形，两端尖斜，为末端不穿孔的死细胞，木质化的次生壁多呈梯纹和孔纹类型，依靠纹孔运输水分，液流速度较导管慢。

（2）导管　导管是被子植物木质部的输导组织，少数裸子植物如麻黄也有。由许多管状细胞上下连接组成，导管分子连接处的横壁部分或全部溶解消失变成大的穿孔，运送能力远比管胞快。由于导管次生壁木质增厚情形不同，出现了不同的类型（图3-8）：①环纹导管。增厚部分呈环状，导管直径小，常存在于植物体幼嫩器官中，如玉米、凤仙花等。②螺纹导管。增厚部分呈螺旋状，导管直径小，常存在于植物体幼嫩器官中，如藕、半夏等。③梯形导管。增厚部分与未增厚部分间隔呈梯形，位于成长的器官中，如葡萄茎等。④网纹导管。增厚部分呈网状，未增厚部分呈网眼，导管直径较大，位于成熟器官中，如大黄、南瓜等。⑤孔纹导管。导管壁大部分增厚，未增厚部分分为单纹孔或具缘纹孔，位于成熟器官中，如甘草、向日葵等。

2. 筛管与伴胞

筛管与伴胞位于韧皮部，是由负责输送营养物质到植物体各部分的管状细胞组成。

（1）筛管　筛管是由称为筛管分子的长管状活细胞上下连接而组成。筛管分子上下两端横壁因穿有许多小孔而称筛板，此种小孔称筛孔。有胞间连丝，穿过彼此相邻筛管分子的筛板上的筛孔，输送同化产物（图3-9）。在冬末，树木的筛板处被胼胝体堵塞，筛管失去运输功能。筛管分子生活1～2年后，新产生的筛管将取代老筛管，老筛管被挤压成颓废组织，但在多年生单子叶植物中，筛管可长期行使输送功能。

（2）伴胞　位于筛管分子旁侧的一个近等长、直径较小的薄壁细胞，细胞核较大，细胞质浓。伴胞和筛管共存是识别被子植物韧皮部的依据。蕨类植物和裸子植物无伴胞。

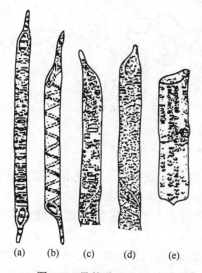

图 3-8　导管分子的类型

（a）环纹；（b）螺纹；（c）梯纹；（d）网纹；（e）孔纹

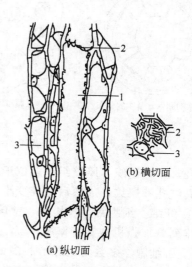

（b）横切面

（a）纵切面

图 3-9　筛管与伴胞

1—筛管；2—筛板；3—伴胞

六、分泌组织

分泌组织是由一些具有分泌功能，经常能分泌挥发油、树脂、蜜汁或乳汁等的细胞组成。可作为鉴别药材的依据之一，常分五类。

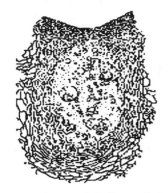

图 3-10　橘果皮内的溶生型分泌腔

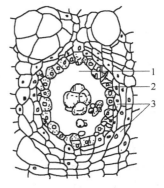

图 3-11　漆树次生韧皮部中的裂生型分泌道
1—分泌道；2—分泌细胞；3—鞘细胞

(1) 分泌腺　位于植物体表，分泌物直接排出体外，有腺毛和蜜腺之别。一般的蜜腺位于花瓣基部或花托上，能分泌蜜汁。

(2) 分泌细胞　分泌细胞是植物体内单个散在的细胞或细胞团，存在于组织中。分泌物储存在细胞内，当分泌物充满细胞时，渐成为死细胞。分泌细胞中含挥发油的称为油细胞，如肉桂、姜等；分泌细胞中含黏液质的称为黏液细胞，如知母、白芨等。

(3) 分泌腔　分泌腔是植物体内多数分泌细胞围成的腔穴。分泌挥发油的腔室称油室。腔室的形成，其中一种是由分泌细胞的胞间层裂开形成的腔室，其四周是完整的分泌细胞，称裂生分泌腔，如当归、漆树；另一种是许多聚集的分泌细胞本身破裂溶解形成的腔室，其四周的细胞破碎不完整，称溶生分泌腔，如柑橘类的叶或果皮（图 3-10）。

(4) 分泌道　分泌道是植物体内许多分泌细胞围成的管道，分泌物储存在管道中（图 3-11）。分泌挥发油的管道称油管，如小茴香；分泌树脂或树胶的称树脂道，如松树茎；分泌黏液的管道称黏液道，如美人蕉、椴树等。

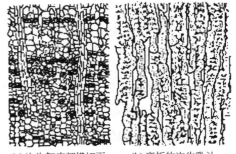

(a) 次生韧皮部横切面　　(b) 离析的次生乳汁管，连成网状结构

图 3-12　橡胶树茎次生韧皮部中的有节乳汁管

(5) 乳管　乳管由植物体内一个或多个细长分枝的乳细胞形成，乳细胞为生活细胞，分泌乳汁储存在细胞中，如在戟、蒲公英等（图 3-12）。

习　　题

1. 植物细胞的基本结构是什么？
2. 与动物细胞相比，植物细胞特有的细胞结构是什么？
3. 什么叫植物细胞的全能性？
4. 植物的组织分为哪几类？
5. 举例说明植物是如何分类的？

第二篇　分子生物学

第四章　核　　酸

【教学要求】

1. 教学目的

掌握核酸的基本化学组成、性质；

熟悉核酸的结构、生物学功能；

了解核酸的结构与蛋白质表达之间的关系。

2. 教学重点

核酸在生物体内作为生物大分子的重要性：它的遗传、变异，它的基因表达等。

第一节　遗传物质的分子结构、性质和功能

一、核酸是遗传物质

依据其化学组成，核酸分为脱氧核糖核酸（DNA）和核糖核酸（RNA）两大类。核酸是遗传物质，任何生命有机体均无例外地含有核酸。从生命有机体进化角度来看，从细菌到动植物都含有 DNA 和 RNA，而 DNA 主要分布于细胞核内，但线粒体、叶绿体等亚细胞单位中也含有 DNA，RNA 主要分布于细胞浆中。就病毒而言，有的只含有 DNA，或只含有 RNA，因此，将病毒分为 DNA 病毒和 RNA 病毒两大类。大部分生物的遗传物质是 DNA，但也有某些病毒，其遗传物质是 RNA。

二、核酸的结构

1. DNA 的结构

（1）DNA 的一级结构　生物大分子的结构概念与一般化学结构的概念不同，生物大分子的结构概念是在一般化学结构概念的基础上，对生物大分子从宏观逐步深入到微观。

核酸的一级结构是指构成核酸的四种基本组成单位，即四种脱氧的单核苷酸，通过 $3'$，$5'$-磷酸二酯键彼此间连接起来的线形多聚体。

（2）DNA 一级结构与种属的差异　DNA 一级结构的不同是物种差异的根本原因，生物的结构和功能越复杂，所需的基因种类越多，通常把一个物种的单倍体的染色体所含的 DNA 称为 C 值。然而，有些物种的 DNA 含量与其结构和功能并不一致，如两栖类的某些动物的 C 值明显大于人类，即使是同一两栖类，彼此相差也很大。

（3）DNA 的二级结构——双螺旋模型　DNA 的二级结构是指两条脱氧多核苷酸链反向平行盘绕所形成的双螺旋结构。通常情况下，DNA 的二级结构分为两大类：一类是右手螺旋，另一类是左手螺旋。

2. RNA 的结构

　　天然 RNA 并不像 DNA 那样都是双螺旋结构，而是单链线形分子，只有局部区域为双螺旋结构，这是由于 RNA 单链分子通过自身回折使碱基互补的核苷酸片段相遇，形成氢键结合而成，不能配对的区域形成突环，被排斥在双螺旋结构之外。一般来说，双螺旋区约占 RNA 分子的 50%。

三、核酸的功能

　　1. DNA 的功能及基因治疗

　　除了少数的 RNA 病毒外，DNA 是几乎所有生物遗传信息的携带者。DNA 分子携带着两类不同的遗传信息：一类是负责蛋白质分子中氨基酸组成及其序列的信息，即结构基因；另一类是有关基因选择性表达的信息，即调控基因。

　　生物体所表现的生命行为是其生物分子互相作用的结果，而在生命体的生物分子相互作用中，蛋白质分子起着独一无二的作用，不仅本身表现出各种各样的生理功能，而且又调节其他生命分子的生物活性。生命体中的蛋白质是由生命体本身的 DNA 所决定的，即 DNA 分子中的结构基因的碱基顺序决定着蛋白质分子——氨基酸的排列顺序。

　　生命体的生长、发育、繁殖等生命活动的各阶段，均由 DNA 分子中所携带的另一类遗传信息所决定，即决定基因选择性表达的信息。在原核生物中，结构基因占基因组的比例很大，如噬菌体。在高等哺乳动物中，结构基因占基因组的比例很小，基因组中大部分 DNA 序列是用来编码基因选择性表达的遗传信息，即在细胞周期的不同时期中、个体发育的不同阶段中、不同器官和组织中以及在不同的外界环境下，各种基因是关闭还是表达，表达量多少也是各不相同的。结构基因的转录和翻译都强烈地依靠于转录酶系和一套蛋白质合成机构，而核酸序列本身的差异只是提供了这些酶和蛋白质识别的基础。

　　除了遗传信息外，DNA 与生命的异常情况如肿瘤发生、放射损伤、遗传性疾病等密切相关。可以说，生命有机体的异常情况——疾病的根治，最终都归结于 DNA 的纠正——基因治疗。基因治疗就是利用分子生物学技术，按自然规律要求，纠正基因结构和功能异常，阻止病变的进展，杀灭病变的细胞，或抑制外源病原体遗传物质的复制，从而达到治疗疾病的一种方法或技术。

　　基因治疗的途径有两种：体内方式和体外方式。基因治疗的体外途径是将含有外源基因的载体在体外导入人体自身或异体细胞，这种细胞被称为"基因工程化的细胞"，经体外细胞扩增后，输回人体。这种方法易于操作，由于细胞在扩增过程中，被外源的添加物质大量稀释并易于清除；同时，人体细胞尤其是自体细胞，加工后应用于人体自身，一般来说易于解决安全性问题。但这种方法在工业化方面不易形成规模，而且必须有固定的临床基地。基因治疗的体内途径，是将外源基因装配于特定的真核细胞表达载体，直接导入体内。这种方式的导入，有利于大规模工业生产，但是，以这种方式导入的治疗基因以及其载体必须证明其安全性，而且导入体内之后必须能进入靶细胞，能有效地表达并达到治疗目的。因此，在技术上要求很高，其难度明显大于体外模式的导入途径。

　　2. 核糖核酸（RNA）的功能

　　(1) 信使 RNA（mRNA）和不均一 RNA（hnRNA）的功能　　真核细胞 mRNA 的最大特点在于它往往以一个分子量较大的前体 RNA 出现在核内，只有成熟的分子量明显减少并经过修饰的 mRNA 才能进入细胞浆，并参与蛋白质合成，所以真核细胞 mRNA 的合成和表达发生在不同的空间和时间范围内。原核生物中 mRNA 的转录和翻译不仅发生在同一个细胞空间（原核细胞没有核膜），而且这两个过程（转录、翻译）几乎同时进行，蛋白质合成

（翻译）往往在 mRNA 一开始转录就被引发。真核细胞和原核细胞 mRNA 在翻译过程中的主要区别在于：一个原核细胞 mRNA（包括病毒）有时可以编码几个多肽链，而一个真核细胞 mRNA 只能编码一个多肽链。

　　mRNA 的原始转录物是分子量极大的前体，在核内加工过程中形成分子大小不等的中间产物，它们被称为核内不均一 RNA（hnRNA），其中至少有一部分可转变并运送到细胞浆而成为成熟 mRNA。

　　（2）转运 NA(tRNA) 的功能　氨基酸在合成蛋白质之前必须被活化，氨基酸通过氨基酰-tRNA（AA-tRNA）合成酶，在消耗 ATP 的情况下生成的 AA-tRNA，它就是一种活化形式。同时，AA-tRNA 的生成还涉及信息传递。信息转移靠的是碱基配对，tRNA 上的反密码子与 mRNA 上的密码子可以配对，从而互相识别。

　　由于一种氨基酸有多个密码子，为了识别，也就有多个 tRNA，即多个 tRNA 携带一种氨基酸，这些 tRNA 称为同功 tRNA。有时具有相同反密码子（携带相同的氨基酸）的 tRNA 也有好几种，它们的结构有很大的差异，有的含量很高，称为多数 tRNA；有的含量很低，称为少数 tRNA。

　　（3）核糖体 RNA(rRNA) 的功能　生物细胞内，核糖体像一个能沿 mRNA 模板移动的工厂，执行着蛋白质合成的功能。核糖体是由几十种蛋白质和几种核糖体 RNA 组成的亚细胞颗粒，这些颗粒既可以游离状态存在于细胞内，也可与内质网结合，形成糙面内质网上的微粒。

　　（4）起始 RNA（iRNA）的功能　由于原核生物和真核生物核糖体的组成不同，其 rRNA 的种类也不同。在 DNA 生物合成中的后滞链合成时，需要一个短的 RNA 片段作为引物，长度约 10 个核苷酸，是由 DNA 引发酶所合成的，这一通用引物称起始 RNA，即 iRNA。

　　（5）核酶　核酶是具有酶的作用的一类 RNA，几乎可以催化各类生化反应。

四、核酸的变性、复性和杂交

　　1. 核酸的变性

　　核酸的变性是指核酸双螺旋区的氢键断裂，变成单链，但并不涉及共价键的断裂。多核苷酸骨架上共价键（$3',5'$-磷酸二酯键）的断裂称核酸的降解，降解引起核酸分子量的降低。引起核酸变性的因素很多，由温度升高而引起的变性称热变性；由酸碱度改变而引起的变性称酸碱变性。由 DNA 变性而引起的光吸收度的增加称为增色效应。

　　2. 核酸的复性

　　变性 DNA 在适当条件下，又可使彼此分开的两条链自发地重新缔合成为双螺旋结构，这个过程称复性。DNA 复性后，理化性质又得到恢复，生物活性也可以得到部分或全部恢复。复性并不是两条单链重新缠绕的简单过程，重新缔合使链上的大部分碱基都不能互补，只有当应该配对的一部分碱基相互靠近时，首先形成氢键，产生一个（或几个）双螺旋核心，然后其余部分才能像拉拉链那样迅速形成双螺旋结构。

　　3. 核酸的杂交与应用

　　对已经复性的 DNA 分子，如果两条链来源不同，称为杂交分子。核酸的杂交指序列互补的单链的 RNA 和 DNA，或 DNA 和 DNA，或 RNA 和 RNA，根据碱基配对原则，借助氢键相连而形成双链杂交分子的过程。

　　核酸杂交技术是利用标记（示）的探针，将含量极少的保留细胞基因组中的单拷贝基因钓筛出来；或者说是能够从分子文库或分子群（分子集合体系）中钓筛出来能够与探针特异性结合的分子。

（1）Southern 印迹 所谓 Southern 印迹，就是将样品中的混合 DNA 片段经凝胶电泳分离，被分离的 DNA 片段从凝胶转移到硝酸纤维素膜上后，再将转移的已分离的 DNA 片段固定在硝酸纤维素膜上，进行杂交，以检测目标 DNA 片段。

（2）Northern 印迹 就是用 DNA 探针来检测特异序列的 RNA，分析该基因表达及 mRNA 的分子大小，特别用于对细胞生长分化发育过程中有关的表达及检测的一种方法。它是将 RNA 分子从电泳凝胶转移到硝酸纤维素膜或尼龙膜或其他经过化学修饰的活性离子膜上，再利用标记探针进行杂交。

（3）Western 印迹 它是用来检测蛋白质的。方法是将聚丙烯酰胺凝胶电泳的蛋白质带转移到尼龙膜上，以亲和反应或免疫反应检测样品，经电泳分离的那些蛋白质带能与亲和反应或免疫反应的配体（检测物）特异结合。

（4）原位杂交 菌落原位杂交是在组织水平或细胞水平使用放射性的标记探针与细胞内 DNA 或 RNA 杂交的方法。这种方法快速准确，适于大量重组体筛选，常用来从基因文库或 cDNA 文库中钓筛目的基因。

4. 生物芯片——基因芯片

以生物大分子制成的芯片称为生物芯片。目前的生物芯片有蛋白质芯片和核酸芯片两类，蛋白质芯片用于生物计算机，核酸芯片用于核酸测序、基因诊断和基础研究。

基因芯片主要应用于下列方面：

① 基因表达方式的检测；

② 用于定位克隆，即进行新基因的寻找；

③ 在基因组文库中确定重叠群的排列，对荧光最强的基因克隆进行排列，做图；

④ 基因的测序；

⑤ 测定基因突变的多态性等。

第二节 DNA 的复制

一、DNA 复制的一般特征

1. DNA 的复制

（1）半保留复制 根据 DNA 双螺旋模型提出了 DNA 的半保留复制机制：DNA 的复制是将两条亲本链分开，各作为合成新链的模板，按碱基配对的规则合成新链，新合成的两个子代 DNA 分子与亲代 DNA 分子的碱基顺序完全一样。每个子代中的一条链来自亲代 DNA，另一条是新合成的，所以称为半保留复制。

（2）复制过程 先导链上的 DNA 按 DNA 聚合酶从 $5'→3'$ 方向连续合成，成为一条长的 DNA 链，而后滞链上 DNA 合成是不连续的，即先合成一段短的 DNA 片段，再将短片段连接成 DNA 长片段。总体来说，两条新生链的合成进度大致相同，但在复制叉处，连续合成的链总是领先于不连续合成的链，因此称前者为先导链，称后者为后滞链。

（3）复制起点 许多实验证明，DNA 复制开始时，总是从某一特定的位置开始，这一位置称为复制起点，用 *ori* 或 O 表示。许多生物的复制起点都是富含 A-T 配对的区域，因为 A-T 之间有两对氢键，G-C 之间有三对氢键，A-T 比 G-C 更易解开。富含 A-T 的区域经常处于开放与闭合的动态平衡状态，称为 DNA 的呼吸作用。

（4）复制子　DNA 分子复制时，并不是整条链全部打开，而是在复制的局部将链解开，形成复制单位，这个复制单位称为复制子。对于细菌和病毒这些小的染色体，整个 DNA 分子就是一个复制子。对于真核生物，由于染色体 DNA 很长，在整个 DNA 分子中形成多个复制子，同时进行复制。两个起始点之间的 DNA 片段，称为一个复制子。

（5）复制叉　DNA 分子复制时，在复制起点两条链解开成单链状态，两条单链分别作为模板，各自合成其互补链，这种 Y 形的结构称为复制叉。

（6）复制方向

① 双向复制。大多数原核生物和真核生物都是从固定的起始点开始，以双向等速复制方式进行复制，即从原点开始在两个方向各有一个复制叉在延伸，直至与邻近的复制叉汇合，这种方式称为双向复制。

② 单向复制。从特定的位置开始，单方向进行。

③ 不对称的双向复制。从原点开始双向复制，但两个复制叉的移动不对称。

（7）复制终点　DNA 有两种结构形式：一种是环状 DNA，如原核生物；一种是线状 DNA，如真核生物及一些病毒。

① 环状 DNA 分子的复制终点。以大肠杆菌为例，它的两个复制叉一直行进到特殊的终止位点。现已发现，它有两个终止区域（terD、terA 和 terC、terB）。

② 线状 DNA 分子的复制终点。新链复制开始时，首先在 5′端合成一段 RNA 引物，但当复制完成后将 5′引物切除，这样就留下一段空缺。两个 5′端有空缺的分子通过 3′端突出的重复序列，互补配对。然后 DNA 聚合酶 I 从 3′端延伸补齐这个缺口，留下最后的裂缝由连接酶封闭，这样就产生了一个大分子串联体。再由限制酶在连接处交叉切割，产生了 3′凹端，由 DNA 多聚酶 I 在 3′-OH 上延伸填满新的空缺，产生两条完整的双链。

2. DNA 复制的酶系

（1）使 DNA 链解离的酶

① 解旋酶。在 *E. coli* 中鉴定出了 4 种 DNA 解旋酶。通过水解 ATP 释放出的能量解开复制叉的 DNA 双链。

② 单链 DNA 结合蛋白（SSB）。这类蛋白质选择性地结合并覆盖在单链 DNA 上，防止在 DNA 复制过程中，解开的 DNA 单链被酶水解并重新结合成双链。

③ DNA 旋转酶（拓扑异构酶 II）。大多数天然 DNA 都具有负超螺旋。负超螺旋有利于复制叉的形成，并可以缓解由于复制叉的移动而造成的超缠现象。DNA 旋转酶作用一次，产生两个负超螺旋。

（2）DNA 聚合酶

① 原核细胞中的 DNA 聚合酶。首先在大肠杆菌中发现了 DNA 聚合酶 I。DNA 聚合酶 I 是一个多功能酶，能催化三种反应：有 5′→3′DNA 聚合酶活性、3′→5′核酸外切酶活性和 5′→3′核酸外切酶活性。

② 真核细胞中的 DNA 聚合酶。对于真核细胞中参与 DNA 复制的蛋白质了解较少。哺乳动物细胞中有 5 种不同功能的 DNA 聚合酶。其中聚合酶 δ 和聚合酶 α 参与 DNA 复制，分别合成先导链和后滞链。

二、原核生物的 DNA 复制

原核生物和真核生物的复制过程有一些差异。在原核生物复制过程的研究中，大肠杆菌是研究最为深入的主要模型，对其复制过程的了解也较深入。

1. 大肠杆菌基因组复制的起始

（1）复制原点 大肠杆菌的复制是从复制原点 $OriC$ 开始的。

（2）大肠杆菌复制的起始

① 复制的引发。大肠杆菌首先合成一个起始复合体，也称引发体。

② 复制的延伸。一旦引发体形成，DNA 双链解开，形成复制叉，双向合成 DNA。

2. 大肠杆菌基因组复制的终止

细菌 DNA 复制的终止，是两个复制叉在终止区域相遇。

三、真核生物的 DNA 复制

1. 真核细胞 DNA 复制的起始点

（1）SV40 的复制起始点 真核细胞是以多个复制叉同时进行复制。为了使问题简单化，选用病毒作为研究真核细胞 DNA 复制的材料。对猴病毒 SV40 DNA 的复制原点的研究，发现只有一个复制泡，说明只有一个复制原点，并发现复制叉向相反的两个方向移动。SV40 的复制起始点紧邻病毒转录控制区。

（2）酵母的复制起始点 酵母也是研究真核生物复制起始的一个好材料，因为它是最简单的真核生物，也是最好的基因分析材料。酵母的自主复制序列 1（ARS1）能独立复制出酵母染色体，说明这段 DNA 序列含有复制的起始原点。

2. 真核细胞 DNA 复制的终止

真核细胞的染色体末端有一个特殊的结构称为端粒，是由简单的不含遗传信息的重复序列组成。端粒链是由端粒酶催化产生的，端粒酶是一种含有短的 RNA 分子的蛋白质复合物。端粒酶具有逆转录酶的活性，RNA 的作用是作为模板。端粒的功能是完成染色体末端的复制，防止染色体 DNA 降解、末端融合、缺失和非正常重组而影响细胞分裂，维持染色体的稳定完整。随着细胞的分裂，端粒 DNA 长度会逐渐缩短，甚至完全丢失，当端粒长度不再缩短时，细胞停止分裂，转为衰亡。

四、线粒体 DNA

1. 结构

细胞质内的线粒体（mt）中也含有 DNA，目前已测出了人类线粒体 DNA（mtDNA）的全长核苷酸序列。线粒体与所在细胞呈内共生状态，因而 mt 具备一套独立复制、转录和翻译系统。

2. 线粒体基因与疾病

mtDNA 特定的点突变与特定的人类疾病有关。后来又发现许多疾病与 mtDNA 突变有关。mtDNA 突变影响到脑、心脏、骨骼肌、肾脏和内分泌腺，造成多种疾病，它还与人类的衰老及肿瘤发生有关。mtDNA 突变型主要为碱基替换突变和缺失及插入突变。

mtDNA 突变引起的疾病，最为人们所了解的举例如下。

（1）阿尔茨海默病 这是一种常见的、晚发的、以进行性痴呆和脑皮层萎缩为主要特征的疾病。研究表明该疾病发生的分子机制是 ND（NADH 脱氢酶中的亚单位）的基因第 5460 核苷酸呈 G→A 突变。

（2）氨基苷类抗生素致聋（AAID）（AAID）患者 12S rRNA 基因区内第 1555 核苷酸存在 A→G 置换突变。

（3）帕金森病 有些该病患者的脑组织、血小板及肌肉线粒体中酶复合物Ⅰ缺乏。另一些患者还有酶复合物Ⅱ、酶复合物Ⅲ、酶复合物Ⅳ的缺乏。

另外，与 mtDNA 突变有关的疾病还有糖尿病、心肌病等。

第三节　基因突变

一、突变概念和类型

1. 突变概念

突变是指 DNA 碱基序列发生可遗传的永久性的改变。没有发生突变的基因称为野生型基因；自然发生的突变称自发突变；由物理因素或化学试剂引起的突变称为诱发突变。带有突变位点的基因称为突变基因；带有突变基因的生物个体或群体称为突变体。突变可发生在 DNA 的不同结构水平，即染色体水平或基因水平。

2. 突变类型

（1）根据使 DNA 碱基序列改变进行分类　可分为点突变、碱基插入、碱基缺失等。

（2）移框突变——对阅读框架的影响　DNA 碱基序列上插入、缺失 1 个或 2 个碱基都能引起移框突变。移框突变会导致表达产物——蛋白质一级结构的改变，最终导致蛋白质合成的过早终止。

（3）根据对遗传信息的改变情况进行分类

① 同义突变又称沉默突变。指没有改变产物氨基酸序列的密码子变化。这是由于基因密码子的简并性，如密码 AAA 突变成 AAG，这两个密码子都是赖氨酸的密码子，这种无害的突变称为同义突变。

② 错义突变。指碱基序列的改变引起了表达产物蛋白质的氨基酸序列的改变。

③ 无义突变。指某个碱基的改变使代表某种氨基酸的密码子变为蛋白质合成的终止密码子。它使肽链合成过早终止，蛋白质产物一般是没有活性的。

（4）根据突变表现型对外界环境的敏感性分类

① 非条件性突变。

② 条件性突变。对于任何情况下都是必需的基因，任何使之失活的突变都必然引起细胞死亡。只能根据研究目的选择一定的条件，使细胞能正常生长或近乎正常生长，但产生一定的突变。最常用的条件是温度，又称为温度敏感突变。

（5）从突变效应背离或返回到野生型分类

① 正向突变。指改变了野生型性状的突变。

② 回复突变。突变体所失去的野生型性状可以通过第 2 次突变得到恢复，第 2 次突变称回复突变。

二、突变原因

1. 自发突变

自发突变指自然发生的、无人为干扰的突变。引起自发突变的因素主要有以下几种。

（1）DNA 复制错误　如 A 与 C 配对。

（2）碱基配对错误　由于碱基本身存在互变异构体，可能形成错误的碱基配对。

（3）自发的化学变化　最常见的是脱嘌呤作用和脱氨基作用。

（4）氧化作用损伤碱基　细胞代谢产生的一些活性氧基团，如过氧化物、过氧化氢和羟基等，可使 DNA 氧化损伤。

2. 诱发突变

（1）射线　紫外线（UV）、X 射线、γ 射线及宇宙射线。

（2）化学诱变剂

① 碱基类似物。碱基类似物是一类化学结构十分相似于 DNA 中的正常碱基的化合物，如 5-BU。

② 氨基嘌呤。碱基类似物。

③ 碱基的修饰剂。这类诱变剂不是掺入到 DNA 分子中，而是通过直接修饰碱基的化学结构造成碱基变化而导致诱变，如亚硝酸、羟胺、烷化剂等。

第四节　DNA 的修复系统

保证 DNA 上携带的遗传信息能完全忠实地传给子代，这对于维持生物特征的稳定性和完整性是非常必要的。DNA 在复制过程中发生的复制错误及一些环境因素都将使 DNA 分子受到损伤。生物体在长期的进化过程中，产生了一套 DNA 损伤的修复系统。

一、复制修复

（1）尿嘧啶糖基酶系统　为了防止 dUTP 进入 DNA，细胞内有 dUTP 酶将它分解为 dUMP 和焦磷酸（PPi），dUMP 不能成为合成 DNA 的原料。

（2）错配修复　大肠杆菌的 DNA 复制过程中，有两种机制保证复制的正确性：一种是 polⅢ 的校正功能，即 $3'→5'$ 外切酶活性，可将错误连接的核苷酸切除，但仍可能失效。这时由另一系统作为第二道防线防止错误，这种系统就是错配修复。

（3）无嘌呤修复　自发的去嘌呤作用是突变的主要来源。细胞内有一种无嘌呤内切酶，能切除 DNA 中的无碱基核糖。

二、损伤修复

（1）光复活修复　细胞内有许多酶能识别并催化某类型的 DNA 损伤修复，如光复活酶简称 PR 酶，能修复 UV 引起的 T-二聚体。由紫外线照射形成的 DNA 分子上的嘧啶二聚体，经可见光照射后可以被分解而修复，称之为光修复。这是由于光激活酶（又称光复活酶）作用所致。从细菌到高等动植物，都有性质相似的光激活酶，但人体内只存在于淋巴细胞和成纤维细胞中。

（2）切除修复　将变形的损伤 DNA 片段从双链分子中除去，用正常的链作为模板重新合成一段 DNA 取代损伤的 DNA 片段。

三、复制后修复

（1）重组修复　DNA 复制时，当 DNA 聚合酶到达一个损伤位置，它就停止 DNA 链的合成。然后，跳过损伤部位，DNA 合成重新开始，复制完成后产生了两个子代 DNA 分子，一个是正常的 DNA 双链结构，另一个是新合成的带有缺口的 DNA 分子，即在相应于模板链的损伤区域，新合成的子链产生一段空缺。重组修复的最终结果是原来 DNA 链上的损伤部分仍保留，但复制的子代 DNA 分子是正常的。损伤 DNA 分子经过数代的复制可得到稀释，从而对细胞功能的影响减至最小。重组修复是先复制再修复，所以称为复制后修复。

（2）SOS 修复　这个系统是在大肠杆菌和一些其他细菌中发现的。它的主要特征是正常时无活性，当 DNA 损伤后才诱导产生 SOS 修复的酶系，它的目的是为了保证细菌的生存。

四、限制与修饰

细菌为了保护自己细胞内 DNA 的完整性和准确性，进化出一套限制-修饰酶系，阻止外来 DNA 的入侵。在限制修饰系统中，由限制性内切酶将外来的 DNA 片段切断，每一种内切酶在 DNA 上都有一定的结合位点。为了防止自身 DNA 被切割，菌株的甲基化酶就在这些位点进行甲基化，从而保护自身 DNA 不受限制性内切酶降解，这就是细菌的限制-修饰作用。

五、DNA 损伤修复系统与疾病

（1）着色性干皮病　着色性干皮病是一种切除修复酶的缺陷，患者对日光或紫外线非常敏感，皮肤干燥、萎缩并出现角质化和癌变，许多患者在 30 岁死于皮癌转移。还有一些与 DNA 损伤修复系统缺陷有关的疾病，如运动失调性毛细管扩张症，患者对 γ 射线敏感，易发生淋巴细胞癌，皮肤和眼睛的毛细管扩张，染色体畸变，运动失调。

（2）Bloom 综合征　患者对温和烷化剂敏感，易发生白血病和淋巴细胞癌。

（3）Cockayne 综合征　对紫外线敏感，表现为侏儒症、视网膜萎缩、早衰、耳聋及三体性染色体畸变。

（4）Fanconi 贫血症　患者对交联试剂敏感，易患白血病，症状为发育不全，各类血细胞减少，先天性异常。

习　题

1. 名词解释
遗传，基因，突变，修复，核酸杂交技术
2. 简述基因突变的类型。
3. 简述 DNA 修复系统方式。

第五章　染色体与基因

【教学要求】

1. 教学目的

掌握人类基因的一些基本概念；

熟悉真核生物的染色体状况；

了解原核生物与真核生物有何区别。

2. 教学重点

掌握染色质、染色体、基因和基因组的概念，重点强调人类基因组计划对人类发展的作用，关键在于强调人类基因组计划的重要意义。

3. 教学提要

本章介绍了染色质、染色体、基因和基因组的概念。

第一节　染色质和染色体

染色体和染色质都是细胞内的一种形态结构，在细胞增殖周期的间期，经碱性染料染色后就可以清楚地看到染色质，而在细胞增殖周期的有丝分裂期中，才能看到染色体。染色质和染色体的化学组成是相同的，两者的命名不同是由于它们分别表现了细胞增殖周期中不同阶段的运动形态，实际上它们属于同一物质，只是因细胞所处的不同时期和生理功能的不同而表现出形态上的差异。它们是细胞遗传信息的储存形式，因而是细胞核中最重要的物质。

一、染色质和染色体的形态

1. 染色质

染色质是一种纤维状结构，被称为染色质丝，它是由若干重复单位——核小体成串排列而成的，这使得染色质中 DNA、RNA 和蛋白质组织成为一种致密的结构形式，成为高度有序的核蛋白质。染色质的形态可分为常染色质和异染色质两种类型。在有丝分裂间期细胞核中常染色质为松散解旋的细纤维丝，一般位于细胞核的中央，处于松解伸展的 DNA 部分在一定条件下可进行活跃的复制与转录。在间期或分裂前期核内异染色质为高度卷曲紧缩的块状结构，分布在核仁和核膜附近，即存在于细胞核周边部位。这两种状态的染色质的分布和比例不是固定不变的，它们随细胞所处的周期及生理状态不同而有差异。染色质存在于真核细胞核中。

（1）核小体　它是染色质的基本结构单位，在电镜下观察到，数种真核细胞间期染色质经松解呈串珠样结构。用 DNA 酶消化染色质可将球状小体一颗颗分开，并发现每个球状小体都是由 8 个组蛋白分子组成的聚合体。核小体是构成染色质的基本结构和功能亚单位，这使得染色质中 DNA、RNA 和蛋白质组织成为一种致密的结构形式。

（2）染色质纤维　如将间期染色质铺展在一个电镜载网上观察，发现它们大部分并不呈现伸展的串珠样核小体结构，而是呈现一种更加紧缩的结构——直径约 30nm 的纤维，把核小体拉在一起形成有规则的重复排列结构，这一结构称为螺线体。若核小体作为染色质的一级结构，那么螺线体就是染色质的二级结构。

2. 染色体

原核细胞中的染色体是遗传物质组成的单一环形双链 DNA 分子，真核细胞中的染色体是由单一的线形双链 DNA 分子及结合蛋白组成的遗传物质结构单位。染色体有种属差异性，随生物种类、细胞类型及发育阶段的不同，染色体在数目、大小和形状上都存在着差异。大多数生物的体细胞含有 12～50 个染色体，有个别生物的染色体数目较多。

（1）染色单体　中期细胞染色体由两条染色单体组成，两条染色单体的着丝粒处相连。

（2）着丝粒　在两个染色单体相连处，染色体上出现向内凹陷的缢痕，被称为主缢痕。根据着丝粒的位置可以鉴别染色体的类型。人类染色体可分为 3 种：①近中着丝粒染色体，即着丝粒位于染色体中部，将染色体分为长短相近的两个臂；②亚中着丝粒染色体，即着丝粒偏于染色体亚中部，染色体的两臂长短不一；③近端着丝粒染色体，即着丝粒位于染色体一端，长臂极长，短臂极短。

（3）次缢痕　在有些染色体臂上的狭窄和浅染的区域，称为次缢痕，与着丝粒一样，这是染色体物质稀少或去螺旋化的结果。它比较常见于 1 号、3 号、9 号、16 号及 Y 染色体，因此可作为鉴定的标志。

（4）随体　位于近端着丝粒染色体的短臂末端有一球状结构或棒状结构，称为随体。有随体的染色体称为 SAT 染色体，随体的形状及有无随体是识别染色体的标志之一。

（5）核仁组织区（NOR）　在细胞周期的间期和前期，近端着丝粒染色体短臂上的次缢痕形成核仁，称为核仁组织区，这个区是核糖体 RNA 基因所在处，rRNA 基因转录活跃。人类的核仁组织区位于 13 号、14 号、15 号、21 号和 22 号随体染色体的次缢痕上。

（6）端粒　它是染色体末端的特异结构。人端粒 DNA 序列高度保守，端粒 DNA 的末端不能被外切核酸酶及单链特异性的内切核酸酶所识别，这表明端粒部分的 DNA 可能受到蛋白质因子的保护。

（7）复制子与复制起始点　每个染色体都有一个自主复制顺序，即复制起始点。复制顺序与复制子组成有关。真核生物染色体复制子长度与数目差别很大，起始顺序与原核生物也不相同。

二、染色质和染色体的化学成分及组成

染色质和染色体是由相同的化学物质组成。它们的主要成分是 DNA、组蛋白、非组蛋白以及少量 RNA 和酶。其中 DNA 和蛋白质含量比较稳定，非组蛋白和 RNA 的含量常随细胞周期状态不同而改变。

1. 脱氧核糖核酸（DNA）

按照 Watson-Crick 的双螺旋模型，构成 DNA 的基本单位是脱氧核糖、碱基和磷酸。碱基分为腺嘌呤（A）、胸腺嘧啶（T）、鸟嘌呤（G）、胞嘧啶（C）。在 DNA 结构中，A-T、G-C 是严格配对的。DNA 分子反向互补的两条链形成双螺旋的立体结构。

DNA 是染色体的重要成分，它是遗传信息的载体。真核生物的 DNA 比原核生物的 DNA 大得多，DNA 序列的组织性也复杂得多。

2. 组蛋白

组蛋白是含量最高的一种染色体蛋白质，其总量相当于 DNA 的量，属碱性蛋白质，含大量带正电的精氨酸和赖氨酸。按精氨酸/赖氨酸的比例，将组蛋白分为五种：H1、H2A、H2B、H3 和 H4。

3. 非组蛋白

它是真核生物细胞中的一类酸性蛋白质，含有天冬氨酸、谷氨酸等酸性氨基酸，带负电

荷。在一个细胞中，非组蛋白的量很小，它的总量远小于组蛋白。

非组蛋白中约有一半是结构蛋白质，如肌动蛋白、管蛋白等；另一半主要是酶类，如RNA 聚合酶、DNA 聚合酶等。非组蛋白有种属特异性和组织特异性，含量随外界环境及细胞类型不同而有差异，即使在同一机体的不同组织中，含量也不相同，一般活动组织的染色质中非组蛋白的含量高于非活动组织。

非组蛋白被称为序列特异性 DNA 结合蛋白，主要参与：①染色体的构建；②启动基因的复制，以复合物的形式结合在一段特异 DNA 序列上，启动和推进 DNA 分子的复制；③调控基因的转录。

4. 核糖核酸（RNA）

RNA 在染色质中的含量有较大的变化，数量约占 DNA 染色质的 1‰～3‰。染色质RNA 与细胞核中 5‰ 的 DNA 杂交，而不与 tRNA 和 rRNA 竞争。这种 RNA 与同源的DNA 高度杂交，表现明显的组织特异性。这种染色质 RNA 等价地结合到染色质的非组蛋白上，并通过后者以非共价的方式结合到组蛋白上，从而调节基因的表达。

5. 酶

严格地讲，染色质不包含各种酶活性，但却是各种酶反应的底物。因此，在制备染色质时，如不经一定的分离，任何一种以它为底物而起作用的酶都会和核蛋白复合物一起被分离出来。

三、染色质和染色体的功能

染色体是遗传的物质基础，对遗传信息的储存和传递及蛋白质合成有着重要作用。DNA 是遗传基因的携带者，细胞的遗传信息都包含于 DNA 分子上的核苷酸序列中。染色质是遗传的载体，进行 DNA 复制和 RNA 转录。在染色质中与 DNA 结合的蛋白质可分为两类：一类是低分子量的碱性蛋白——组蛋白；另一类是酸性蛋白——非组蛋白。这两类蛋白质是染色质中的主要成分，它们在细胞核内信息的传递及转录的调控中起着重要的作用。

1. 染色体有遗传的作用

DNA 是染色体的成分，基因是遗传单位，每个基因都是由代表一种特殊蛋白质信息的DNA 序列组成的。子代与亲代相近的遗传是因亲代精细胞、卵细胞中有决定子代的基因，通过受精卵获得双亲生殖细胞的遗传信息，所以子代和亲代很相似。在多数细胞中，只有细胞分裂时才能看到染色体。有丝分裂开始前每个染色体进行复制，复制的染色体分开并分别进入不同的子代细胞，每个子代细胞都具有和亲代细胞完全相同的染色体。

（1）有丝分裂 根据细胞的形态特征，有丝分裂可分为前期、早中期、中期、后期和末期。

（2）减数分裂 它仅在性母细胞进行。有性生殖是生物在长期进化中较无性生殖更进一步的一种繁殖方式。把不同遗传背景的父母的遗传物质混合在一起，其结果既稳定了遗传性，又添加了许多新的变异，大大增加了生物对环境的适应能力。

2. 组蛋白和非组蛋白的磷酸化

最初发现分离的核能使内源性蛋白质磷酸化，这些蛋白质磷酸化与细胞增殖是一致的，这就说明组蛋白磷酸化在核内信息传递和基因调节中起重要作用。

（1）组蛋白的磷酸化 真核生物的染色质组蛋白上某些特定的氨基酸残基往往被共价修饰。

（2）非组蛋白的磷酸化 非组蛋白具有高磷酸化的特性，它分布于整个真核细胞，与DNA、组蛋白相结合，调节 DNA 复制和转录，而且遍布核仁、核膜、核基质、核原生质等结构中，在基因表达调节、基因产物的转运、细胞周期中核亚微结构的变化，以及生物信息在核内传递的各个过程均与非组蛋白磷酸化有关。

3. 组蛋白和非组蛋白的转录调控

控制特异性转录的物质必然存在于染色质中，担负这种调节作用的主要是组蛋白、非组蛋白、RNA 和 DNA 本身。从进化的角度看，组蛋白是极端保守的，在不同的真核生物中它们的氨基酸序列、结构和功能都十分相似。组蛋白的作用是真核细胞中基因调节的负控制因子，即组蛋白对染色质 DNA 模板活性有阻抑作用。

染色质重建实验证明了非组蛋白特异的调节作用。一个细胞的染色体可解离成 DNA、组蛋白和非组蛋白 3 个组分，来自不同类型的染色质组分能够混合和匹配也可以重新建成染色质。如将无转录活性细胞中的 DNA、组蛋白与具有转录活性细胞中的非组蛋白相混合，将会产生转录活性。

第二节 基 因

一、基因的分子生物学定义

基因是指 DNA 分子中具有功能活性的片段，基因不仅包含编码 RNA 的核酸序列，还包括为保证转录所必需的调控序列，即前导区：位于编码区的前面，相当于 mRNA 起始密码 5′端的非编译序列；尾部区：位于编码区之后，指 mRNA 分子 3′端终止密码子后面的非翻译序列；内含子：位于编码序列之间，通常指基因中能被转录成前体转录物但却不能成为 mRNA 组成成分的序列；外显子：即编码序列，也就是 DNA 分子中编码 mRNA 某一部分序列的区域，转录时外显子与内含子均被转录在 hnRNA 中，然后经转录后的剪接加工过程，去除内含子结构部分，外显子转录物再连接成一个完整的成熟 mRNA 分子。

二、基因功能

基因的转录是在核中进行，是以 DNA 为模板合成 RNA 的过程，转录产物有 mRNA、rRNA 和 tRNA。在合成时被依赖于 DNA 的 RNA 聚合酶所催化。编码 mRNA 的 DNA 模板先合成核内不均一 RNA(hnRNA)，然后经过戴帽、加尾和剪接等加工修饰成为成熟的 mRNA，编码 rRNA 和 tRNA 的 DNA 模板则先分别转录成它们的前体，最后再加工修饰 rRNA 和 tRNA。

1. 基因转录的基本特性

基因的转录即为 RNA 的生物合成：①RNA 合成的前体有 ATP、GTP、CTP 和 UTP 四种 5′核苷三磷酸；②在聚合反应中，释放出焦磷酸，形成磷酸二酯键；③RNA 链上的碱基 G、A、C 和 U 与 DNA 链上的 C、T、G 和 A 相互配对；④被转录的 DNA 双链中只有一条链作为模板，这一条模板链为反义链；⑤RNA 链由 5′→3′方向延伸，RNA 链与 DNA 模板链的方向相反；⑥与 DNA 聚合酶不同，RNA 聚合酶能够从起始链合成，不需引物的参与；⑦只有 5′-核苷三磷酸参与 RNA 的合成，在起始时第一个引入的碱基是三磷酸形式，其 3′-OH 基团是下一个核苷酸的连接点。因此，延伸中 RNA 分子的 5′端是三磷酸的形式。

RNA 的合成包括 4 个阶段：①RNA 聚合酶结合到模板的特定部位上；②起始阶段；③链的延长；④链的终止和释放。

2. 翻译——蛋白质的合成

对于终产物为 RNA 的基因，通过转录和转录后的处理，完成了基因表达的全过程；而对终产物为蛋白质的基因，还必须将 mRNA 翻译成蛋白质。这一过程包括：①起始复合物的形成，即 P 位点有一个起始 tRNA 分子，mRNA 进入正确的位置以使起始密码与起始 tRNA 匹配；②氨酰-tRNA 复合物占据 A 位点；③起始 tRNA 上的氨基酸转移到第二个氨基酸并与其共价结合，此时，两个氨基酸都仍然连在各自的 tRNA 上；④第一个 tRNA 分子脱离 P 位点；⑤A 位点的氨酰-tRNA 进入 P 位点；⑥与第三个密码子对应的氨酰-tRNA 占据 A 位点；⑦过程不断继续，直至 mRNA 中出现的终止密码子到达 A 位点，然后从核糖体上释放出完成了的多肽链。

三、原核生物基因

原核生物只有一个染色体即一个核酸分子（DNA 或 RNA），大多数为双螺旋环状结构，少数是单链线状结构。蛋白质和 RNA 也是基因组织的成分，这些成分对于维持 DNA 分子形成环状结构是必需的。

随着重组 DNA 技术的发展，对基因组结构有了进一步的了解，发现原核生物基因有如下特征：

① 功能相关的基因高度集中，即功能上密切相关的基因构成操纵子。

② 编码蛋白质的基因通常以单拷贝的形式存在。

③ RNA 基因常是多拷贝的。

④ 细菌中的结构基因没有居间序列，故它们的基因是连续的。

⑤ 细菌中 DNA 大部分是用于编码蛋白质，只有很少不编码的 DNA 序列。

⑥ 细菌的结构基因重复序列少。

⑦ 单个染色体呈环状，染色体 DNA 并不和蛋白质固定地结合。

四、真核生物基因

1. 基因不连续性

不连续基因是指在 DNA 分子上基因的编码序列是由不连续的不编码的序列所隔开的基因，大多数真核生物基因都是不连续基因。DNA 分子中编码 mRNA 某一部分序列的区域称为外显子，不编码的序列称为内含子。在基因转录之前，DNA 序列中的内含子一定要除去，除去内含子序列的过程称为 RNA 剪接。然后外显子的末端连接在一起，形成共价键结合的完整 mRNA。

2. 基因家族

真核细胞的基因组中有许多来源相同、结构相似、功能相关的基因，这样的一组基因称为基因家族。按基因的终产物，基因家族可分为 2 类，一类是编码 RNA，如核内小 RNA（snRNA）、tRNA 和 rRNA 等；另一类是编码蛋白质。基因家族又可根据它们在基因组中的分布不同分类，一类是基因串联排列在一起形成基因簇，如 rRNA、tRNA、组蛋白等基因都属于这一类；另一类家族成员分布在不同的部位，如干扰素、珠蛋白、生长激素等。在基因家族中，不能产生有功能基因产物的基因被称为假基因。

3. 重复基因结构

真核生物 DNA 中含有大量的重复序列。这些重复序列按其出现的频率可分为低度、中度和高度重复序列，它们的长度、重复次数都不一样，其功能也有很大差异。

五、细胞器基因

在真核生物细胞中有两种细胞器能够携带遗传物质，一种是线粒体，另一种是叶绿体。

大多数动物细胞只有线粒体，植物细胞中既有线粒体，又有叶绿体。

线粒体 DNA 的遗传方式很特殊——母性遗传，即只有母亲才能提供；另一特征是体细胞的分离，即在两个基因型均存在时，野生型和突变型的表型在植物体细胞的生长过程中发生分离。于是，在某个单个的杂合子植物中，一些细胞可能有一个亲本的表型，而另外一些组织则表现另一个亲本的表型。

细胞器蛋白质合成系统不同于细胞质。大多数蛋白质成分都是由细胞质输入至细胞器中，细胞器中的核酸均属于它本身的产物，即细胞器中的 mRNA 只能在细胞器内翻译，它不能通过细胞器膜进入细胞质中。

第三节　基　因　组

一、基因组定义

基因组是细胞中的一套完整单体的遗传物质的总和。对细菌和噬菌体而言，它们的基因组是指单个染色体上所含的全部基因；而真核生物的基因组是指维持配子或配子体正常功能的最基本的一套染色体及其所携带的全部基因。基因组不是简单的基因随机组合，而是有功能性的高级结构。不同生物体基因组的大小和复杂程度是不同的。

二、基因组的结构特点

细菌和真核生物基因组及高等真核生物和低等真核生物基因组之间，基因结构和基因在基因组中的组织方式有显著不同。细菌和大多数低等真核生物有高度复杂的高基因密度的小基因组，基因组的大部分是可表达的单一 DNA 顺序，其特点是基因小，没有内含子。而高级真核生物的基因组大，主要是非编码的 DNA，可以是单一顺序或重复顺序。基因大小变化很大，包含多个内含子，内含子一般比外显子大。在细菌中，基因经常根据功能成簇排列成操纵子，但在真核生物中很少。

三、基因组的染色体倍数性和数目

将一个细胞中特定基因的拷贝数目定义为剂量，而整个基因组的拷贝数被定义为细胞的倍数性，在真核生物中这就是染色体组的数目。真核细胞如只有一组染色体则为单倍体，有两组则为二倍体。

在真核生物中，一倍体数目是代表基因组一份拷贝的染色体的数目，即一套染色体中染色体的数目。单倍数是配子中染色体的数目，在大多数真核生物中，配子包含一套染色体，二倍体数目为大多数动物体细胞中染色体总数。C 值是单倍体基因组中 DNA 的总量，它可用碱基对、分子量来表示。有时染色体倍数性可用 C 值表示，如二倍体细胞为 $2C$。核型是描述总染色体数目和性染色体构象的方式。在异常细胞中，核型增加表示特定染色体异常。

四、遗传图谱、基因图谱

1. 遗传图谱

它是以具有遗传多态性的遗传标记为"路标"，以遗传学距离为图距的基因组图。它的原理是真核生物遗传过程中会发生减数分裂，此过程中染色体要进行重组和交换，这种重组和交换概率会随着染色体上任意两点间相对距离的远近而发生相应的变化。由此就可以推断出同一条染色体上两点间的相对距离和位置关系，得到的这张图谱也就只能显示标记之间的相对距离。我们称这一相对距离为遗传距离，由此构建的图谱被称为遗传图谱。

2. 基因图谱

基因图谱是鉴别人类目前认为的全部 6 万～10 万个基因，其中包括决定各类 RNA 的基因。了解基因行使的功能及其在全部基因中所占的百分比，弄清全部基因以及基因组中其他序列的结构与功能，才是人类基因组计划的最终目标。

目前构建基因图谱所涉及的方法很多，如采用基因扫描进行连锁分析和关联分析；利用染色体畸变进行基因的定位与分离；基因差异表达，cDNA 捕捉法；体细胞杂交体；微细胞杂交体和放射性杂交体；击"靶基因"；计算机杂交等。

五、人类基因组

1. 人类基因组定义

它是对人类自身认识生物体一个细胞所包含 DNA 结构的一整套基因，携带着决定生物特性的全部遗传信息，即记录基因组全部 DNA 序列。

2. 人类基因组计划研究的意义

人类基因组计划（HGP）是 20 世纪 90 年代开始的在全球范围内广泛参与和合作的一项研究计划，目标是全面而透彻地认识人类基因组的正常结构、功能及基因的异常结构（变异）与人类疾病，对生命进行系统的和科学的解码，以达到了解和认识生命的起源、种间和个体间存在的差异的起因、疾病产生的机制以及长寿与衰老等生命现象的目的。人类基因组研究主要分为两个部分，一是人类基因组 DNA 全部序列测定，二是基因 DNA 序列的识别和正常功能，基因变异与人类疾病的研究。

3. 人类基因组计划研究的内容

它的核心内容是绘制人类的遗传图、物理图和序列图，最核心的是序列图。人类基因组由约 3×10^9 碱基对组成，共编码约 3 万～4 万个基因，分布在 22 个常染色体、2 个性染色体和 1 个线粒体上。2000 年已完成了 24 条染色体的 DNA 序列草图。

六、人类基因组的生物信息在药物研究中的应用

生物信息学是生物学与计算机科学以及应用数学等学科相互交叉形成的一门新兴学科。通过对生物学实验数据的获取、加工、存储、检索与分析，从而达到揭示数据所蕴含的生物学意义的目的。生物信息如同一个向导，帮助生物学家从生物信息库中寻找所需要的生物学知识。在推动生物信息学发展的各种动力中，除了人类基因组计划外，生物医药工业也是推动生物信息学发展的一个很重要动力。有些基因产物可以直接作为药物，有些基因则可以成为药物的对象，而生物信息学为分子生物学家提供了大量对基因序列进行分析的工具。通过资料的获取，包括从数据库中寻找基因序列等信息以及大量经过信息处理的药物筛选和加工过程，可加快新药开发的进程。

习　题

1. 名词解释

人类基因组，遗传图谱，染色体，染色质

2. 简述人类基因组计划研究的内容。

3. 说明染色体在遗传中的作用。

第六章 转录与反转录

【教学要求】

1. 教学目的

掌握中心法则原理；

熟悉反转录的提出和概念；

了解转录与反转录的关系。

2. 教学重点

转录与反转录是相关知识。

第一节 转录的基本原理

一、基本概念

细胞的各类 RNA，包括参与翻译过程的 mRNA、rRNA、tRNA，以及具有特殊功能的小 RNA，都是以 DNA 为模板，在 RNA 聚合酶的催化下合成的。最初转录的 RNA 产物通常需要经过一系列断裂、剪接、修饰等加工过程才能成为成熟的 RNA 分子。在 DNA→RNA→蛋白质这一遗传中心法则中，RNA 是中心环节。在生物体中，转录并不是产生 RNA 的唯一途径，RNA 病毒有的以 RNA 为模板复制新的 RNA，有的病毒还能以 RNA 为模板进行反转录而产生互补的 DNA 链。

RNA 链的生物合成起始于 DNA 模板的一个特定位点，并在另一位点处终止，这一特定区域称为转录单位。一个转录单位可以是一个基因，也可以有多个基因。基因是遗传物质的最小功能单位，相当于 DNA 的一个片段，它通过转录对表型有专一性的效应。转录的起始是由 DNA 的启动子区域控制的，而控制终止的部位则称为终止子。

二、转录与复制的异同

① RNA 的合成是以 4 种核糖核苷三磷酸（NTP）为原料。

② RNA 的合成是由 DNA 指导下的 RNA 聚合酶催化完成，反应需要 Mg^{2+}，RNA 聚合酶自己启动一条新核苷酸链的合成，并在其 $3'$ 末端逐次延长核苷酸链。

③ RNA 合成过程中 RNA 链的延长方向也是从 $5' \rightarrow 3'$。

④ 需要模板，并遵循碱基互补的原则。在一个转录区内，只有一条 DNA 单链作为模板进行转录，这条 DNA 单链称为模板链，也称反义链；而与这条模板链相对的另一条 DNA 单链称为编码链，也称有义链。

⑤ 高度的忠实性。转录的忠实性是指一个特定基因的转录具有固定的起点和固定的终点，而且被转录产生的碱基序列严格遵守碱基配对原则，但转录的忠实性要低于 DNA 复制，其原因是 RNA 聚合酶缺乏自我校对的机制。

⑥ 高度的进行性。正常的转录一旦发生，就不会中途停止而发生 RNA 聚合酶从模板链解离下来。如果发生了 RNA 聚合酶从模板链解离，则解离下来的酶不可能与解离点重新结合，这就意味着原来的转录流产了，即发生了流产转录。

⑦ 转录与复制都受到严格调控。转录调控的位点主要是在转录的起始阶段，DNA 复制的调控位点主要是复制的起始原点。

第二节　DNA 指导下的 RNA 聚合酶

一、原核生物 RNA 聚合酶

大肠杆菌 RNA 聚合酶（全酶）由 σ 因子以及核心酶两部分组成。σ 因子是一种蛋白因子，负责模板链的选择和转录的起始，是核心酶的别构效应物，使全酶专一性识别模板上的启动子。核心酶负责转录由全酶识别并形成单链 DNA 的模板。当聚合酶按 $5' \to 3'$ 方向延伸 RNA 链时，与聚合酶结合的部分 DNA 双链必须解旋形成单链状态，解旋的 DNA 区域也随之移动。

二、真核生物 RNA 聚合酶

真核生物细胞中有 3 种 RNA 聚合酶，即 RNA 聚合酶 I、RNA 聚合酶 II、RNA 聚合酶 III。聚合酶 I 存在于核仁中，其功能是合成 5.8S rRNA、18S rRNA 和 28S rRNA；聚合酶 II 存在于核质中，其功能是合成 mRNA 以及核内小 RNA（snRNA）；聚合酶 III 也存在于核质中，其功能是合成 tRNA 和 5S rRNA 等。

真核生物线粒体和叶绿体中均发现少数 RNA 聚合酶，它们分子量小，活性也较低，这是与细胞器 DNA 的简单性相适应的，这些 RNA 聚合酶都是由核基因编码，并在细胞浆中合成以后再运送到细胞器中。

第三节　RNA 的转录过程

在 DNA 指导下 RNA 的合成，即遗传信息的转录过程，可分为以下 4 个反应步骤。

一、酶与 DNA 模板的结合

RNA 聚合酶先与 DNA 模板的一定部位相结合，并局部打开 DNA 双螺旋，然后开始转录。DNA 上与酶结合的部位称为启动子。一般认为，DNA 模板的启动子部位必定具有某种特殊的结构，以使酶与之结合并开始进行转录。

二、转录的起始

当 RNA 聚合酶进入合成的起始点后，遇到起始信号而开始转录，即按照模板顺序选择第一个和第二个核苷三磷酸，使两个核苷酸之间形成磷酸二酯键，同时释放焦磷酸。

三、链的延长

RNA 链的延长反应是由核心酶催化进行的。酶在 DNA 分子上以一定速度滑行，同时根据被转录 DNA 链的核苷酸排列顺序选择相应的核苷三磷酸底物，并通过亲核反应使 RNA 链不断延长。

四、链的终止

DNA 分子具有终止转录的核苷酸序列信号。在这些信号中，有些能被 RNA 聚合酶本身所识别，转录进行到该处即告终止，mRNA 与 RNA 聚合酶便会从 DNA 模板上脱离下来。

第四节　转录后 RNA 链的加工

在细胞内，由 RNA 聚合酶最初合成的 RNA 链往往需要经过一系列的变化，包括链的断裂和化学改造过程，才能成为成熟的 mRNA、rRNA 和 tRNA。此过程总称为 RNA 的成熟，或称为转录后加工过程。

一、核内不均一 RNA（hnRNA）加工过程

在原核细胞中，转录和翻译是同时进行的。通常原核细胞的 mRNA 并无特殊的转录后加工过程。真核细胞已有核结构的分化，转录和翻译过程在时间上和空间上是分开的：在核内形成各种 RNA，而后 RNA 穿过核膜进入细胞质中，在那里进行蛋白质的合成。细胞质的 mRNA 是由核内分子量极大的前体，即核内不均一 RNA（hnRNA）转变而来的。

由 hnRNA 转变成 mRNA 需经过一系列复杂的加工步骤：

① 在 mRNA 的 5′末端形成特殊结构，称作帽子；

② 在 mRNA 的 3′末端连接多聚腺苷酸（polyA）片段；

③ 通过剪切除去由内含子转录来的序列；

④ 链内部核苷被甲基化。

二、rRNA 前体的加工过程

在各类细菌细胞中，编码 rRNA 的基因排列在一起，它们包含有 16S rRNA、23S rRNA 以及 5S rRNA 的特异顺序，成为一串长的转录单位。在正常情况下，当 16S rRNA、23S rRNA 以及 5S rRNA 的前体被转录出来后，即被 RNA 酶Ⅲ切割下来，它们经断裂和甲基化后即转变为成熟的 rRNA。

三、tRNA 前体的加工过程

① 在 RNA 链的 5′端头部和 3′端尾部切去一定的核苷酸片段；

② 核苷的修饰，如碱基甲基化和尿嘧啶移位形成假尿嘧啶核苷；

③ tRNA 分子的 3′末端接上 CCA。这一末端结构对于 tRNA 接受并转移氨基酸的功能是必要的。

真核细胞的 tRNA 前体由 RNA 聚合酶Ⅲ所合成，它在核内初步甲基化后即转移到细胞质内，在那里进一步加工成为成熟的分子。

四、转录过程的调节控制

细胞基因的表达，即由 DNA 转录成 RNA 再翻译为蛋白质的过程，是受到严格的调节控制的。在细胞的生长、分裂和分化过程中，遗传信息的表达可按一定时间程序发生变化，而且随着细胞内外环境的改变而加以调整，这就是基因表达调控的基本内容。

① 转录前水平：细胞 rRNA 基因的扩增，能迅速转录 rRNA；

② 转录水平：通过控制基因的转录活性，以改变 RNA 的种类和数量以及转录的时序；

③ 转录后水平：转录后有一个加工过程，以使某些 RNA 分子成熟，另一些被降解；

④ 翻译水平：控制蛋白质的生物合成；

⑤ 蛋白质活性调节水平：通过蛋白质前体的加工、蛋白质的化学改变和别构效应，以调节和控制蛋白质的活性。

转录水平的调控是关键的环节，因为细胞功能的调节首先涉及到的是转录。特别是原核细胞，翻译和转录后加工过程的调控作用比较简单，转录水平的基因活性调控就显得更为重要。在真核细胞中，功能上彼此有关的基因往往分布在不同染色体上，而且，真核细胞通常只有一部分基因被转录。真核细胞必须通过特殊的调控系统有选择地活化分布在染色质不同部位上的基因，并且随着细胞不同分裂、分化时期和内、外环境的变化而改变这种活化基因的组合方式。

第五节　在 RNA 指导下 DNA 的合成

一、逆转录酶的发现

根据核酸的种类和结构的差异，病毒可分成 DNA 病毒和 RNA 病毒。DNA 病毒的复制符合中心法则，而 RNA 病毒的复制是逆中心法则的，RNA 病毒的增殖可被 DNA 合成抑制剂所遏制。人们在 RNA 肿瘤中发现了一种酶，这种酶能以病毒 RNA 为模板，合成 DNA，所以称为逆转录酶。

所有 RNA 病毒都含有逆转录酶，其复制过程为逆转录，所以称为逆转录病毒。逆转录酶具有 3 种酶活性：RNA 指导的 DNA 聚合酶活性，即以 RNA 为模板合成 DNA；DNA 指导的 DNA 聚合酶活性，即以 DNA 为模板合成 DNA；RNaseH 活性，可从 $5'\rightarrow3'$ 方向和 $3'\rightarrow5'$ 方向水解 DNA-RNA 杂合分子中的 RNA。逆转录酶合成 DNA 与 DNA 聚合酶一样，也是从 $5'\rightarrow3'$，并且需要引物。

二、逆转录病毒与疾病

鸟类肉瘤病毒中含有致癌基因，人们发现这些病毒进入细胞后，通过反向转录整合到宿主的染色体中形成相应的前病毒，这些病毒和前病毒的基因产物可以致癌。癌基因又叫转化基因，是人类或其他动物基因组中含有的一类基因。它们一旦被激活，便能导致正常细胞发生癌变。人和动物细胞中的癌基因被称为细胞癌基因，未被活化的称为原癌基因，病毒基因组中癌基因的同源序列称为病毒癌基因。

HIV 是艾滋病的病因，是一种逆转录病毒，但其结构比一般逆转录病毒复杂得多。HIV 和绝大多数逆转录病毒一样，不会将宿主细胞溶解。它是一种慢病毒，这种逆转录病毒可以导致宿主细胞发生病变。HIV 的宿主细胞至少有 3 种类型，其中最重要的是携带 CD4 受体的辅助性 T 细胞，这种免疫细胞被 HIV 破坏后使人体产生免疫缺陷。另外两种宿主细胞是巨噬细胞和树突状细胞，它们对于 HIV 侵入中央神经系统起重要作用。

第六节　基因表达的调控

基因表达是指基因通过转录和翻译而产生其蛋白质产物，或转录后直接产生其 RNA 产物（tRNA、rRNA 等）的过程。基因表达的开启或关闭以及基因活性的增加或减弱在不同时期不同条件下是受到调节控制的，这种控制被称为基因表达的调控。调控可以发生在基因表达的任何阶段，其中包括 DNA 水平、转录水平、转录后加工以及翻译水平等。

基因表达调控的作用方式有顺式调控和反式调控。顺式调控是指能起调控作用的 DNA

序列与受调控的基因处在同一 DNA 分子上，它们一般不转录任何产物，位于基因的 5′上游区、3′下游区或基因内部，如启动子、终止子、增强子、衰减子、沉默子等，它们都是顺式调控作用因子，属于 DNA 水平的调控。一个基因的产物，如蛋白质或 RNA（tRNA、rRNA 等），对另一个基因的表达具有调控作用，则被称为反式调控作用因子，产生的调控即是反式调控。

除上述调控方式外，还有正调控和负调控。在负调控系统中，调节基因的产物是阻遏蛋白，结构基因的转录可被阻遏蛋白关闭，当阻遏蛋白缺乏或失活时则结构基因的转录开启。而在正调控系统中，调节基因的产物是激活蛋白，只有当激活蛋白处在活化状态时，结构基因才能被转录。阻遏蛋白是一种起负调控作用的反式作用因子，而激活蛋白是一种起正调控作用的反式作用因子。

本节主要讨论原核生物基因表达的调控。原核生物的基因表达调控可以发生在 DNA、转录和翻译三个不同的水平上，但最主要的方式是转录水平的调控，尤其是转录起始的调控，是最经济和最有效的调节方式。

一、转录水平的调控

操纵子是原核生物基因转录调控的主要形式，它是原核生物细胞的一段 DNA 序列，是功能相关的结构基因成簇排列所组成的一个转录单位。操纵子结构普遍存在于原核细菌及其噬菌体基因组中，其基本成分如下：①结构基因。通常 3～8 个，其表达产物协同完成一个生理生化过程，如糖或氨基酸的代谢等。这些结构基因在一套调控系统的作用下，一开俱开，一闭俱闭，维持合适精确的基因产物分子比，因这些原核细胞可以对环境条件的改变迅速做出相应的反应，而不必对每个基因逐个地进行调控。②启动子。一般情况下，一个操纵子中含有一个启动子，位于结构基因的上游（5′端），少数含有双重甚至多重启动子，一个位于上游，而另一个则位于某个结构基因的编码区，控制下游部分结构基因的表达。③终止子。每个操纵子含有一个或多个能使转录不同程度终止的终止结构。在有多个终止子的情况下，它们可位于整个操纵子的末端，或分散在一些结构基因的下游，使结构基因的产物分子比根据需要灵活变化。④操作子。操作子是由一个或多个 DNA 顺式调控元件组成，通常定位于启动子附近区域，其功能是基因表达反式调控因子的结合区，这种蛋白质-DNA 复合物通过与启动子-RNA 聚合酶复合物相互作用，对操纵子的开放或关闭进行调控。

操纵子的活性是受调节基因控制的，该基因的产物通过与操纵子上的顺式作用元件相互作用调控结构基因的转录。顺式作用元件包括启动子、操作子以及和转录调控有关的序列。调节基因的产物有阻遏物和激活物。阻遏物可与操纵基因结合，阻碍 RNA 聚合酶通过操纵基因而关闭操纵子结构基因的转录。激活物往往结合于启动子－35 区上游，与结合在启动子上的 RNA 聚合酶作用，促进操纵子结构基因的转录。

根据操纵子对具有调控基因表达功能的小分子物质的响应机制，可将操纵子分为可诱导和可阻遏两类。在可诱导操纵子中，小分子物质的出现使其由关闭状态进入开放状态，此过程称为诱导作用，这种小分子物质叫做诱导物。可诱导操纵子主要调节分解代谢，分解代谢的底物就是诱导物，只有当诱导物存在时，操纵子结构基因才开始转录。乳糖、半乳糖、阿拉伯糖等分解代谢的操纵子属于可诱导操纵子。在可阻遏操纵子中，小分子的出现使其由开放状态转入关闭状态，这一过程称为操纵子的阻遏作用，相应的小分子物质称为辅阻遏物，合成代谢的终产物就属于辅阻遏物。可阻遏操纵子只有在辅阻遏物缺乏时，才能通过去阻遏而开始转录。色氨酸、组氨酸和精氨酸等合成代谢的操纵子属于可阻遏操纵子。

总之，无论是诱导还是阻遏，都是通过调节基因的产物与小分子诱导物或辅阻遏物之间的相互作用来完成的（图 6-1）。当诱导物使阻遏蛋白失活和使激活蛋白活化时，操纵子处于诱导状态；当辅阻遏物活化阻遏蛋白或使激活蛋白失活时，操纵子处于阻遏状态。

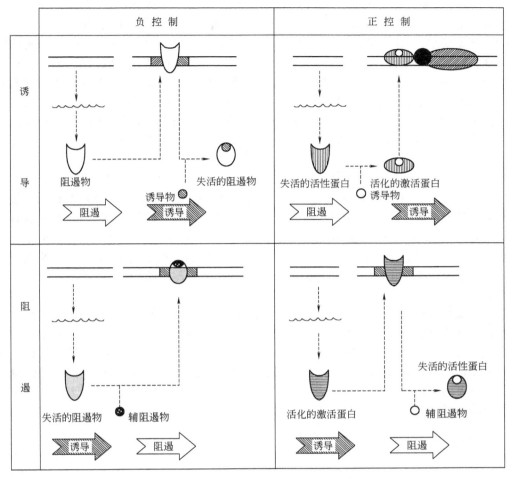

图 6-1　原核生物基因表达的四种调控类型

二、翻译水平的调控

1. 翻译起始的调控

（1）重叠基因的翻译起始调控　基因的重叠不仅可包含更多的遗传信息，对基因的表达也有调控作用，如两个重叠基因的先后表达、两个基因表达量的协调等。

（2）mRNA 的二级结构调控　mRNA 的二级结构可影响核糖体对其识别与结合从而影响翻译的起始。

（3）反义 RNA 调控　反义 RNA 可以通过碱基互补和特定的 mRNA 发生结合，从而抑制 mRNA 的翻译。

2. 翻译延伸的调控

在不同种类生物中，各种 tRNA 的含量有很大的区别，尤其是原核生物更为显著。由于不同 tRNA 在细胞中的含量存在明显的差异，产生了对密码子的偏爱，对应的 tRNA 丰富的密码子称为偏爱密码子，而对应的 tRNA 稀少的密码子称为稀有密码子。如果基因中含有较多的稀有密码子，其表达效率必然很低。

3. 翻译水平的终止调控

（1）mRNA 的稳定性　mRNA 的稳定性是影响翻译效率的一个重要因素，基因的表达量与 mRNA 半衰期成正比关系。原核生物 mRNA 的半衰期一般很短，但原核细胞中各种不同的 mRNA 在半衰期上有明显差异，这对不同的基因表达量起调控作用。

（2）严紧反应　当细菌在缺乏合成蛋白质所需的必需的氨基酸时，停止合成核糖体RNA 等的应急反应称为严紧反应。一般来说细菌在氨基酸饥饿时，会通过严紧反应来关闭细胞中的大部分生理活动，而只维持生命活动最低量的需要。如 RNA 合成水平是正常状态时的 5%～10%，mRNA 的总合成量减少为原来的 1/3，蛋白质的降解速度加快，核苷酸、糖类、脂类等的合成明显减少；细胞中的 DNA 复制、基因转录和蛋白质的合成也都受到控制。严紧反应是一种全局性的基因调控系统，是细菌抵御不良营养条件谋求生存的一种机制。

细菌在氨基酸饥饿时，会合成两种特殊的核苷酸——ppGpp（鸟苷四磷酸）和 pppGpp（鸟苷五磷酸），它们除了抑制 rRNA 的合成，还对于 tRNA、mRNA、核糖体蛋白、蛋白质合成所必需的某些因子等的合成也都有不同程度的抑制作用，此外，对 10 多种酶也有抑制作用。凡是有它们参与的代谢活动都属于严紧反应。由于在细胞缺乏氨基酸时产生的 ppGpp 和 pppGpp 能在很大范围内做出严紧反应，因此人们称之为报警素。当细胞内缺乏氨基酸时，就会出现空载 tRNA，这类空载 tRNA 是产生 ppGpp 的诱导物，即产生严紧反应的触发器。

在氨基酸短缺的情况下，首先被停止合成的是 rRNA，而核糖体是 rRNA 和核糖体蛋白构成的，是翻译遗传密码子的唯一场所。当 rRNA 的合成量急剧下降时，核糖体蛋白也就失去结合的对象而成为多余。这时，多余的核糖体蛋白可与本身的 mRNA 发生结合，阻断本身的翻译，同时也阻断同一 mRNA 下游其他核糖体蛋白编码区的翻译，使核糖体蛋白的合成也差不多同时停止。这里，rRNA 的合成是转录水平的调控，而核糖体蛋白的合成则是翻译水平的调控。

习　　题

1. 名词解释
转录，反转录，癌基因，基因表达，中心法则
2. 简述转录的过程。
3. 简述翻译水平的调控。

第七章 蛋白质的合成与代谢

【教学要求】

1. 教学目的

掌握蛋白质在体内的代谢情况；

熟悉蛋白质的合成过程；

了解蛋白质表达过程中的相关知识。

2. 教学重点

蛋白质在人体内的评价、消化吸收和一些基本反应。

　　凡是有生命的物体无不含有蛋白质，蛋白质是生命的基础，是一切生命活动的执行者。各种蛋白质都具有其特异的生物学功能，而所有这些功能又都与蛋白质分子的特异结构密切相关。组成蛋白质的基本单位是氨基酸，主要有 20 种，均为 L-α-氨基酸，其中缬氨酸、亮氨酸、异亮氨酸、苏氨酸、甲硫氨酸（蛋氨酸）、苯丙氨酸、色氨酸、赖氨酸 8 种氨基酸在体内不能合成，必须通过食物提供，它们统称为必需氨基酸。不同种类、不同数量的氨基酸按照特定的排列顺序通过肽键相连形成的多肽链便是蛋白质的一级结构，在一级结构的基础上再进一步折叠盘绕形成更为复杂的空间结构。蛋白质中氨基酸的组成和排列顺序决定蛋白质的结构，而蛋白质的结构又与其功能有关。各种蛋白质都有其专一的生理功能，不同功能的蛋白质（如结构蛋白、酶、激素等）可决定机体的代谢类型及各种生物学特性。因此，蛋白质的生物合成绝不是 20 种氨基酸的简单加合，而是一种极其复杂的过程。

　　核酸是生物遗传的物质基础，核酸与蛋白质的生物合成有密切关系，细胞内遗传信息流动的方向是从核酸到蛋白质。遗传信息是指 DNA 中碱基的序列；DNA 转录所产生的 mRNA 则是遗传信息的携带者，作为蛋白质生物合成的直接模板；而生命活动的最终表现者是蛋白质。mRNA 分子中的核苷酸排列顺序决定了它所编码的蛋白质的氨基酸的顺序。但是，如何将 mRNA 上的遗传信息与其对应的氨基酸之间相互关联起来，则是蛋白质生物合成过程中所必须解决的首要问题。遗传密码的翻译过程实际上就是由 tRNA 携带着氨基酸，逐一识别 mRNA 上的密码子，并将氨基酸依密码子的排序相互连接的过程。因此我们把 tRNA 称为氨基酸的"搬运工具"。翻译的场所也就是使氨基酸互相缩合成肽链的"装配机"——核糖体。

第一节　遗 传 密 码

一、遗传密码及密码的破译

　　mRNA 带有由 DNA 转录来的遗传信息，这些遗传信息由 mRNA 分子中碱基排列顺序决定。mRNA 能把遗传信息传递给蛋白质，也就是以 mRNA 为模板合成蛋白质。将 mRNA 中核苷酸顺序转换为蛋白质分子中氨基酸顺序，即需要将 4 字符核苷酸语言翻译成 20 字符的蛋白质语言。这种翻译过程通过密码来沟通，所以翻译过程也就成为蛋白质生物合成的中心环节。

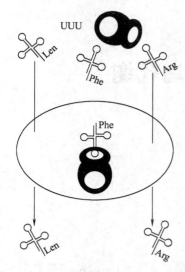

图 7-1　破译密码子的
体外翻译实验

为了探明两者之间的对应关系，用人工合成的多聚 U、多聚 G、多聚 A、多聚 C 作为蛋白质合成的模板，在无细胞体系中进行体外翻译实验（图 7-1），破译了大部分的遗传密码，使三联体密码子的理论基本得到了实验的支持和证实。人们从大肠杆菌细胞裂解物中提取获得了 20 种氨基酸的氨基酰-tRNA。实验中，若要破译苯丙氨酸的密码子，则需将苯丙氨酸的 tRNA 进行放射性核素标记，连同其他未标记的氨基酰-tRNA 一起与核糖体混合，再加入待破译的三核苷酸寡聚体，然后将混合液通过硝酸纤维素膜。根据膜上的放射性强弱能够判定所加入的三联体核苷酸是否为苯丙氨酸的密码子。以此方法破译了所有编码氨基酸的 61 种密码子，还发现三个密码子 UAA、UGA 和 UAG 不编码任何氨基酸，属于终止密码子，又称无义密码子，没有与之对应的 tRNA 的反密码子与之结合，但能被蛋白质合成的终止因子或释放因子识别，终止肽链的合成。表 7-1 表示通用的遗传密码及相应的氨基酸。

表 7-1　通用的遗传密码及相应的氨基酸

第一位(5′端)	第 二 位				第三位(3′端)
	U	C	A	G	
U	UUU UUC 苯丙氨酸 UUA UUG 亮氨酸	UCU UCC UCA UCG 丝氨酸	UAU UAC 酪氨酸 UAA UAG 终止密码子	UGU UGC 半胱氨酸 UGA 终止密码子 UGG 色氨酸	U C A G
C	CUU CUC CUA CUG 亮氨酸	CCU CCC CCA CCG 脯氨酸	CAU CAC 组氨酸 CAA CAG 谷氨酰胺	CGU CGC CGA CGG 精氨酸	U C A G
A	AUU AUC 异亮氨酸 AUA AUG① 蛋氨酸	ACU ACC ACA ACG 苏氨酸	AAU AAC 天冬酰胺 AAA AAG 赖氨酸	AGU AGC 丝氨酸 AGA AGG 精氨酸	U C A G
G	GUU GUC 缬氨酸或 GUA 蛋氨酸 GUG	GCU GCC GCA GCG 丙氨酸	GAU GAC 天冬氨酸 GAA GAG 谷氨酸	GGU GGC GGA GGG 甘氨酸	U C A G

① 位于 mRNA 启动部位的 AUG 为氨基酸合成肽链的启动信号。以哺乳动物为代表的真核生物中此密码代表蛋氨酸，在以细菌为代表的原核生物中则代表甲酰蛋氨酸。

遗传密码的破译，加快了人们了解 mRNA 中的核苷酸序列翻译成多肽链中的氨基酸序列的进程。研究发现，无论是真核细胞还是原核细胞，在进行蛋白质生物合成时，每个基因中 DNA 的顺序与它所编码的多肽链中氨基酸的顺序都是线形对应的，即是受遗传指定的。翻译时，核糖体是以三个核苷酸为一组"阅读"mRNA 的，该三联核苷酸的顺序称之为密码子。每一个密码子与一特定的氨基酸相对应。除终止密码子外，还发现甲硫氨酸的密码子 AUG 在特定的情况下与翻译起始有关，尽管甲硫氨酸可以在多肽链中的任意位置上出现，但还是把被核糖体"阅读"的第一个 AUG 密码子称之为起始密码子。翻译时，核糖体"阅读"mRNA 序列的方向是从 5′端到 3′端，与其对应的新生成的肽链的合成方向则是从 N 端到 C 端延伸。

二、遗传密码的性质

1. 密码无标点符号

两个密码之间没有任何核苷酸加以隔开。要正确阅读密码必须从一个正确的起点开始，以后连续不断地一个密码挨一个密码往下读，直至终止密码。

2. 密码的简并性和摆动性

由于编码氨基酸的密码子有 61 个，氨基酸有 20 种，除色氨酸与蛋氨酸只有一个密码子，大多数氨基酸都有好几个密码子。遗传密码的简并性有两种类型：第一位和第二位碱基的简并性及第三位碱基的简并性。绝大多数的简并性是指后面一种，即第三位碱基不同仍编码相同的氨基酸。编码相同氨基酸的密码子互称同义密码子。由于密码子的简并性，故 mRNA 序列中一个核苷酸的改变（点突变）不一定会影响其编码的多肽链中氨基酸的性质和序列。

所谓的"摆动"现象，即密码子中的第三个碱基总是处在一个不稳定的位置上，它与反密码子的第一个碱基配对结合的强度不如前两个碱基，这类配对被称为"摆动碱基配对"，其结果是使 tRNA 可与一个以上的密码子碱基配对。

3. 遗传密码的通用性

不论是高等生物或低等生物，除个别细胞器的特殊密码子外，遗传密码都是相同的，即从细菌到人都可通用，这说明地球上的生物都是从共同的起源分化而来的。这对于进化过程中生物物种的稳定性及物种之间的相互联系与沟通是十分重要的。

4. 遗传密码的偏爱性

大多数氨基酸有一个以上密码子，但这些密码子的使用频率各不相同，有些密码子的使用频率特别高，称之为遗传密码的偏爱性。原核生物和真核生物有各自的偏爱密码子。如大肠杆菌编码脯氨酸的密码子大多使用 CCG，几乎不使用 CCC；哺乳动物编码脯氨酸的却偏爱 CCC，很少用 CCG。密码子的使用频率与细胞内相应的 tRNA 的浓度是一致的；某种密码子使用频率高意味着需要较多的相应 tRNA。

三、阅读框架

阅读框架是指 mRNA 上一段含有翻译密码的碱基序列。mRNA 中的编码序列在被核糖体阅读和翻译时，从起始到终止都是以不重叠不停顿的方式连续进行的，也即从 mRNA 的 5′端开始，以三个核苷酸为一组（一个密码子）的方式进行阅读。但是密码子之间又是连续的，不存在"间隔"碱基，因而就有可能存在 3 种阅读框架，每一种框架中只发生一个碱基的位移。3 种框架完全取决于哪一个核苷酸作为第一个密码子的第一个碱基，通常只有一种阅读框架能够正确编码有功能活性的蛋白质，其他两种阅读框架由于有太多的终止密码子而无法解读和翻译有功能活性的蛋白质。核糖体通过正确识别起始密码子 AUG 而建立正确的阅读框架，习惯上把从 AUG 开始到终止密码子处的正确可读序列称为开放阅读框架（ORF）。

第二节　蛋白质的生物合成

蛋白质的生物合成过程非常复杂，是由一组 RNA 相互协调配合、共同作用的结果。原核细胞与真核细胞，蛋白质翻译过程虽然存在差别，但机制基本相同。由于原核细胞没有典型的细胞核，因此，原核生物的基因转录和翻译过程几乎同步进行而且是相互偶联的，即边转录、边翻译。

合成过程可以分为 4 个阶段：①氨基酸的活化与搬运，这是准备阶段；②肽链合成的起始；③肽链的延长；④肽链的终止。后 3 步均在核糖体中进行，且是循环机制，称为核糖体循环。

一、生物合成的模板——mRNA

原核生物的 mRNA 的半衰期较短，仅为几分钟。mRNA 上游 4～7 个核苷酸以外有一段 $5'$-UAAGGAGG-$3'$ 的保守序列，称为 S-D 序列，是 mRNA 和核糖体识别、结合的位点。它能够与细菌核糖体小亚基 16S rRNA 的 $3'$-AUUCCUCC-$5'$ 保守序列反向互补，从而使核糖体借此判定 mRNA 的翻译起始位点。

二、蛋白质生物合成的场所——核糖体

在细胞内，蛋白质的合成是在胞浆中的核糖体上进行的，核糖体就像一台沿 mRNA 移动的高速编织机，快捷地合成肽链。

核糖体内含有 Mg^{2+}、蛋白质和 rRNA，一般由两个亚单位组成，分别称为大亚基和小亚基，两个亚基内均含有蛋白质和 rRNA。大亚基上具有肽酰基转移酶的活性位点及延长因子 EF-G 结合位点，主要完成翻译过程中催化肽键形成及转位的任务。小亚基主要与 mRNA 结合，识别其翻译起始位点。

三、蛋白质生物合成过程

1. 氨基酸的活化与搬运

在蛋白质生物合成时，tRNA 活化成携带有相应氨基酸的氨基酰-tRNA 是翻译过程启动的先决条件，也可看成是氨基酸的活化过程，因为未经活化的游离的氨基酸不能直接参与肽链的延伸。此过程的本质就是在氨基酰合成酶催化下，胞浆中的游离氨基酸与 tRNA 分子 $3'$ 端的—CCA-OH 基团以酯键的形式结合成氨基酰-tRNA。具体反应过程如下：

$$氨基酸 + ATP\text{-}E \longrightarrow 氨基酰\text{-}AMP\text{-}E + PPi$$
$$氨基酰\text{-}AMP\text{-}E + tRNA \longrightarrow 氨基酰\text{-}tRNA + AMP + E$$

氨基酰-tRNA 合成酶具有高度专一性，既能识别特异的氨基酸，又能识别特异的 tRNA，并将氨基酸连接在特异的 tRNA 上。由于细胞内一种氨基酸能被几种不同的特异 tRNA 所携带，因此，氨基酰-tRNA 合成酶对氨基酸有严格的特异性，而对与此氨基酸相适应的数种不同的特异 tRNA 无严格的特异性。

2. 肽链合成的起始

多肽链合成开始时，首先生成甲硫氨酰-$tRNA_i^{Met}$。细胞内至少存在两种能携带甲硫氨酸的 tRNA，一种只能识别 mRNA 的起始密码子 AUG；另一种能携带甲硫氨酸进入正在延伸的肽链中，但不能识别起始密码子 AUG。

3. 肽链的延伸

在原核生物中，当 70S 起始复合物形成后，由于 GTP 的水解和起始因子（IF）-2 的释放同时也触发延伸的开始，实际上两步骤之间并无明显的界限。肽链的延伸过程具体分为 3 个步骤：进位/注册、成肽、转位。三个步骤组成一个循环，每循环一次，肽链增加一个氨基酸，肽链的延伸过程实际上就是循环反复进行的过程，直至合成终止（图 7-2）。

4. 肽链合成的终止和释放

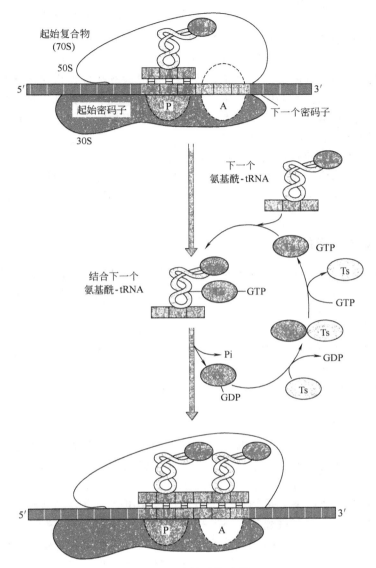

图 7-2　肽链延伸过程

当核糖体移动到终止密码子（UAG、UAA、UGA 中任一个）时，即任何一个出现在 A 位时，将促使与释放因子（RF）结合，释放因子使蛋白质—COOH 与 tRNA 的 3′ 端—OH 之间的酯键水解，使成熟的蛋白质分子释放出核糖体。之后，核糖体脱离 mRNA，并分解成大亚基和小亚基。原核生物有三种释放因子。RF1 识别 UAA 和 UAG，RF2 识别 UAA 和 UGA，RF3 对 RF1 和 RF2 的活性有促进作用。真核生物只有一种释放因子 eRF。

5. 多核糖体

在蛋白质的合成过程中，并不是一条 mRNA 只与一个核糖体结合直至新生的多肽链生成，往往是几个核糖体同时附着在同一条 mRNA 链上，形成所谓的"多核糖体"结构。当一个核糖体已经沿着 mRNA 链滑动至 3′ 端，新生肽链将要合成完毕时，在 mRNA 的 5′ 端，核糖体的亚单位可能才刚开始组装和启动肽链的合成。多核糖体现象的存在，使得一条 mRNA 链可同时启动多条肽链的合成，大大提高了蛋白质的合成效率。

第三节 蛋白质合成后的折叠与加工修饰

基因经过转录和翻译最终合成了蛋白质，一般而言，新生的蛋白质肽链还不具备应有的功能活性，首先必须正确折叠成具有三级结构的空间构象，其中二硫键的正确配对起着重要的作用；然后再经过一系列的成熟和加工，才能真正成为有活性的蛋白质。异常的蛋白质空间结构很可能导致其生物活性的降低、丧失，甚至会导致疾病，如老年痴呆中脑细胞的淀粉样变蛋白与蛋白质的异常折叠有关，还有与朊病毒构象相关的疾病——朊病毒病等。蛋白质翻译后的加工对于蛋白质的生物活性也是至关重要的，原核细胞中最难进行的是糖基化和氨基酸的修饰。在用基因工程技术生产真核药物蛋白质时，必须考虑到产品与天然蛋白质在生化、生理方面的性质都应完全一致，否则将会影响其生物活性。蛋白质翻译后的加工过程主要包括前体加工（切除信号肽，有限水解）、蛋白质的化学修饰（磷酸化、糖基化）和蛋白质的剪接等。

一、蛋白质合成后的折叠

目前，对蛋白质折叠的全部过程还没有完全阐明，但已知新合成未折叠的多肽有一小部分可能先获得二级结构，这一部分组件可促进整个分子的折叠。还发现两类蛋白质参与蛋白质的折叠过程，一类是酶，另一类是分子伴侣。

1. 参与蛋白质折叠的酶类

（1）蛋白质二硫键异构酶（PDI） 此酶可在多肽链内将—S—S—"移动"，使错误的—S—S—断裂，形成正确的—S—S—。

（2）肽链脯氨酸异构酶（PPI） 在肽链中有脯氨酸时，就可能出现顺式构型或反式构型。此酶可改变脯氨酸的构型，保证整个分子构型正确。

2. 分子伴侣与折叠

能防止新生肽链错误缠绕，促进肽链正确折叠的蛋白质统称为分子伴侣。分子伴侣最初在大肠杆菌中发现，在所有的细胞中存在一个分子伴侣家族。它们不是酶，是一类能识别并结合到部分折叠（或者称部分去折叠）多肽的蛋白质。可以防止多肽不正确的区段结合，同时还可以防止正确的折叠解离，是细胞内蛋白质折叠和组装的重要调节者。当正确折叠形成后，分子伴侣离开肽链，这个过程需要 ATP 供给能量。

朊病毒病就是一组致命的神经退行性疾病，可影响人与动物，它是因为脑中一种正常蛋白质因折叠方式改变而变成朊病毒蛋白所引起的，疯牛病与此有关。这种蛋白质能复制，即少量的朊病毒蛋白可促进较多的正常蛋白质通过改变折叠方式变成朊病毒蛋白。朊病毒病具有传染性，生吃肉类很容易传播这种疾病。

二、蛋白质的加工修饰

1. N 端 fMet 或 Met 的切除

在原核生物中，新生成的肽链 N 端第一个氨基酸分别是甲酰蛋氨酸（fMet）和蛋氨酸（Met），但天然蛋白质大多数并不以蛋氨酸作为 N 端第一个氨基酸，它们仅作为起始的标记和信号，因此要将其或 N 末端的一部分肽段去除，这个去除过程可以在肽链的延伸过程中进行，也可以在合成完毕后进行。

2. 前体加工

某些分泌型蛋白质，在核糖体合成后，在一些酶的作用下，将信号肽或一些非功能所需肽段切除之后，再分泌出细胞称为前体加工。如前胰岛素原的信号肽被水解后即转变为胰岛素原。

3. 剪切和剪接

（1）剪切　真核生物中常会遇到一条已合成的多肽链经翻译后加工生成多种不同活性的蛋白质或多肽。如：265 个氨基酸组成的鸦片促黑皮质原经水解后，可以剪切为 ACTH（39 肽）、β-促黑素（18 肽）、β-内啡肽（11 肽）、β-促脂解释放激素（91 肽）。

（2）剪接　蛋白质的剪接加工过程是指蛋白质前体可以通过多肽的剪辑，剪除某些氨基酸序列片段，然后再以一定的顺序结合起来，最终形成成熟的、有活性的蛋白质的现象。

4. 蛋白质的化学编辑

蛋白质翻译后的修饰（又称编辑），包括一级结构的修饰和高级结构的修饰。蛋白质可分为单纯蛋白质和结合蛋白质。糖蛋白、脂蛋白、色蛋白及一些带有辅基的酶，均是结合蛋白。糖基化、脂酰化及辅基连接的过程都可看成是翻译后一级结构的修饰。

高级结构的修饰主要指亚基的聚合，如具有四级结构的蛋白质可由两条以上的肽链通过非共价键聚合，形成寡聚体。如血红蛋白分子是两条 α 链和两条 β 链的聚合体。

第四节　蛋白质的代谢

一、蛋白质的营养

无论进食与否，人体内每天都分解一定数量的蛋白质，为了保持体内平衡就必须每天进食一定数量的蛋白质。食物蛋白质的最大功用就是维持人体生长发育和更新修补；其次是用以合成含氮的化合物如嘌呤、嘧啶等。食物蛋白质这种功能不仅重要，而且不能为糖或脂肪所代替，那么人体每日需摄入多少蛋白质才能满足这种需要呢？一般用氮平衡的方法来确定。

1. 氮平衡

氮平衡就是一个人每天从食物中摄入的氮量与排泄物中的氮量之间的关系。依据机体状况不同氮平衡可出现以下 3 种情况。

（1）氮总平衡　摄入氮量等于排泄氮量，称为氮总平衡。表示体内蛋白质合成量等于分解量。营养正常的成年人都表现为此种情况。

（2）氮正平衡　摄入氮量大于排泄氮量，称为氮正平衡。表示体内蛋白质合成量大于分解量。儿童、孕妇和恢复期的病人多表现这种情况。

（3）氮负平衡　摄入氮量小于排泄氮量，称氮负平衡。它表示体内蛋白质合成量小于分解量。如营养不良及消耗性疾病患者等。

2. 必需氨基酸与蛋白质的营养价值

合成蛋白质的原料是氨基酸，常见的有 20 种。体内可合成其中 12 种氨基酸，另外的 8 种氨基酸必须通过食物提供，这 8 种氨基酸统称为必需氨基酸。

蛋白质在体内的利用率称为蛋白质的生物学价值。凡食物中蛋白质含有的必需氨基酸种类和比例愈接近于体内蛋白质含有者，其利用率愈高。某一种蛋白质的生物学价值是由其所含最少的必需氨基酸来决定的。一般来说，动物蛋白质的必需氨基酸的种类较全，数量也接近人体蛋白质的组成，因此动物蛋白质的生物学价值高于植物蛋白质。

3. 蛋白质的互补作用

由于没有任何一种蛋白质能单独满足人体内蛋白质合成的需要，所以将不同来源的蛋白质混合食用，可以大大提高其利用价值，此称为蛋白质的互补作用。如谷类蛋白质含赖氨酸较少而色氨酸较多，豆类蛋白质则相反，将两者混合食用，便提高了它们的营养价值。

二、氨基酸的一般代谢

食物中的蛋白质必须在胃肠道消化分解为氨基酸，然后通过主动转运进入血液。体内每天死亡的细胞内的蛋白质也必须分解为氨基酸才能进一步地被利用。氨基酸在体内的分解代谢主要表现在 2 个方面，即脱氨基和脱羧基。其中脱氨基是氨基酸一般代谢的主要形式，脱羧基现象并不普遍，但却具有重要的生理意义。

1. 脱氨基作用

脱氨基作用有以下几种形式。

（1）氧化脱氨基作用

$$
\begin{array}{ccc}
\text{COOH} & & \text{COOH} \\
\text{(CH}_2)_2 & & \text{(CH}_2)_2 \\
\text{CHNH}_2 + \text{NAD}^+ + \text{H}_2\text{O} \underset{\text{L-谷氨酸脱氢酶}}{\longleftrightarrow} & & \text{C=O} + \text{NH}_3 + \text{NADH} + \text{H}^+ \\
\text{COOH} & & \text{COOH} \\
\text{L-谷氨酸} & & \alpha\text{-酮戊二酸}
\end{array}
$$

（2）转氨基作用

$$
\begin{array}{cccc}
\text{COOH} & \text{CH}_3 & \text{COOH} & \text{CH}_3 \\
\text{(CH}_2)_2 & \text{C=O} & \text{(CH}_2)_2 & \text{HC-NH}_2 \\
\text{CHNH}_2 + \text{COOH} \underset{\text{谷丙转氨酶（GTP）}}{\longleftrightarrow} & & \text{C=O} + \text{COOH} \\
\text{COOH} & & \text{COOH} \\
\text{谷氨酸} & \text{丙酮酸} & \alpha\text{-酮戊二酸} & \text{丙氨酸}
\end{array}
$$

$$
\begin{array}{cccc}
\text{COOH} & \text{COOH} & \text{COOH} & \text{COOH} \\
\text{(CH}_2)_2 & \text{CH}_2 & \text{(CH}_2)_2 & \text{CH}_2 \\
\text{CHNH}_2 + \text{C=O} \underset{\text{谷草转氨酶（GOT）}}{\longleftrightarrow} & & \text{C=O} + \text{CHNH}_2 \\
\text{COOH} & \text{COOH} & \text{COOH} & \text{COOH} \\
\text{谷氨酸} & \text{草酰乙酸} & \alpha\text{-酮戊二酸} & \text{天冬氨酸}
\end{array}
$$

转氨基作用是指氨基酸的氨基通过转氨酶的作用，将氨基转移到 α-酮酸的酮基位置上，从而生成相应的氨基酸，同时原来的氨基酸转变为相应的 α-酮酸。转氨基作用单独存在的意义并不在于脱氨基，而是利用氨基的转移来合成非必需氨基酸。正常时转氨酶主要分布在细胞内，血清中活性最低。人体内比较重要的转氨酶有肝脏的谷丙转氨酶（GPT）和心肌细胞的谷草转氨酶（GOT）。当某种原因使细胞膜通透性增高，或因组织坏死、细胞破裂后，可有大量转氨酶释放入血，引起血中转氨酶活性升高。例如，急性肝炎时血清中的谷丙转氨酶（GPT）活性明显升高；心肌梗死时血清中谷草转氨酶（GOT）活性明显升高。此种检查在临床上可用作协助疾病诊断。

（3）联合脱氨基作用　联合脱氨基作用有两种形式，一种是转氨基作用与氧化脱氨基作用联合脱氨基；另一种就是转氨基作用与嘌呤核苷酸循环联合脱氨基。

① 转氨基作用与氧化脱氨基作用联合。这种联合脱氨基作用主要发生在肝、肾和脑组织。由于反应可逆，所以这一偶联反应的逆过程还是生成非必需氨基酸的有效途径。图 7-3 所示为转氨基作用与谷氨酸氧化脱氨基作用的联合。

② 转氨基作用与嘌呤核苷酸循环联合脱氨基。骨骼肌和心肌中的 L-谷氨酸脱氢酶活性很低，必须通过转氨基作用与嘌呤核苷酸循环联合脱氨来实现这些组织的脱氨。

首先，仍通过转氨基作用将氨基转移到草酰乙酸分子上，生成天冬氨酸。然后在腺苷酸代琥珀酸合成酶的作用下，天冬氨酸与次黄嘌呤核苷酸（IMP）缩合成腺苷酸代琥珀酸。腺苷酸代琥珀酸又在腺苷酸代琥珀酸裂解酶催化下裂解为延胡索酸和 AMP，AMP 经腺苷酸脱氨酶催化水解生成 IMP 和游离的 NH_3（图 7-4）。

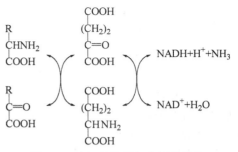

图 7-3 转氨基作用与谷氨酸氧化脱氨基作用的联合

2. 氨的去路

氨基酸脱氨基作用生成的氨，是体内氨的主要来源。其次还有核酸分解产生的氨和从肠道吸收的氨。氨对人体来说是一种有毒物质，正常人血中氨的含量不超过 0.1mg/dL。在正常情

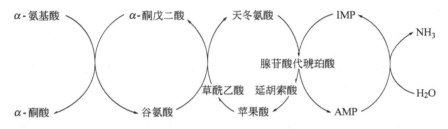

图 7-4 转氨基作用与嘌呤核苷酸循环联合脱氨基

况下，不发生中毒现象，这是因为人体内有一整套去除氨的代谢机构，能将氨转变成无毒的化合物。其中最重要的是在肝脏中与 CO_2 合成尿素；其次是在肝、肾和脑组织中与谷氨酸结合生成谷氨酰胺；剩余部分也是极小的一部分氨重新被用于合成氨基酸。

（1）尿素的生成 尿素的合成器官是肝脏。在肝脏中，1 分子 CO_2 和 1 分子 NH_3 合成氨甲酰磷酸，氨甲酰磷酸将氨甲酰基转移至鸟氨酸上生成瓜氨酸。瓜氨酸接受天冬氨酸提供的一个氨基最终生成精氨酸，精氨酸在精氨酸酶的作用下水解成鸟氨酸和尿素（图 7-5）。

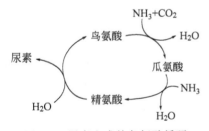

图 7-5 尿素生成的鸟氨酸循环

当肝脏功能严重受损时，尿素的合成发生障碍，血氨浓度增高。由于血氨浓度增高，氨进入脑组织引起昏迷，称为肝昏迷。一般认为，氨进入脑组织后与脑中的 α-酮戊二酸结合生成谷氨酸，进一步与氨结合生成谷氨酰胺，从而降低血氨。脑中的 α-酮戊二酸被大量消耗，导致三羧酸循环减弱，ATP 生成减少，最终导致大脑功能障碍。因此，对血氨水平较高的患者常常采取限制氨的来源和促进氨的去路的降氨措施。如给予谷氨酸、精氨酸、鸟氨酸等来促进尿素的生成；给以肠道抑菌药物、限制蛋白质进食量、用酸性盐水灌肠以减少肠道氨的生成和吸收。

（2）谷氨酰胺的合成 在肝、肾、脑等组织中存在谷氨酰胺合成酶，可以利用谷氨酸和氨合成谷氨酰胺。谷氨酰胺分子上的酰胺基是储存氨的基团。谷氨酰胺也是心、脑、肌肉等组织向肾脏转移氨的运输形式。谷氨酰胺在肾小管细胞内经谷氨酰胺酶的作用释放出氨。释放出的氨与肾小管腔内的酸结合成铵盐排出。这对于清除毒性氨和维持机体的酸碱平衡都具有重要的意义。

$$
\begin{array}{c}
\mathrm{COOH} \\
| \\
(\mathrm{CH_2})_2 \\
| \\
\mathrm{CHNH_2} \\
| \\
\mathrm{COOH}
\end{array}
\; +\mathrm{NH_3}+\mathrm{ATP} \;
\underset{\text{谷氨酰胺酶}}{\overset{\text{谷氨酰胺合成酶}}{\rightleftharpoons}}
\begin{array}{c}
\mathrm{CONH_2} \\
| \\
(\mathrm{CH_2})_2 \\
| \\
\mathrm{CHNH_2} \\
| \\
\mathrm{COOH}
\end{array}
\; +\mathrm{H_2O}+\mathrm{ADP}+\mathrm{H_3PO_4}
$$

（3）合成非必需氨基酸及其他含氮化合物　当需要合成氨基酸时，可利用谷氨酰胺上的氨通过联合脱氨的逆过程合成一些氨基酸；也可通过氧化脱氨的逆过程生成谷氨酸，谷氨酸再通过转氨作用生成相应的氨基酸。储存于谷氨酰胺上的氨还能参与核苷酸的合成。

3. α-酮酸的代谢

氨基酸脱去氨基后生成的 α-酮酸有以下几条去路：

（1）再合成非必需氨基酸　α-酮酸通过氧化脱氨基作用和转氨作用的逆过程可以生成相应的氨基酸。

（2）转变为糖和脂肪

（3）氧化供能

4. 氨基酸的脱羧基作用

人体内的氨基酸脱羧基作用远不如脱氨基作用普遍，只有少数的氨基酸才能进行脱羧基作用。它们脱羧基后产生的胺类具有重要的生理意义。

（1）谷氨酸　谷氨酸在谷氨酸脱羧酶的作用下生成的产物是 γ-氨基丁酸（GABA），此酶在脑组织中活性较强，GABA 是中枢神经系统的主要抑制性递质。由于谷氨酸脱羧酶的辅酶是维生素 B6，因此临床上常用维生素 B6 治疗神经性呕吐和小儿抽搐。

（2）组氨酸　在组氨酸脱羧酶的作用下，组氨酸脱羧生成组胺。组胺在乳腺、肺、肝脏、肌肉和胃黏膜中含量较高。组胺是一种强烈的血管扩张剂，具有降血压、促进平滑肌收缩及胃酸分泌等作用。皮肤的过敏反应与组胺的大量释放有直接关系。

胺类在传递过信息后就应该被灭活，体内广泛存在着胺氧化酶和醛氧化酶，能将胺氧化为醛，最终生成 CO_2 和 H_2O 并产生能量。

习　题

1. 名词解释

氮平衡，蛋白质的互补，必需氨基酸

2. 体内氨基酸主要有哪几种脱氨基方式？

3. 简述尿素在肝脏中合成的主要过程。

4. 体内氨基酸的来源和去路。

第八章　糖　代　谢

【教学要求】

1. 教学目的

掌握糖在人体内的消化吸收以及代谢过程；

熟悉糖在代谢过程中产生的能量以及代谢产物；

了解糖在体内的转化途径以及转化产物。

2. 教学重点

糖在体内的代谢途径及能量的产生。

　　糖是人体能量的主要来源，每日摄入的糖一般比蛋白质和脂肪要多，通常占食入量的一半以上。在糖的代谢中，葡萄糖占据中心地位，人体储存的是糖原，即葡萄糖的多聚体；在血液中运输的也是葡萄糖。糖类是生物体的主要能源，人体所需能量的 70% 来源于糖。

　　葡萄糖被吸收进入血液后，在体内代谢首先需要进入细胞，体内所有组织细胞都可利用葡萄糖。糖代谢主要是指葡萄糖在体内的一系列复杂的化学反应，它在不同类型细胞中的代谢途径有所不同，其分解代谢方式在很大程度上受氧供应状况的影响。葡萄糖还可以通过合成代谢途径聚合成糖原，储存于肝组织或肌组织中。有些非糖物质，如乳酸、丙酮酸等也可通过糖异生途径转变成葡萄糖或糖原。

一、糖的分解代谢

　　细胞内葡萄糖的分解受到氧供应情况的影响。大多数生物是需氧的，在氧供应充足时，葡萄糖进行有氧氧化，生成二氧化碳和水，并获得生物体所需的能量。在供氧不足的情况下，葡萄糖进行无氧分解而生成乳酸。此外，尚存在其他代谢途径，如磷酸戊糖途径，在此途径中，葡萄糖生成磷酸核糖、NADPH 和二氧化碳。

　　(1) 糖酵解　在缺氧条件下，葡萄糖生成乳酸的过程称为糖酵解。此过程分为两个阶段：第一阶段是由葡萄糖分解成丙酮酸的过程，称为酵解途径；第二阶段为丙酮酸转变成乳酸的过程。糖酵解的全部反应都是在细胞质中进行。

　　(2) 糖酵解的生理意义　糖酵解最主要的生理意义在于迅速提供能量，这对肌收缩非常重要。肌肉内 ATP 含量很低，每克新鲜组织仅含有 $5\sim7\mu mol$，只要肌收缩几秒钟即可耗尽。这时即使不缺氧，但由于葡萄糖进行有氧氧化的反应过程要比糖酵解过程长，因此来不及满足需要，而通过糖酵解则可迅速获得 ATP。当机体缺氧或剧烈运动肌肉局部血流相对不足时，主要通过糖酵解获得能量。糖酵解时，1mol 葡萄糖可生成 4mol ATP，在磷酸化时消耗 2mol ATP，故净得 2mol ATP。

二、糖的有氧氧化

　　(1) 有氧氧化　葡萄糖在有氧条件下，彻底氧化成水和二氧化碳的反应过程称为有氧氧化。绝大多数细胞都是通过有氧氧化获得能量。

　　糖的有氧氧化大致可分为 3 个阶段。第一阶段：葡萄糖经糖酵解途径分解成丙酮酸。第二阶段：丙酮酸进入线粒体，氧化脱羧生成乙酰 CoA。第三阶段：三羧酸循环及氧化磷酸化。

（2）三羧酸循环的生理意义　　三羧酸循环是三大营养素的最终代谢通路。糖、脂肪、氨基酸在体内进行生物氧化都将产生乙酰 CoA，然后进入三羧酸循环进行降解。三羧酸循环中只有一个底物水平磷酸化反应生成高能磷酸键。循环本身并不是释放能量、生成 ATP 的主要环节。其作用在于通过 4 次脱氢，为氧化磷酸化反应生成 ATP 提供还原当量。

三羧酸循环又是糖、脂肪、氨基酸代谢联系的枢纽。在能量供应充足的条件下，从食物摄取的糖相当一部分转变成脂肪储存。许多氨基酸的碳架是三羧酸循环的中间产物。

（3）糖有氧氧化的生理意义　　葡萄糖氧化生成 CO_2 和 H_2O 时，生成 38mol ATP，这是机体获得能量的主要方式。

三、磷酸戊糖途径

细胞内绝大部分葡萄糖的分解代谢是通过有氧氧化生成 ATP 而供能的，这是葡萄糖分解代谢的主要途径。此外尚存在其他代谢途径，如磷酸戊糖途径就是另一重要途径。

（1）磷酸戊糖途径　　磷酸戊糖途径的代谢反应在细胞质中进行，其过程可分为两个阶段。第一阶段是氧化反应，生成磷酸戊糖、$NADPH+H^+$ 及 CO_2；第二阶段则是非氧化反应，包括一系列基团转移。

（2）磷酸戊糖途径的生理意义

① 为核酸的生物合成提供核糖。核糖是核酸和游离核苷酸的组成成分。体内的核糖并不依赖从食物输入，可以从葡萄糖通过磷酸戊糖途径生成。

② 提供 $NADPH+H^+$ 作为供氢体参与多种代谢反应。$NADPH+H^+$ 与 $NADH+H^+$ 不同，它携带的氢不是通过电子传递链氧化以释出能量，而是参与许多代谢反应，发挥不同的功能。如有一种疾病的患者，其红细胞内缺乏 6-磷酸葡萄糖脱氢酶，不能经磷酸戊糖途径得到充分的 NADPH，红细胞尤其是较老的红细胞易于破裂，发生溶血性黄疸。它们常在食用蚕豆以后诱发，故称蚕豆病。

四、糖原的合成与分解

（1）糖原是动物体内糖的储存形式　　摄入的糖类大部分转变成脂肪后储存于脂肪组织内，只有一小部分以糖原形式储存。糖原作为葡萄糖储备的生物学意义在于当机体需要葡萄糖时它可以迅速被动用以供急需；而脂肪则不能。肝和肌肉是储存糖原的主要组织器官，人体肝糖原总量约 70～100g，肌糖原约 180～300g。肌糖原主要供肌肉收缩时能量的需要；肝糖原则是血糖的重要来源。这对于一些依赖葡萄糖作为能量来源的组织，如脑、红细胞等尤为重要。

（2）糖异生　　体内糖原的储备有限，正常成人（以体重计）每小时可由肝释出葡萄糖 210mg/kg，如果没有补充，10 个多小时肝糖原即被耗尽，血糖来源断绝。事实上即使禁食 24h，血糖仍保持于正常范围，长期饥饿时也仅略有下降。这时除了周围组织减少对葡萄糖的利用外，主要还是依赖肝将氨基酸、乳酸等转变成葡萄糖，不断地补充血糖。这种从非糖化合物转变为葡萄糖或糖原的过程称为糖异生。机体内进行糖异生补充血糖的主要器官是肝，肾在正常情况下糖异生能力只有肝的 1/10，长期饥饿时肾的糖异生能力则可大为增强。

五、糖代谢病

临床上因糖代谢障碍可以发生血糖水平紊乱。

（1）高血糖和糖尿病　　空腹时血糖测试高于 7.28mmol/L （130mg%）称为高血糖。如果血糖值超过此值，尿中还可出现糖，就称为糖尿病。糖尿病是病理性糖尿，其主要症状是高血糖，常伴有糖尿和多尿症，大多由胰岛素分泌不足所致。糖尿病动物除脑组织外，较少利用葡萄糖的氧化作为能量来源，这样造成细胞内能量供应不足，患者常有饥饿感而多食；多食又进一步使血糖来源增多，使血糖含量更加升高，血糖含量超过肾糖阈时，葡萄糖通过肾从尿中大量排出而出现糖尿，随着糖的大量排出，也带走了大量水分，因而引起多尿；体内因失水过多，血液浓缩，渗透压增高，引起口渴，因而多饮；由于糖氧化供能发生障碍，导致体内脂肪及蛋白质分解加强，使身体逐渐消瘦，体重减轻。因此有糖尿病的所谓"三多一少"（多食、多饮、多尿及体重减少）的症状，严重的糖尿病人还出现酮血症及酸中毒。

　　除上述糖尿病所引起的高血糖和糖尿外，有些肾小管重吸收功能降低的人，肾糖阈比正常人低，即使血糖含量在正常范围，也可出现糖尿，称肾性糖尿。

　　(2) 低血糖与低血糖昏迷　　当血糖浓度低于 3.92mmol/L 时，可出现低血糖症，其表现为饥饿感和四肢无力，以及因低血糖刺激而引起的交感神经兴奋和肾上腺素分泌增加的症状，如脸色苍白、心慌、多汗、头晕、手颤等。脑组织对低血糖比较敏感，因为脑组织功能活动所需的能量主要来自糖的氧化，但脑组织含糖原极少，需要不断从血液中提取葡萄糖氧化供能。若血糖浓度继续下降低于 2.52mmol/L 时，就会严重影响大脑的功能，出现惊厥和昏迷，一般称为"低血糖昏迷"或"低血糖休克"。

习　　题

1. 名词解释
　血糖，糖的无氧酵解，糖的有氧氧化
2. 比较糖的无氧酵解、有氧氧化的异同点。
3. 说明血糖的来源和去路。

第九章 脂 代 谢

【教学要求】

1. 教学目的

掌握脂肪的代谢；

熟悉人类对脂肪的吸收情况；

了解类脂类代谢的知识。

2. 教学重点

脂肪在人体内的消化吸收、代谢过程。

食物中的脂类主要为脂肪，此外还有少量磷脂及胆固醇等。因唾液中无消化脂肪的酶，故脂肪在口腔里不被消化；胃液中虽含有少量的脂肪酶，但成人胃液的 pH 约在 1～2 之间，不适于脂肪酶的作用，所以脂肪在成人胃中亦不能消化。婴儿的胃液 pH 在 5 左右，奶中的脂肪已经乳化，故脂肪在婴儿胃中可有少量被消化。

动物和人体，其小肠既能吸收脂肪完全水解的产物，也能吸收部分水解产物或未经水解乳化了的微滴。吸收的途径是大部分由淋巴系统进入血液循环，也有一小部分直接经门静脉进入肝，而未被吸收的脂肪进入大肠后被细菌分解。

一、脂类的体内储存和动员

血液中的脂类均以脂蛋白的形式运输，其中脂肪可被各组织氧化利用，也可储存于脂肪组织。脂肪组织是储存脂肪的主要场所，以皮下、肾周围、肠系膜等处储存最多，称为脂库。除了消化道吸收的脂肪可储存于脂库外，机体还能利用糖和蛋白质等的降解产物为原料合成脂肪。人体的脂肪主要由糖转化而来，食物脂肪仅是次要来源。脂肪在体内储存的多少依性别、年龄、营养状况、健康状况和活动程度而定，同时也受神经和激素的影响。脂库中储存的脂肪经常有一部分经脂肪酶的水解作用而释放出脂肪酸与甘油，称为脂肪的动员。肥胖是体内储存脂肪过多的结果。

二、血浆脂蛋白和脂类的运输

血浆中所含的脂类统称为血脂。血脂的含量取决于其来源和去路。血脂的主要来源有食物中消化吸收的脂类、脂库动员释放的脂类、体内由糖或某些氨基酸转变来的脂类。血脂的去路主要有氧化分解提供能量、进入脂库储存、构成生物膜、转变为其他物质等。脂类在体内的运输都是通过血液循环进行的。脂蛋白是脂类在血浆中的存在形式，也是脂类在血液中的运输形式。血浆脂蛋白的种类及功能介绍如下。

（1）乳糜微粒 肠黏膜上皮细胞能将食物中消化吸收的脂类重新合成脂肪，然后由内质网上合成的蛋白质、磷脂、胆固醇等组成外壳，将新合成的脂肪包裹起来而形成乳糜微粒。乳糜微粒中的脂肪是来自食物，因此乳糜微粒为外源性脂肪的主要运输形式。由于乳糜微粒的颗粒很大，能使光散射而呈现乳浊，这就是在饱餐后血清浑浊的原因。

（2）极低密度脂蛋白 极低密度脂蛋白主要由肝实质细胞合成，主要成分是脂肪，但磷脂和胆固醇的含量比乳糜微粒多。肝细胞合成极低密度脂蛋白的脂肪来源是糖在肝细胞中转变而来的，也可由脂库中脂肪动员出来，所以它是转运内源性脂肪的主要运输形式。

（3）低密度脂蛋白　低密度脂蛋白是血浆中极低密度脂蛋白在清除过程中水解掉部分脂肪及少量蛋白质后的残余部分。低密度脂蛋白中脂肪含量较少，而胆固醇和磷脂的含量则相对增高，因此，它的主要功能是运输胆固醇。如果低密度脂蛋白增多，会导致胆固醇总量增多，低密度脂蛋白结构不稳定，则胆固醇就很容易在血管壁沉着而形成斑块，这就是动脉粥样硬化的病理基础，由此诱发一系列的心、血管系统疾病。

（4）高密度脂蛋白　高密度脂蛋白主要是在肝中生成和分泌出来的，其组成中除蛋白质含量最多外，胆固醇和磷脂的含量也较高。高密度脂蛋白如果减少，可能会影响血浆脂蛋白的清除。

血浆脂蛋白中的蛋白质部分称为载脂蛋白，其主要功能是与脂类化合物结合并转运。

三、脂肪的分解代谢

脂肪的分解代谢是机体能量来源的重要手段。

（1）脂肪的水解　体内各组织细胞除成熟的红细胞外，几乎都具有水解脂肪并氧化分解其水解产物的能力。一般情况下，脂肪在体内氧化时，先在脂肪酶的催化下，水解成脂肪酸和甘油。

（2）甘油的氧化分解　在脂肪的细胞中，油激酶的活性很低，无法利用脂肪水解产生的甘油，只能在肝、肾、小肠黏膜和哺乳期的乳腺中氧化甘油；

（3）脂肪酸的氧化分解
① 脂肪酸的活化；
② 脂酰 CoA 进入线粒体；
③ 脂肪酸的 β-氧化。

（4）酮体的生成和利用　脂肪酸在肌肉等许多组织中，能彻底氧化生成 CO_2 和 H_2O。但在肝脏中，脂肪酸的氧化很不完全，因而体内经常出现一些脂肪酸氧化分解的中间产物，这些中间产物是乙酰乙酸、β-羟丁酸及丙酮，三者统称为酮体。

酮体是联系肝脏与肝外组织之间的一种特殊运输形式。其生理意义在于体内脂肪氧化供能过程中，器官与组织之间的配合协调和分工问题。一方面利用肝脏特有的强活性脂肪酸氧化酶系和酮体生成酶系，快速地氧化分解脂肪酸生成酮体，再转运给肝外组织利用。另一方面，则是因脂肪不溶于水，不容易在血液中运输，而酮体是水溶性物质，易于运出肝脏，经血液运送至其他组织氧化供能。

在正常情况下，血液中酮体浓度相对恒定，大致在 $20\sim50mg/L$ 之间，尿中检查不出酮体。

四、脂肪的合成代谢

脂肪主要存在于脂肪组织中，如果在一段时间内，摄入的供能物质超过体内消耗所需时，体重就会增加，这主要是由于体内脂肪的合成增加所致。脂肪的合成有两种途径：一种是利用食物中的脂肪转化成为人体的脂肪；另一种是将糖类等转化成脂肪，这是体内脂肪的主要来源。

脂肪组织和肝脏是体内合成脂肪的主要部位，其他许多组织如肾、脑、肺、乳腺等组织也都能合成脂肪。脂肪的合成代谢是在细胞浆中进行的，合成脂肪的原料是 α-磷酸甘油和脂肪酸。

五、胆固醇的代谢

人体内的胆固醇一部分来自动物性食物，称为外源性胆固醇，另一部分由体内各组织细胞合成，称为内源性胆固醇。除成年动物脑组织及成熟红细胞外，几乎在全身各组织均可合成胆固醇，肝脏是合成胆固醇的主要场所，其次是小肠合成。

胆固醇在体内可转变成一系列具有生理活性的重要类固醇化合物。

（1）转变成胆汁酸　在肝脏中，人体内约有 80％ 的胆固醇转变成胆酸，胆酸再与甘氨酸或牛磺酸结合成胆汁酸，胆汁酸以钠盐或钾盐的形式存在，称为胆盐。

（2）转变成 7-脱氢胆固醇　在肝脏及肠黏膜细胞内，胆固醇又转变成 7-脱氢胆固醇，后者经血液循环运送到皮肤，经紫外线照射，转变成维生素 D3，维生素 D3 能促进钙、磷的吸收，有利于骨骼的生成。

（3）转变成类固醇激素　胆固醇在肾上腺皮质细胞内可转变成肾上腺皮质激素，在卵巢可转变成孕酮及雌性激素，在睾丸可转变成睾酮等雄性激素。

胆固醇在人体内不能彻底氧化，部分胆固醇可由肝脏细胞分泌到胆管，随胆汁进入肠道，或在肠腔通过肠黏膜脱落进入肠中。入肠后，胆固醇一部分被肠肝循环重新吸收进入血液，一部分在肠道被细菌作用还原为粪固醇，随粪便排出体外。

六、脂类代谢紊乱

（1）酮体症　人体中，肝脏产生过多的酮体，超过肝外组织氧化利用酮体的能力，血液中酮体浓度增高，并由尿液排出体外，这种情况总称为酮体症。大量酮体进入血液后，肝外组织来不及氧化利用过多的酮体，使血液中酮体浓度升高，称酮血症。发生酮血症的同时，在尿液中有大量酮体出现，称酮尿症。酮体过多的危害之一是引起酸中毒。

（2）高脂血症与动脉粥样硬化　临床上将空腹时血脂浓度持续超出正常值上限称为高脂血症。产生高血脂的原因有两种，一种是由饮食习惯引起的，另一种是由机体内在因素引起的。

脂类的代谢受激素的调节，如肾上腺素和肾上腺皮质激素增加，可使脂肪的动员增加，血中脂类的含量明显升高。甲状腺素能促进胆固醇在肝脏中转变成胆酸，不能增加胆固醇从胆汁中排出，故当甲状腺素缺乏时，血中胆固醇升高。胰岛素缺乏时，在肝脏合成的胆固醇增多，使血浆胆固醇含量亦增加。

局部胆固醇的沉积，如不能较快地被吸收、消散，就可能进而发展成为动脉粥样硬化。动脉粥样硬化的血管有以下一些变化：内膜增生、变性，管壁出现粥样斑块，使血管硬化，失去弹性及收缩力，并产生管腔狭小或闭塞等病变，其结果可引起一时性或持续性心肌缺血、供氧不足，产生心绞痛以及心肌梗死等一系列的严重症状。常见的冠心病就是这类疾病的通称。

（3）脂肪肝　肝脏中合成的脂类是以脂蛋白的形式转运出肝脏外的，其中所含的磷脂是合成脂蛋白不可缺少的材料，当磷脂在肝脏中合成减少时，肝脏中脂肪不能顺利地被运出，引起脂肪在肝脏中堆积，称为"脂肪肝"。

形成脂肪肝的主要原因有：肝脏中脂肪来源太多，如高脂肪及高糖膳食；肝功能不好，此时肝脏合成脂蛋白能力降低；合成磷脂原料不足，特别是胆碱或胆碱合成的原料缺乏以及缺少必需脂肪酸。脂肪肝患者肝脏细胞中堆积的大量脂肪占肝脏细胞很大空间，极大地影响了肝脏细胞的功能，甚至使很多肝脏细胞坏死、结缔组织增生，造成肝硬化。

（4）胆结石　在胆囊或胆道形成的结石称为胆结石。胆结石的产生往往因血浆胆固醇过高、胆汁浓而淤积或与发病部位感染有关，如炎症、寄生虫、术后等原因造成的。这类胆结石主要由胆固醇、胆色素、胆酸、脂肪酸钙、碳酸钙等无机盐组成。

习　　题

1. 名词解释

必需脂肪酸，酮体，脂肪酶，β-氧化

2. 血浆脂蛋白分哪几类？

3. 为什么进食糖类能促进脂肪的合成？

第三篇 微 生 物

第十章 概 述

【教学要求】

1. 教学目的

掌握微生物的概念、特点；

熟悉微生物的种类和发展历史；

了解微生物的命名、与人类的关系，以及微生物发展史上的主要代表人物。

2. 教学重点

微生物的概念以及特点。

一、微生物的概念和种类

1. 概念

微生物是指大量的、极其多样的、不借助显微镜看不见的微小生物类群的总称。因此，微生物通常包括病毒、亚病毒（类病毒、拟病毒、朊病毒），具原核细胞结构的真细菌、古生菌以及具真核细胞结构的真菌（酵母、霉菌等）、原生动物和单细胞藻类，它们的大小和细胞类型见表 10-1。一般来说微生物可以认为是相当简单的生物，大多数的细菌、原生动物、某些藻类和真菌是单细胞的微生物。病毒甚至没有完整的细胞结构，只有蛋白质外壳包围着遗传物质，且不能独立存活。

表 10-1 微生物大小和细胞类型

微生物	大小近似值	细胞的特性	微生物	大小近似值	细胞的特性
病毒	$0.01\sim0.25\mu m$	非细胞的	真菌	$2\mu m\sim1m$	真核生物
细菌	$0.1\sim10\mu m$	原核生物			

2. 微生物的特点

（1）个体微小，结构简单 在形态上，个体微小，肉眼看不见，需用显微镜观察，细胞大小以 μm 或 nm 计量。

$$1mm=1000\mu m=1000000nm$$

（2）繁殖快 生长繁殖快，在实验室培养条件下细菌可在几十分钟至几小时内繁殖一代。

（3）分布广泛 有高等生物的地方均有微生物生活，动植物不能生活的极端环境也有微生物存在。

（4）数量多 在局部环境中数量众多，如每克土壤含微生物几千万至几亿个。

（5）易变异 相对于高等生物而言，较容易发生变异。在所有生物类群中，已知微生物种类的数量仅次于被子植物和昆虫。微生物种内的遗传多样性非常丰富，所以微生物是很好的研究对象，具有广泛的用途。

3. 微生物的种类

（1）非细胞型微生物　个体极微小，不具细胞结构，能通过细菌滤器，只含有一类核酸（DNA 或 RNA）。只能在活细胞中生长繁殖，如病毒。

（2）原核细胞型微生物　仅有原始核，无核膜、核仁等结构，缺乏细胞器，同时含有两类核酸（DNA 和 RNA）。如细菌、立克次体、支原体、螺旋体、衣原体和放线菌。

（3）真核细胞型微生物　有分化程度较高的细胞核，具核膜、核仁等结构，有一完整细胞器，同时含有两类核酸（DNA 和 RNA），如真菌。

4. 微生物的命名

微生物的命名是采用生物学中的二名法，即用两个拉丁字命名一个微生物的种。这个种的名称是由一个属名和一个种名组成，属名和种名都用斜体字表达，属名在前，用拉丁文名词表示，第一个字母大写。种名在后，用拉丁文的形容词表示，第一个字母小写。如大肠埃希杆菌的名称是 *Escherichia coli*。为了避免同物异名或同名异物，在微生物名称之后缀有命名人的姓，如：大肠埃希杆菌 *Escherichia coli Castellani and Chalmers*、浮游球衣菌的名称是 *Sphaerotilus natans Kiuzing* 等。枯草芽孢杆菌的名称是 *Bacillus subtilis*。

二、微生物学的重要性

微生物与人类生活紧密联系，简单介绍如下。

1. 环境

微生物在碳循环、氮循环和磷循环中承担主要作用，构成生物体的所有基本成分。它们可与植物根系相连存在共生的关系，维持土壤肥力，也是环境中有毒化合物的清洁剂。

2. 医药

某些微生物可引起众所周知的疾病如天花、霍乱和疟疾。但是，微生物也能向人们提供抗生素和其他的医学上的重要药物，如青霉素等，并通过此种方式控制它们。

3. 食品

微生物在生产食品的许多加工业中已被应用了几千年，从酿造、酒的酿制、干酪和面包制作到酿造酱油；但也有其危害性，微生物可引起食品酸败。

4. 生物工程

传统的微生物已被用于合成许多重要的化合物，如丙酮、乙酸。遗传工程技术的进步已经可在微生物体内克隆药用的重要多肽，然后对其进行大规模的生产。

5. 科学研究

由于微生物比其更复杂的动物和植物更容易操作，已被广泛用于研究生物化学和遗传学的过程。几百万个同样的、单细胞的拷贝，能以大量、非常快速而且低值获得均质的实验材料。

三、微生物的应用前景

① 继续采用微生物作为生命科学的研究材料。

② 微生物生产与动物生产、植物生产并列为生物产业的三大支柱。

③ 在工业中利用微生物来生产许多产品，如各种生物活性物质（抗生素等）、化工原料（酒精等）等。

④ 微生物在农业生产中也有着多方面的作用。

⑤ 微生物在食品加工中有广泛用途，发酵食品和许多调味品都离不开微生物。

⑥ 微生物是消除污染、净化环境的重要手段。

⑦ 在新兴的生物技术产业中，微生物的作用更是不可替代。作为基因工程的外源 DNA 载体，不是微生物本身（如噬菌体），就是微生物细胞中的质粒；被用作切割与拼接基因的工具酶，绝大多数来自各种微生物。由于微生物生长繁殖快、培养条件较简单容易，当今大量的基因工程产品主要是以微生物作为受体而进行生产，尤其是大肠杆菌、枯草芽孢杆菌和酿酒酵母。借助微生物发酵法，人们已能生产外源蛋白质药物（如人胰岛素和干扰素等）。尽管基因工程所采用的外源基因可以来自动植物，但由于微生物生理代谢类型的多样性，因而它们是最丰富的外源基因供体。

⑧ 与高等动植物相比，已知微生物种类只是估计存在数量的很小一部分。哺乳动物和鸟类的物种几乎全部为人们所掌握，被子植物已知种类达 93%，但细菌已知种数仅为估计数的 12%，真菌为 5%，病毒为 4%。目前研究的也只是已知种类的很少一部分。既然对少数已知微生物的研究就已为人类做出了重要贡献，通过对多样性微生物的开发必然会为社会带来巨大利益，微生物学事业方兴未艾。

⑨ 微生物基因组学研究将全面展开，以微生物之间、微生物与其他生物、微生物与环境的相互作用为主要内容的微生物生态学、环境微生物学、细胞微生物学将基因组信息在基础研究之上获得了长足发展。

习　　题

1. 什么叫微生物？
2. 微生物有哪些种类？
3. 微生物有哪些特点？
4. 如何对微生物进行命名？
5. 简述微生物的应用前景。

第十一章　微生物的种类

【教学要求】

1. 教学目的

掌握细菌、放线菌、真菌的形态、结构和繁殖特点；

熟悉病毒的特点以及各类微生物的实际应用；

了解古生菌、蓝细菌的类群以及干扰素的分类与应用。

2. 教学重点

微生物的形态、结构。

第一节　细　菌

一、细菌的形状和大小

1. 细菌的基本形态

球状——球菌；杆状——杆菌；螺旋状——螺旋菌。图 11-1 为细菌的各种形态。

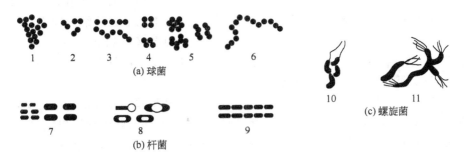

图 11-1　细菌的各种形态

　（1）球菌　细胞呈球状或椭圆形。根据这些细胞分裂产生的新细胞所保持的一定空间排列方式有以下几种情形 [图 11-1（a）]：单球菌——尿素微球菌 [图 11-1（a），1]；双球菌——肺炎双球菌 [图 11-1（a），2]；链球菌——溶血链球菌 [图 11-1（a），3]；四联球菌——四联微球菌 [图 11-1（a），4]；八叠球菌——尿素八叠球菌 [图 11-1（a），5]；葡萄球菌——金黄色葡萄球菌 [图 11-1（a），6]。

　（2）杆菌　杆菌细胞呈杆状或圆柱形。图 11-1（b）中的 7 为长杆菌和短杆菌，8 为枯草芽孢杆菌，9 为溶纤维梭菌。

　（3）螺旋菌　细胞呈弯曲杆状的细菌统称为螺旋菌，如图 11-1（c）。弧菌：偏端单生鞭毛或丛生鞭毛 [图 11-1（c），10]；螺旋菌：两端都有鞭毛 [图 11-1（c），11]。

2. 细菌的大小

细菌大小的度量以 μm 为单位。球菌一般以直径来表示。杆菌和螺旋菌则以长和宽来表示，如 $1\mu m \times 2.5\mu m$。

在显微镜下使用显微测微尺测定细菌大小。

二、细菌的细胞结构

细菌的细胞结构示意如图 11-2 所示。也可表示为：

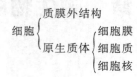

$$\text{细胞} \begin{cases} \text{质膜外结构} \\ \text{原生质体} \begin{cases} \text{细胞膜} \\ \text{细胞质} \\ \text{细胞核} \end{cases} \end{cases}$$

1. 细胞壁

（1）概念　细胞壁是细胞质膜外面的具有一定硬度和韧性的壁套，使细胞保持一定形状，保障其在不同渗透压条件下生长，在不良环境中能防止胞溶作用。真细菌的细胞壁由肽聚糖构成，而古细菌细胞壁组成物质极为多样，从类似肽聚糖的物质、假肽聚糖，到多糖、蛋白质和糖蛋白。真细菌细胞壁由肽聚糖构成，肽聚糖是高度交联的分子，使得细胞具有刚性、强度并保护细胞抵抗渗透压的裂解。

（2）功能　细菌细胞壁的生理功能有：保护原生质体免受渗透压引起破裂的作用；维持细菌的细胞形态（可用经溶菌酶处理不同形态的细菌细胞壁后，菌体均呈现圆形来得到证明）；细胞壁是多孔结构的分子筛，可阻挡某些分子进入和保留蛋白质在间质（革兰阴性菌细胞壁和细胞质之间的区域）；细胞壁为鞭毛提供支点，使鞭毛运动。

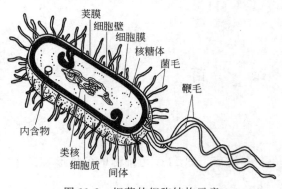

图 11-2　细菌的细胞结构示意

（3）革兰染色　通过革兰染色将真细菌分成两类——革兰阳性细菌和革兰阴性细菌。革兰阳性细菌有单一的膜称作细胞膜（或原生质膜），周围被厚的肽聚糖层包围（20～80nm）。革兰阴性细菌只有一薄层肽聚糖（1～3nm），但是在肽聚糖层外边，仍有另外一层膜，如图 11-3。

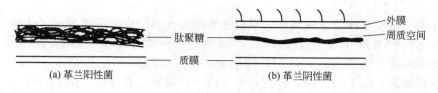

图 11-3　细胞表面结构

革兰染色步骤如下：将固定过的细胞用结晶紫染色，接着加碘液媒染，细菌细胞壁内由于染色形成结晶紫与碘的复合物。随后加酒精从薄的细胞壁中洗出结晶紫与碘暗染色的复合物，但是结晶紫-碘复合物不能从厚的细胞壁中洗出。最后，用复红复染，使脱色的细胞呈粉红色。保持原来染色的细胞称作革兰阳性，在光学显微镜下呈现蓝紫色。脱的细胞称作革兰阴性，染成粉红色或淡紫色。革兰染色程序和结果见表 11-1。

（4）化学组成与超微结构

① 革兰阳性细菌。革兰阳性细菌细胞壁具有较厚（30～40nm）而致密的肽聚糖层，多

达 20 层，占细胞壁成分的 60%～90%，它同细胞膜的外层紧密相连（图 11-4）。

表 11-1 革兰染色程序和结果

步 骤	方 法	结 果	
		阳性(G⁺)	阴性(G⁻)
初染	结晶紫 30s	紫色	紫色
媒染剂	碘液 30s	仍为紫色	仍为紫色
脱色	95%乙醇 10～20s	保持紫色	脱去紫色
复染	蕃红(或复红)30～60s	仍显紫色	红色

② 革兰阴性细菌

a. 外膜　革兰阴性细菌特殊的是外膜上含有许多独特的结构（图 11-5）。脂多糖也称为内毒素，对哺乳动物有高度毒性。

G⁻ 细菌细胞壁外膜的基本成分是脂多糖，此外还有磷脂、多糖和蛋白质。外膜被分为脂多糖层（外）、磷脂层（中）、脂蛋白层（内）。

b. 肽聚糖层　G⁻ 细菌细胞壁肽聚糖层很薄，约有 2～3nm 厚，它与外膜的脂蛋白层相连。

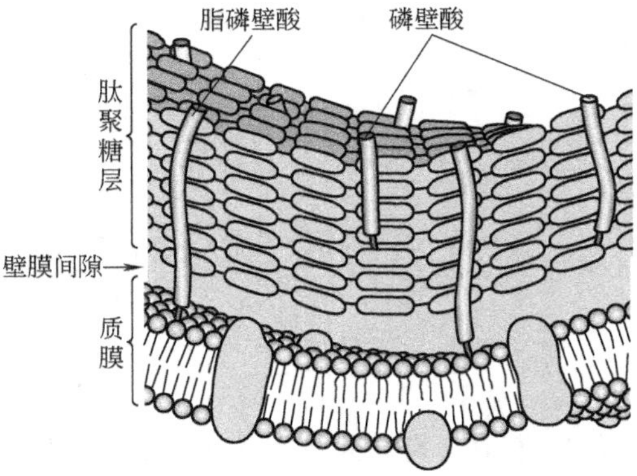

c. 周质空间　周质空间即壁膜间隙，是

图 11-4 革兰阳性细菌细胞壁结构

革兰阴性细菌细胞膜与外膜两膜之间的一个透明的区域 ［图 11-3（b）］。它含有与营养物运

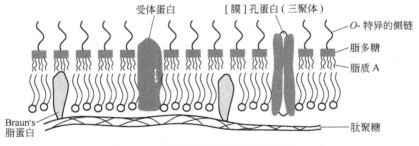

图 11-5 革兰阴性细菌外膜结构模式

输和营养物进入有关的蛋白质，有吸收营养物进入细胞的蛋白质；营养物运输的酶，如蛋白水解酶，能防御有毒化合物，如破坏青霉素的 β-内酰胺酶。在革兰阳性细菌中，以上这些酶常分泌到胞外周围，革兰阴性细菌则依靠它的外膜，保持这些酶与菌的紧密结合。

（5）G⁺ 细菌与 G⁻ 细菌的细胞壁的特征比较见表 11-2。

表 11-2 G⁺ 细菌与 G⁻ 细菌的细胞壁特征比较

特 征	G⁺ 细菌	G⁻ 细菌	特 征	G⁺ 细菌	G⁻ 细菌
肽聚糖	层厚	层薄	壁质间隙	很薄	较厚
类脂	极少	脂多糖	细胞状态	僵硬	僵硬或柔韧
外膜	缺	有	对染料和抗生素的敏感性	很敏感	中度敏感

2. 细胞膜与中间体

（1）概念　细胞质膜，简称质膜，是围绕细胞质外的双层膜结构，使细胞具有选择吸收性能，控制物质的吸收与排放，也是许多生化反应的重要部位。原生质膜是一个磷脂双分子层，其中埋藏着与物质运输、能量代谢和信号接收有关的整合蛋白。另外，有通过电荷相互作用疏松附着于膜的外周蛋白。膜中的脂类和蛋白质互相相对运动。

（2）成分与结构　细胞膜中埋藏在磷脂双分子层中的是有各种功能的蛋白质（图11-6），包括转运蛋白、能量代谢中的蛋白质和能够对化学刺激检测和反应的受体蛋白。整合蛋白是完全地与膜连接而且贯穿全膜的蛋白质，外周蛋白是通过电荷作用与膜松散连接的。脂类和蛋白质均在运动，而且是彼此之间相对运动。

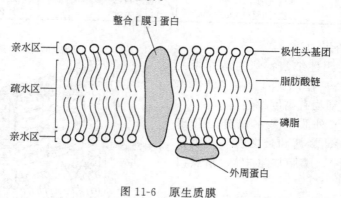

图 11-6　原生质膜

细胞膜由含有亲水区域的和疏水区域的两亲性分子磷脂组成。在膜中磷脂以双分子层排列，极性头部亲水区指向膜的外表面，而其疏水区脂肪酸的尾部指向膜的内层。结果，膜对于大分子或电荷高的分子成为一个选择渗透屏障，它们不易通过磷脂双分子的疏水性内层。

（3）功能　细胞质膜的生理功能有维持渗透压的梯度和溶质的转移。细胞质膜是半渗透膜，具有选择性的渗透作用，能阻止高分子通过，并选择性地逆浓度梯度吸收某些低分子进入细胞。由于膜有极性，膜上有各种与渗透有关的酶，还可使两种结构相类似的糖进入细胞的比例不同，吸收某些分子，排出某些分子；细胞质膜上有合成细胞壁和形成横隔膜组分的酶，故在膜的外表面合成细胞壁；膜内陷形成的中间体（相当于高等植物的粒线体）含有细胞色素，参与呼吸作用。在细胞质膜上进行物质代谢和能量代谢；细胞质膜上有鞭毛基粒，鞭毛由此长出，即为鞭毛提供附着点。

3. 胞质及其内含物

（1）概念　细胞质是指除核以外，质膜以内的原生质。

（2）细胞质的主要成分　细菌细胞质是含水的并含有细胞功能所需的各种分子以及RNA和蛋白质的混合物。对所有的细菌都相同，细胞质中的主要结构是核糖体。

（3）核糖体　核糖体由一个小的亚基和一个大的亚基组成，核糖体的亚基是由蛋白质和核糖体RNA（rRNA）组成的复合物，是细胞中合成蛋白质的场所。原核细胞中的核糖体，尽管在形状上和功能上与真核细胞相似，但是组建核糖体亚基的蛋白质和RNAs性质上有差别。

4. 原核和质粒

（1）原核　细菌的DNA在细胞质中为单个环状染色体，有些时候也称为拟核。细菌的DNA位于细胞质中，由一个染色体构成，不同种的细菌之间染色体大小不同（大肠杆菌染色体有 $4×10^6$ bp）。DNA呈环状、致密的超螺旋结构，而且与真核细胞中发现的组蛋白相类似的蛋白质结合。虽然染色体没有核膜包围，但在电子显微镜下常可看到细胞内分离的核区，称为拟核。

古细菌的染色体和真细菌的染色体类似，是一个单个环状的DNA分子，不包含在核膜内，而 DNA 分子大小通常小于大肠杆菌的 DNA。

（2）质粒　常在细菌中发现小的、染色体外的环状 DNA 片段，称作质粒。其上携带的基因对细菌正常生活并非必需，但在某些情况下对细胞有利，如抗生素抗性质粒。质粒常以不同大小的环状双螺旋存在，它可以独立进行复制，也可整合到染色体上。

5. 鞭毛和菌毛

（1）鞭毛　鞭毛是从细胞质膜和细胞壁伸出细胞外面的蛋白质组成的丝状体结构，使细菌具有运动性。鞭毛纤细而具有刚韧性，直径仅 20nm，长度达 $15\sim20\mu m$。具有鞭毛的细菌基鞭毛数目和在细胞表面分布因种不同而有所差异，这是细菌鉴定的依据之一。一般有三类：单生鞭毛［图 11-7（a）］、丛生鞭毛［图 11-7（b）］和周生鞭毛［图 11-7（c）］。鞭毛与细菌运动有关，如趋化性和趋渗性等。

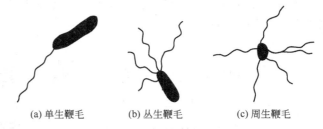

(a) 单生鞭毛　　(b) 丛生鞭毛　　(c) 周生鞭毛

图 11-7　细菌鞭毛的类型

（2）菌毛　菌毛是细菌细胞表面发现的特殊的像头发样的蛋白质表膜附属物，有几微米长。

6. 芽孢

（1）概念　在一些属包括芽孢杆菌属和梭菌属中产生细菌的芽孢。它们是由细菌的 DNA 和外部多层蛋白质及肽聚糖包围而构成，芽孢对干燥和热具有高度抗性。

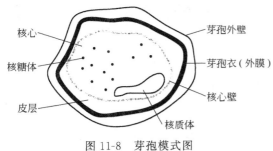

核心
核糖体
皮层
芽孢外壁
芽孢衣（外膜）
核心壁
核质体

图 11-8　芽孢模式图

（2）形态与结构　芽孢结构相当复杂，最里面为核心，含核质、核糖体和一些酶类，由核心壁所包围；核心外面为皮层，由肽聚糖组成；皮层外面是由蛋白质所组成的芽孢衣；最外面是芽孢外壁（图 11-8）。

7. 荚膜

细胞表面常常被多糖所覆盖，按其密度称为荚膜或黏液层。多糖层有时称为糖萼（多糖包被）。这些细胞的外层结构起保护细胞免受干燥和有毒化合物的损害的作用，也使细菌附着于物体表面。

总结一下，这些附加的表面层有以下功能：对细菌表面起渗透屏障作用；保护细胞免受吞噬；保护细胞免受干燥损伤；帮助细菌附着到物体表面等。

三、细菌的繁殖和菌落的形成

1. 细菌的繁殖方式

当细菌从周围环境中吸收了营养物质后，会发生一系列的合成反应，把进入的营养物质转变成为新的营养物质——DNA、RNA、蛋白质、酶及其他大分子，之后菌体开始繁殖并形成两个新的细胞。

（1）裂殖　裂殖是细菌最普遍、最主要的繁殖方式，通常表现为横分裂。

（2）细菌的分裂过程　首先是核的分裂和隔膜的形成，第二步是横隔壁的形成，最后是子细胞的分离。

2. 细菌的菌落特征

（1）菌落　单个微生物在适宜的固体培养基表面或内部生长，繁殖到一定程度可以形成肉眼可见的、有一定形态结构的子细胞生长群体，称为菌落。当固体培养基表面众多菌落连成一片时，便成为菌苔。

（2）菌落特征　各种细菌在一定条件下形成的菌落特征具有一定的稳定性和专一性，这是衡量菌种纯度、辨认和鉴定菌种的重要依据。

菌落特征包括大小、形状、隆起形状、边缘情况、表面状态、表面光泽、质地、颜色、透明度等（图 11-9）。

图 11-9　细菌菌落特征

（3）影响菌落特征的因素　这些因素包括组成菌落的细胞结构和生长行为、邻近菌落影响菌落的大小以及培养条件。

四、常用的细菌类群

常用的细菌类群包括固氮细菌、根瘤菌和乳酸细菌。

第二节　古　细　菌

古细菌是根据 16S rRNA 寡核苷酸序列分析，显示出的三个主要的生物域（真细菌、古细菌和真核生物）之一。

一、古细菌的细胞结构特点

（1）古细菌的细胞壁和表面　古细菌细胞壁的物质极为多样，从类似肽聚糖的物质、假肽聚糖，到多糖、蛋白质和糖蛋白。古细菌有鉴别性的特征之一是在原生质膜中脂类的性质不像真细菌的脂类一样由酯键连接甘油，而是和真核生物一样由醚键连接甘油，它们的脂类也是长链和分支的脂肪酸。

（2）古细菌的 DNA　与真细菌的染色体相似，由不含核膜的单个环状 DNA 分子构成，但大小通常小于大肠杆菌的 DNA。

（3）古细菌的核糖体　古细菌的核糖体和真细菌的核糖体同样大小，但在某些特性上，它们与真核生物的核糖体相似，如对抗生素链霉素和氯霉素的抗性及对白喉毒素的敏感性。

二、古细菌的类群和生长环境

（1）极端嗜热菌　能生长在 90℃ 以上的高温环境。人们发现一些从火山口中分离出的细菌可以生活在250℃的环境中。嗜热菌的营养范围很广，多为异养菌，其中许多能将硫氧化以取得能量。

（2）极端嗜盐菌　生活在高盐度环境中，盐度可达25%，如死海和盐湖中。

（3）极端嗜酸菌　能生活在pH值为1以下的环境中，往往也是嗜高温菌，生活在火山地区的酸性热水中，能氧化硫，硫酸作为代谢产物排出体外。

（4）极端嗜碱菌　多数生活在盐碱湖或碱湖、碱池中，生活环境pH值可达11.5以上，最适pH值8～10。

（5）产甲烷菌　产甲烷菌是严格厌氧的生物，能利用CO_2使H_2氧化，生成甲烷，同时释放能量。

$$CO_2 + 4H_2 \longrightarrow CH_4 + 2H_2O + 能量$$

由于古细菌所栖息的环境和地球发生的早期有相似之处，如高温、缺氧，而且由于古细菌在结构和代谢上的特殊性，它们可能代表最古老的细菌。科学家认为这些"不一般"的细菌应该代表一个既不同于一般细菌也不同于真核生物的生物类群，因此把它们称为古细菌（或古核生物），而把一般的细菌称为真细菌（或原核生物）。

由于现代的古细菌的生活环境相对来说比较接近原始地球的环境，因此可以认为它们是地球上最原始生物的比较直接的后代，地球上最初的原核细胞生物可能是古核生物而不是原核生物。

第三节　放　线　菌

一、放线菌与人类生活

放线菌是真细菌的一个大类群，为革兰阳性菌。放线菌多为腐生，少数为寄生。寄生型放线菌会引起放线菌病和诺卡病。同时放线菌能产生大量的、种类繁多的抗生素。世界上绝大多数的抗生素由放线菌产生。

二、形态结构

放线菌菌体为单细胞，大多数由分支发达的菌丝组成。根据放线菌菌丝的形态和功能分为营养菌丝、气生菌丝和孢子丝三种（图11-10）。

（1）营养菌丝　营养菌丝又称为初级菌丝体或一级菌丝体或基内菌丝，匍匐生长于培养基内，主要生理功能是吸收营养物。营养菌丝一般无隔膜；直径$0.2～0.8\mu m$；长度差别很大，短的小于$100\mu m$，长的可达$600\mu m$；有的产生色素。

（2）气生菌丝　气生菌丝又称为二级菌丝体。营养菌丝体发育到一定时期，长出培

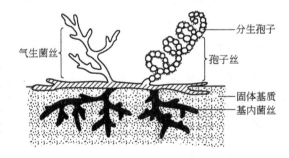

图11-10　链霉菌的一般形态与结构

养基外并伸向空间的菌丝为气生菌丝。它叠生于营养菌丝之上，直径比营养菌丝粗，颜色较深。

（3）孢子丝　当气生菌丝发育到一定程度，其上分化出可形成孢子的菌丝即为孢子丝，又名产孢丝或繁殖菌丝（图11-11）。

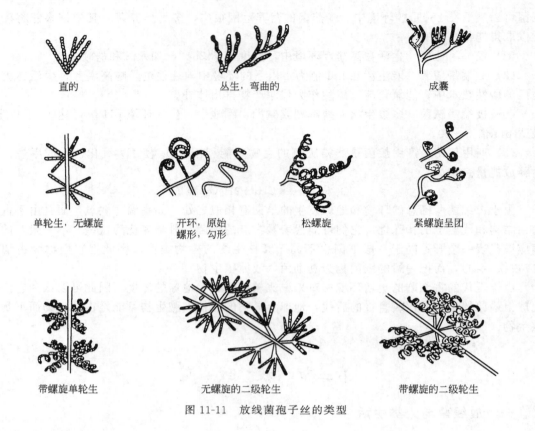

直的　　　　　　　　丛生，弯曲的　　　　　　　成囊

单轮生，无螺旋　　开环，原始　　　　松螺旋　　　　紧螺旋呈团
　　　　　　　　　螺形，勾形

带螺旋单轮生　　　　无螺旋的二级轮生　　　　带螺旋的二级轮生

图 11-11　放线菌孢子丝的类型

三、菌落特征

　　放线菌的菌落由菌丝体组成，一般呈圆形、光平或有许多皱褶。在光学显微镜下观察，菌落周围具有辐射状菌丝。总的特征介于霉菌和细菌之间，是由大量产生分支的和气生菌丝的菌种所形成的菌落，如链霉菌。菌丝较细，生长缓慢，分支多而且相互缠绕，故形成的菌落质地致密，表面呈紧密的绒状或坚实，干燥，多皱，菌落小而不蔓延，营养菌丝长在培养基内，所以菌落与培养基结合紧密，不易挑取，或挑起后不易破碎。有时气生菌丝体呈同心圆环状，当孢子丝产生大量孢子并布满整个菌落表面后，形成絮状、粉状或颗粒状的典型放线菌菌落。

四、繁殖方式

　　放线菌主要通过形成无性孢子的方式进行繁殖，也可利用菌丝片段进行繁殖。放线菌生长到一定阶段，一部分菌丝形成孢子丝，孢子丝成熟便分化形成许多孢子，称为分生孢子。

五、几种常见的放线菌

　　诺卡菌、链霉菌、小单胞菌、游动放线菌。

第四节　蓝　细　菌

一、形态

　　蓝细菌形态差异极大，有单细胞和丝状体两类形态。细胞的直径从 $0.5\sim1\mu m$ 到 $60\mu m$，丝状体的长度差异很大。多个个体聚集在一起，可形成肉眼可见的很大的群体。在水体中繁茂生长时，可使水体颜色随菌体而发生变化。

二、细胞生理特征

蓝细菌属于原核生物，细胞壁与 G^- 细菌相似，由肽聚糖等多黏复合物组成，并含有二氨基庚二酸，革兰阴性，细胞壁可以分泌许多胶黏物质使一群群的细胞或丝状体结合在一起形成胶团或胶鞘；细胞核无核膜，没有有丝分裂器；细胞质中有气泡，可使细胞漂浮。蓝细菌旧名蓝藻，蓝藻没有叶绿体，仅有十分简单的光合作用结构装置。

三、常见的蓝细菌类群

常见的蓝细菌类群及其特性见表 11-3。

表 11-3　常见的蓝细菌类群及其特性

类　群	形　态	繁　殖
色球蓝细菌群	单细胞，球状、杆状	二分分裂或芽殖
宽球蓝细菌群	单细胞，杆状细胞在鞘套内	多重分裂，产生小繁殖细胞
颤蓝细菌群	丝状，单个细胞在藻丝内	藻丝断裂
不分支、异形胞群	丝状，不分支藻丝	藻丝断裂和静息孢子萌发
分支异形胞群	丝状，分支藻丝	藻丝断裂生成连锁体和静息孢子萌发

第五节　真　菌

一、酵母菌

1. 酵母菌的形态（菌体、菌落）和细胞结构

（1）酵母菌细胞形态　酵母菌细胞呈卵圆形、圆形或圆柱形。细胞宽约 $1\sim5\mu m$，长可达 $5\sim30\mu m$。酵母菌菌落大多数与细菌菌落相似，表面湿润，黏稠，易挑取，但比细菌菌落大而厚，颜色多为白色，少数为红色。若培养时间太长，其表面可产生皱褶。在液体培养时，有的生长在底部，有的生长均匀，有的则在表面形成菌醭。

（2）酵母菌细胞结构　酵母菌细胞结构有细胞壁、细胞质膜、细胞核、细胞质及内含物。

细胞壁组分有葡聚糖、甘露聚糖、蛋白质及脂类等；细胞质膜与原核生物基本相同，但含有固醇；细胞核具有核膜、核仁和染色体，核膜上有大量核孔；细胞质含有大量 RNA、核糖体、中心体、线粒体、中心染色质、内质膜、液泡等；在老龄菌中有因营养过剩而形成的一些内含物，如异染颗粒、肝糖、脂肪粒、蛋白质和多糖。图 11-12 为正在芽殖的酿酒酵母细胞（电镜照片）。

2. 繁殖方式

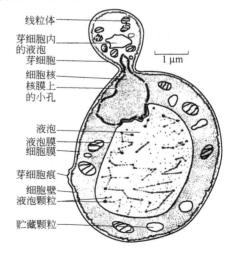

图 11-12　正在芽殖的酿酒酵母细胞（电镜照片）

（1）无性繁殖

① 芽殖。出芽繁殖是酵母菌进行无性繁殖的主要方式。成熟的酵母菌细胞，先长出一个小芽，芽细胞长到一定程度，脱离母细胞继续生长，而后又形成新个体。有多边出芽、两端出芽和三边出芽。

② 芽裂。母细胞总在一端出芽，并在芽基处形成隔膜，子细胞呈瓶状。这种方式很少。

③ 裂殖。少数种类的酵母菌与细菌一样，借细胞横分裂而繁殖。

（2）有性繁殖　酵母菌以形成子囊孢子进行有性繁殖。当酵母菌发育到一定阶段，两个性别不同的细胞（单倍体核）接近，各伸出一个小的突起而相互接触，使两个细胞结合起来。然后接触处细胞壁溶解，两个细胞的细胞质通过所形成的融合管道进行质配，两个单倍体核也移至融合管道中发生核配形成二倍体核的接合子。接合子可在融合管道的垂直方向形成芽细胞，然后二倍体核移入芽细胞内。此二倍体细胞可以从融合管道上脱离下来，再开始二倍体营养细胞的生长繁殖。很多酵母菌细胞的二倍体细胞可以进行多代的营养生长繁殖，因而酵母菌的单倍体细胞、双倍体细胞都可以独立存在。

在合适的条件下接合子经减数分裂，双倍体核分裂为 4～8 个单倍体核，其外包以细胞质逐渐形成子囊孢子，包含在由酵母菌细胞壁演变来的子囊中。子囊孢子又可萌发成单倍体营养细胞。

酿酒酵母的繁殖方式与生活史，如图 11-13 所示。

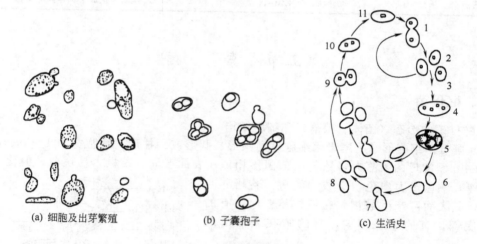

（a）细胞及出芽繁殖　　　　（b）子囊孢子　　　　（c）生活史

图 11-13　酿酒酵母

1—芽殖；2—二倍体细胞；3—减数分裂；4—幼子囊；5—成熟子囊；
6—子囊孢子；7—芽殖；8—营养细胞；9—结合；10—质配；11—核配

3. 生产上常用的酵母菌

（1）啤酒酵母　发酵，食用，药用，提取多种生物活性物质。

（2）假丝酵母　饲料。

（3）白地霉　饲料，食用，或药物提取。

二、霉菌

1. 霉菌的形态结构

（1）菌丝和菌丝体　霉菌是丝状的、无光合作用的、营异养性营养的真核微生物。其细胞基本单位是菌丝（图 11-14），这是一种管状细胞，由坚硬的含壳多糖的细胞壁包被，内含大量真核生物的细胞器。菌丝通过顶端生长进行延伸，并多次重复分支而形成微细的网络结构，称为菌丝体。

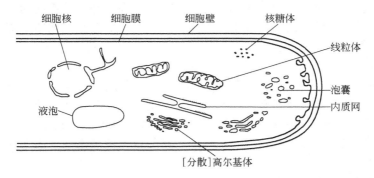

图 11-14　真菌菌丝结构图

菌丝分有隔菌丝和无隔菌丝两种（图 11-15）。

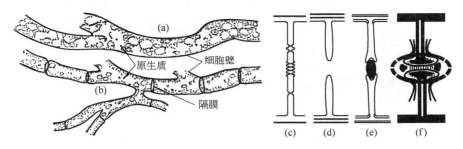

图 11-15　真菌的菌丝和有隔菌丝隔膜的类型
（a）无隔菌丝；（b）有隔菌丝；（c）～（f）有隔菌丝横隔膜的类型

① 有隔菌丝。有隔菌丝中有横隔膜将菌丝分隔成多个细胞，在菌丝生长过程中细胞核的分裂伴随着细胞的分裂，每个细胞含有 1 至多个细胞核。横隔膜可以使相邻细胞之间的物质相互沟通。

② 无隔菌丝。菌丝中无横隔膜，整个细胞是一个单细胞，菌丝内有许多核，在生长过程中只有核的分裂和原生质量的增加，没有细胞数目的增多。

隔膜是横壁，形成于菌丝体内。低等真菌的生长并不随之形成隔膜，只有在菌丝体形成繁殖结构时才出现隔膜，而且这种隔膜是完全无孔的。在高等真菌中，菌丝体的生长伴随着不完全隔膜的形成。

（2）真菌细胞壁结构及生长　菌丝生长发生在顶端，通过菌丝顶端的细胞膜与囊泡的融合而生长（图 11-16），囊泡内含有来自高尔基体的聚合化酶、细胞壁单体酶及软化细胞壁的酶。真菌细胞壁被软化，在膨压的作用下延伸，然后变坚硬。

（3）真菌分类学　依据形态学及有

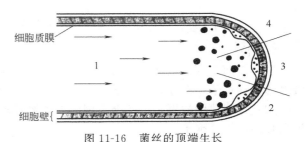

图 11-16　菌丝的顶端生长
1—泡囊移向菌丝顶端；2—细胞壁裂解酶破坏细胞壁上的小纤维，膨压作用引起细胞壁延伸；3—无定型的细胞壁聚合体及前体穿过纤维层；4—细胞壁合成酶重新修复细胞壁纤维

性生殖，目前把真菌分成 4 个亚门。接合菌亚门和壶菌亚门称为低等真菌。低等真菌的营养菌丝体是无隔膜的，完整的隔膜仅见于繁殖结构。无性繁殖通过形成孢子囊，有性繁殖则通过形成接合孢子。子囊菌亚门和担子菌亚门称为高等真菌，它们有更加复杂的菌丝体和复杂的、有穿孔的隔膜。子囊菌亚门产生无性的分生孢子和在一种叫子囊的囊形细胞中产生有性的子囊孢子。担子菌亚门中的真菌几乎不产生无性孢子，而是在复杂的子实体上形成棒形的担子，在担子上产生有性孢子。

（4）菌落特征

① 菌落生长。菌丝顶端的生长使得真菌可以从一个点或一个接种物向新的区域延伸，这使得在琼脂板上的菌落呈放射状，在感染的皮肤上呈环癣状，在草地上呈蘑菇圈状。

② 菌落特征。霉菌菌落疏松，呈绒毛状、絮状或蜘蛛网状，比细菌菌落大几倍到十几倍；霉菌孢子的形状、构造和颜色以及产生的色素使得霉菌菌落表现出不同的结构特征和色泽特征。

（5）菌丝的特异化结构如图 11-17。

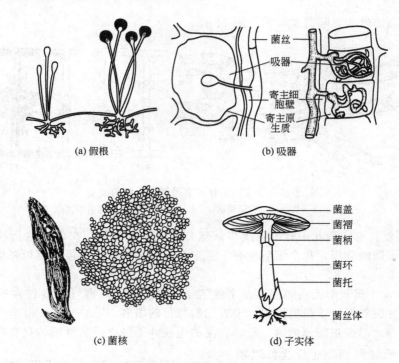

图 11-17   真菌菌丝的几种特殊形态

2. 繁殖方式

（1）壶菌纲（鞭毛菌）的繁殖   壶菌纲的无性繁殖通常是在孢子囊中形成能动的、有单鞭毛的游动孢子，有性繁殖是形成卵孢子。图 11-18 所示为壶菌的生活周期。

（2）接合菌纲的繁殖   接合菌纲的无性繁殖是在孢子囊中形成非游动的孢囊孢子，有性繁殖是形成接合孢子。

在低等真菌中，无性繁殖开始于气生菌丝。此时气生菌丝的顶端成为孢子囊梗，以一种称作囊轴的完全隔膜与营养菌丝相隔离（图 11-19）。顶端的细胞质分化形成一个孢子囊，内含许多无性孢子。这些孢子中含有单倍体的核，来自于营养菌丝体中核的反复有丝分裂。孢子借助风或水进行传播。

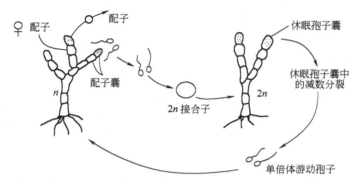

图 11-18 壶菌的生活周期

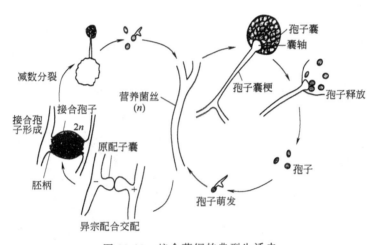

图 11-19 接合菌纲的典型生活史

（3）子囊菌纲的繁殖 子囊菌纲真菌的无性繁殖是通过在菌丝顶端形成分生孢子，有性繁殖是通过形成子囊孢子。在子囊菌纲的营养阶段，其生活周期的延续是通过形成无性孢子，这些称作分生孢子的单个孢子来自气生菌丝顶端形成的称作分生孢子梗的结构。这些孢子被一完全横隔壁隔离，随后是孢子的分化，称为体殖孢子的形成。孢子可以由单独的、未经包被的分生孢子梗产生，也可以由大至肉眼可见的聚集体产生。分生孢子梗可以聚集形成柄状结构，产生的孢子露在顶端。这一类群真菌的有性繁殖，发生在不同的交配型菌丝体体细胞融合之后。经过一个短暂的二倍体期后紧接着子囊孢子形成，这是在修饰后的菌丝顶端分化成的囊状子囊中发生的。在酵母菌中所有这些过程都发生在一个细胞中，两个交配型细胞融合后，整个细胞转变成一个子囊。

（4）担子菌纲的繁殖 担子菌纲的真菌很少进行无性繁殖，有性繁殖则是通过在巨大子实体的菌褶或陷孔中形成担孢子。

3. 常见的霉菌

（1）接合菌亚门 毛霉、根霉。

（2）壶菌亚门 绵霉。

（3）子囊菌亚门 酵母菌、脉孢菌、赤霉。

（4）担子菌亚门 蘑菇、牛肝菌、灵芝、木耳。

（5）半知菌亚门 曲霉、青霉、木霉、头孢霉。

第六节　病　毒

一、病毒的定义与特征

1. 定义

病毒是专性细胞内寄生物，其大小在 20～200nm 之间。尽管它们在形状和化学组成上有所不同，但都仅含有 RNA 或 DNA。完整的颗粒称为"病毒粒子"，它包括一个衣壳，在衣壳的外面常包围有糖蛋白-脂类的膜。病毒对抗生素不敏感。

2. 病毒的基本特征

没有细胞结构；只含有 DNA 或 RNA 一类核酸；不以二分裂法繁殖，只能在特定的寄主细胞内以核酸复制的方式增殖；没有核糖体，不含与能量代谢有关的酶，在活体外没有生命特征。

二、大小和形态

1. 大小

病毒的大小常用纳米（nm）来度量，病毒大小在 10～300nm 之间，通常大小在 100nm 左右（图 11-20）。

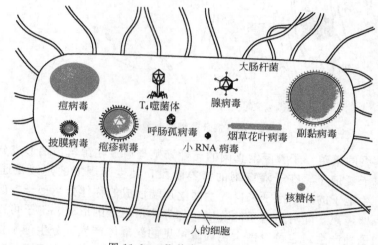

图 11-20　几种病毒的相对大小

2. 形态

球状——球状病毒（或多面体病毒）。动物病毒多为球状。

杆状——杆状病毒（包括棒状或线状）。植物病毒多呈杆状。

蝌蚪状——蝌蚪状病毒。细菌病毒也即噬菌体多呈蝌蚪状。

三、病毒粒子的结构和化学组成

1. 病毒粒子的结构

（1）核壳　病毒主要由壳体和核酸二部分构成，二者统称核壳。

（2）壳粒　壳粒是构成病毒粒子的最小形态单位，每个壳粒是由 1～6 个同种多肽分子折叠缠绕而成的蛋白质亚单位。也称为衣壳粒。

（3）壳体　壳体是由壳粒以对称的形式，有规律地排列成杆状、球状、二十面体或其他形状，构成病毒的外壳。也称作衣壳，蛋白质外壳。

（4）包膜　在壳体外层还具有一层由病毒编码的封套，有包膜病毒粒子是以出芽的方式穿过被侵染细胞的核膜或原生质膜。包膜可能含有少量的糖蛋白，例如人类免疫缺陷性病毒（HIV），也可能含有大量的糖蛋白，例如单纯疱疹病毒（HSV）。病毒的包膜上具有受体，它能使粒子附着并感染宿主细胞。

（5）病毒的对称性　病毒的衣壳具有螺旋体对称或二十面体对称。在很多情况下，衣壳被一种膜状结构包围（病毒包膜）。螺旋体对称可以看作是蛋白亚基通过有序的螺旋方式，排列在病毒核酸周围，二十面体是一种有规则的立体结构，它由许多蛋白亚基重复聚集组成，从而形成一种类似于球形的结构。

图 11-21 所示为病毒的基本结构。

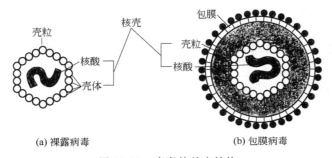

(a) 裸露病毒　　　　(b) 包膜病毒

图 11-21　病毒的基本结构

2. 病毒的化学组成

（1）病毒蛋白　无论是结构蛋白（衣壳、包膜）还是非结构蛋白（例如酶）都是由病毒的基因组编码的。

（2）病毒的核酸　病毒基因组在大小、结构和核苷酸的组成上是多种多样的，有线状、环状、双链 DNA（dsDNA）、单链 DNA（ssDNA）、双链 RNA（dsRNA）、单链 RNA（ss-RNA）、分段的或者不分段的。

病毒的基因组携带有作为病毒遗传密码的核酸序列。在被感染的细胞中，基因组被转录和翻译成氨基酸序列，正是由这些氨基酸序列组成了病毒的蛋白质。

四、增殖

病毒的增殖不同于一般微生物的分裂繁殖，常把病毒的增殖称为复制。病毒从接近易感细胞开始，经复制成为成熟病毒颗粒并释放到细胞外的过程，称为病毒的复制周期。复制周期分为吸附、穿入、脱壳、生物合成、装配与释放 5 个阶段。

五、干扰现象与干扰素

1. 概念

（1）干扰现象　干扰现象是两种病毒或同种异株病毒在短时间内感染同一细胞，其中一种病毒可以抑制另一种病毒增殖的现象。

（2）干扰素　干扰素是一种由感染病毒的宿主细胞产生的一种免受其他病毒感染的物质，是一种天然的抗病毒物质。

2. 干扰素的分类

干扰素的化学组成为糖蛋白，由大多数脊椎动物细胞对病毒感染应答产生。分为以下 3 种类型。

（1）α干扰素　白细胞干扰素（来自白细胞）。

（2）β干扰素　成纤维细胞干扰素（由成纤维细胞产生）。

（3）γ干扰素　免疫干扰素（由淋巴细胞接受抗原刺激而产生），天然产生的量很少，一般是由基因工程菌产生的。

3. 干扰素的性质

干扰素的化学成分是一组相对分子质量较小的糖蛋白，无毒、抗原性弱，对蛋白分解酶敏感，对脂酶和核酸酶不敏感。

抗病毒作用没有特异性，具有广谱抗病毒作用。一种病毒诱生的干扰素可对多种病毒起作用。但有种属特异性，人细胞产生的干扰素只能在人细胞内发挥抗病毒作用；兔、鼠等动物细胞产生的干扰素在人细胞内没有抑制病毒的作用。干扰素有抑制细胞分裂、分化及成熟的作用，可用于治疗肿瘤。

4. 干扰素的作用

① 干扰素可以阻止病毒感染。

② 防止病毒性疾病。

③ 抑制细胞生长，用于肿瘤的治疗。

④ 干扰素不仅能抑制病毒引起的肿瘤，而且也能抑制非病毒性的肿瘤。

六、噬菌体

细菌噬菌体通常称为噬菌体，是侵染细菌的病毒。它们是专性细胞内寄生物，可以噬菌体颗粒在细菌细胞外存在，但只能在细胞内繁殖。噬菌体具有侵染细菌的能力，而且在细胞内指令合成噬菌体的成分。

1. 噬菌体结构、形态

（1）噬菌体的结构　像病毒一样，噬菌体有许多的类型。它们可以是二十面体，几乎是含有 20 个三角形的面构成的特殊的类型或由二十面体的头与螺旋的尾构成的复合结构。基因组是 DNA 或 RNA；单链（ss）或双链（ds），环状或线状。噬菌体由核酸基因组和四周称为衣壳的蛋白质外壳包围而构成，衣壳蛋白具有保护遗传物质和帮助侵染新的宿主的作用。某些噬菌体也携带有另外的酶和衣壳内部的核酸。外壳是由排列高度有序的结构蛋白亚单位所组成，给噬菌体以特别明显的形状。

（2）噬菌体的形态　三种噬菌体的形态如图 11-22 所示。

① 二十面体。二十面体是由二十个三角形面构成的特殊的形状体，二十面体在自然界是非常普遍的形状，因为它非常容易装配成一个由亚单位包裹的外壳。

② 丝状。这是由衣壳蛋白装配成的螺旋状结构的长的蛋白管。

③ 复合体。某些噬菌体由二十面体头部和连接螺旋状尾部复合构成。此类中有 T 型偶数类群（如 T_2、T_4）噬菌体头部为拉长的二十面体。尾部能收缩或不能收缩，有尾鞘或没有尾鞘，可有基片（基板）或尾丝相连接。尾部作用是帮助遗传物质注入细胞。

2. 噬菌体的生活周期

（1）典型噬菌体生活周期　一个噬菌体典型的生活周期，包括吸附、侵入、复制、组装和释放 5 个阶段（图 11-23）。从噬菌体对细菌（宿主）细胞表面的特异受体的吸附开始，随后将遗传物质注入宿主。接着核酸复制开始，噬菌体基因编码的酶被合成。然后，合成噬菌体衣壳蛋白，装配成新的噬菌体外壳，同时包装一个拷贝的基因。最后，噬菌体释放，进入周围环境（培养基）。

① 吸附（附着）。噬菌体侵染宿主通过附着在细胞表面的特异受体上。

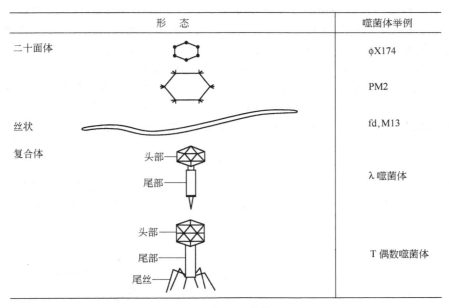

形　态		噬菌体举例
二十面体		φX174
		PM2
丝状		fd,M13
复合体	头部 尾部	λ噬菌体
	头部 尾部 尾丝	T偶数噬菌体

图 11-22　典型噬菌体形态

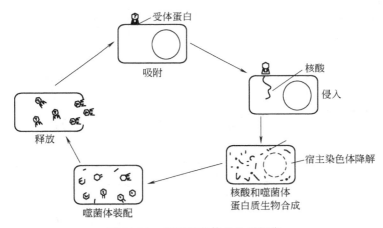

图 11-23　典型噬菌体的生活周期

② 侵入。噬菌体头部的溶菌酶溶解宿主细胞壁肽聚糖。一般只有遗传物质注射进入宿主，留下空蛋白外壳在细胞表面。噬菌体侵入方式视噬菌体结构而定。如 T₄ 噬菌体有高度复合结构的收缩性尾，噬菌体通过长的尾丝吸附和基板接触细胞壁之后，尾鞘收缩，DNA 注入细胞。由于细菌含有降解外源 DNA 的限制修饰系统，因此许多侵染是不成功的。

③ 核酸和蛋白质复制。噬菌体的遗传物质注入宿主后，核酸复制开始，一旦宿主内核酸被转录和翻译（在 RNA 病毒情况中只有翻译），在新的噬菌体核酸指导下合成所需的酶。有时这些（在新的噬菌体核酸指导下合成的酶）称为早期蛋白，许多噬菌体切断宿主蛋白质的合成，并且降解宿主的基因组，保证了宿主细胞的生物合成机构受噬菌体的基因组指令。经过一段时间之后，通常转换到产生大量噬菌体结构蛋白、噬菌体装配所需的支架蛋白和裂解及噬菌体释放所需的蛋白，这些蛋白称为晚期蛋白。

④ 噬菌体装配。一旦噬菌体衣壳成分和核酸已被充分合成，新的噬菌体颗粒自发组装，同时衣壳包在核酸外面。

⑤ 释放。许多噬菌体通过裂解细菌细胞壁而释放，这在噬菌体的生活周期中常称为裂解周期，而噬菌体称为烈性噬菌体。在这个时期中，酶软化细胞壁和每个细胞释放裂解50～1000个之间的噬菌体。T_4 噬菌体在 37℃从侵染到释放大约需要 22min。

（2）溶源性噬菌体生活周期　某些噬菌体，如 λ 噬菌体，在细胞进入裂解周期开始，产生终止噬菌体复制的阻遏蛋白。噬菌体进入称为溶源化的阶段，噬菌体的基因组随染色体复制而复制，而且通过一个世代传至下一个世代。噬菌体可从溶源阶段自发诱导，进入裂解周期。随宿主复制，大多数溶源性噬菌体（有时称为温和噬菌体）以原噬菌体状态整合至染色体上。

许多噬菌体，如 λ 噬菌体，在宿主内替代裂解生活周期。在进入宿主时，这些噬菌体不进入裂解循环，而是它们进入称为溶源性阶段。在此阶段它们或者整合至染色体上形成原噬菌体或者像质粒存在于细胞质中，这些溶源性噬菌体随着宿主染色体复制而复制，然后分配到子细胞（图 11-24）。

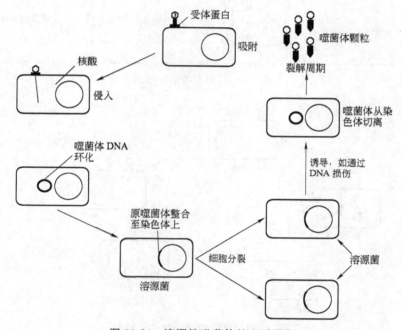

图 11-24　溶源性噬菌体的生活周期

溶源性噬菌体具有特别的性能，因为它们能携带改变宿主表型的功能性基因，称为溶源性转变。溶源性噬菌体的特性有助于提高细菌在寄主中存活的能力。

在溶源细菌中极少数（约 10^{-6}）会发生原噬菌体大量复制、成熟，导致寄主细胞裂解，这种现象称为溶源细菌的自发裂解；若用低剂量的紫外线照射处理或用其他物理、化学方法处理，能够诱发溶源细胞大量溃溶，释放成熟噬菌体粒子，这就是溶源细菌的诱发裂解。

溶源细胞中的原噬菌体有时会消失，成为非溶源细胞，不会裂解，这称为溶源细菌细胞复愈。

习　题

1. 细菌有哪些结构？各自的功能是什么？
2. 革兰阳性菌与革兰阴性菌的细胞壁有何区别？

3. 简述革兰染色法。

4. 古细菌有哪些类群?

5. 简述放线菌的形态结构和菌落特征。

6. 蓝细菌有哪些特点?

7. 真菌的繁殖方式有哪些? 列举真菌的孢子类型。

8. 比较真菌与放线菌菌丝体异同点。

9. 从形态、细胞类型、繁殖方式、菌落特征等方面比较细菌、放线菌和真菌有何不同。

10. 构成病毒的结构有哪些? 各有何化学组成?

11. 简述噬菌体的增殖过程。

12. 什么是干扰素? 有哪些种类?

13. 干扰素的作用是什么?

第十二章　微生物的生长与繁殖

【教学要求】

1. 教学目的

掌握微生物的生长繁殖条件、无菌操作技术和菌种保藏技术；

熟悉配制培养基的基本原则、微生物的生长规律、微生物的纯培养技术；

了解微生物的营养物质和生理功能、微生物的营养类型、微生物生长曲线的特点及应用、培养基的分类、营养物质进入细胞的方式。

2. 教学重点

细菌生长与繁殖的营养物质及条件、无菌接种技术及菌种保藏技术。

微生物从生活的外部环境中不断吸取所需要的各种营养物质，合成本身的细胞物质，并提供生理活动所需要的能量，保证机体进行正常的生长与繁殖，同时将代谢活动产生的废物排出体外。

第一节　微生物的营养物质

一、微生物细胞的化学组成

构成微生物细胞的化学成分分为有机物和无机物两种。有机物为蛋白质、核酸、脂类、糖类等大分子，还有它们的降解产物和代谢产物，占细胞干重的99%。无机物包括水和无机盐，水占细胞质量的70%～90%，无机盐占细胞干重的1%。

构成微生物细胞的化学元素为C、H、O、N、P、S、K、Na、Mg、Ca、Fe、Mn、Cu、Co、Zn、Mo等。其中C、H、O、N、P、S六种元素占微生物细胞干重的97%，为主要元素；其他元素为微量元素。微生物细胞化学元素组成的比例常因微生物种类的不同而不同，也常因菌龄和营养条件不同而发生变化。

二、微生物的营养物质及其生理功能

能够满足微生物机体生长、繁殖和各种生理活动需要的物质称为微生物的营养物质。组成微生物细胞的各种化学元素来自微生物所需要的营养物质，即微生物的营养物质应该包含组成细胞的各种化学元素。

微生物获得和利用营养物质的过程称为营养。

微生物的营养物质按其在机体中的生理作用不同可以分为碳源、氮源、无机盐、生长因子和水5大类。

1. 碳源

① 在微生物生长过程中为微生物提供碳素来源的物质称为碳源。

② 碳源物质种类　从简单的无机含碳化合物如CO_2和碳酸盐到各种各样的天然有机化合物都可以作为微生物的碳源。微生物的碳源主要有糖类、有机酸、醇、脂类、烃、碳酸盐、CO_2等。

但不同的微生物利用碳源具有选择性，糖类是微生物较容易利用的碳源，蛋白质的降解产物也可以作为碳源，少数细菌可以利用 CO_2 作为唯一碳源。

不同微生物利用碳源的能力也有差异。有的微生物可以利用各种类型的碳源物质，有的微生物则只能利用少数几种碳源物质，有些微生物可以在石蜡或人工塑料上生长，还有些微生物可以分解和利用有毒的含碳化合物、氰化物和酚类。

③ 碳源的生理功能　碳源物质能被微生物转变为自身的细胞物质，如糖类、脂类、蛋白质等；同时多数碳源物质还能为机体提供维持生命活动的能源，但有些以 CO_2 为唯一或主要碳源的微生物所需的能源则不是来自 CO_2。

2. 氮源

① 在微生物生长过程中为微生物提供氮素来源的物质称为氮源。

② 能被微生物利用的氮源有蛋白质及其不同程度的降解产物（胨、肽、氨基酸等）、氨及铵盐、硝酸盐、亚硝酸盐、分子态氮、嘌呤、嘧啶、脲、酰胺、氰化物等。

微生物对氮源的利用具有选择性，大多数微生物可以利用有机氮源，有的细菌可以利用铵盐、硝酸盐等无机氮源，固氮细菌能利用空气中的氮气。常选用的蛋白质类氮源有蛋白胨、鱼粉、蚕蛹粉、黄豆饼粉、花生饼粉、玉米浆、牛肉浸膏、酵母浸膏等。玉米浆相对于豆饼粉以及 NH_4^+ 相对于 NO_3^- 较易利用，称为速效氮源，相应地将豆饼粉和 NO_3^- 称为迟效氮源。铵盐作为氮源时会导致培养基 pH 值下降，称为生理酸性盐，而以硝酸盐作为氮源时培养基 pH 值会升高，称为生理碱性盐。

③ 氮源的生理功能：氮源被微生物用来合成细胞中的含氮物质；氮源一般不作为微生物的能源物质，但少数情况下也可作能源物质，如在碳源缺乏的情况下，某些厌氧微生物在厌氧条件下可利用某些氨基酸作为能源。

3. 无机盐

① 无机盐是微生物生长必不可少的一类营养物质，微生物生长所需的无机盐一般有磷酸盐、硫酸盐、氯化物以及含有钠、钾、钙、镁、铁等金属元素的化合物。其中，在微生物生长过程中起重要作用，但微生物对这些元素的需要量又极其微小，我们把这种元素称为微量元素。微量元素有锌、锰、钼、硒、钴、铜、钨、镍等。

② 无机盐的生理功能：无机盐在微生物机体中主要是作为酶活性中心的组成部分；维持生物大分子和细胞结构的稳定性；调节细胞的渗透压、pH 值、氧化还原电位；硫、铁等元素可以作为某些自养微生物生长的能源物质。

微量元素一般参与酶的组成或使酶活化。如果微生物在生长过程中缺乏微量元素，会导致细胞生理活性降低甚至停止生长。微量元素通常混杂在天然有机营养物、无机化学试剂、自来水、蒸馏水、普通玻璃器皿中，如果没有特殊原因，在配制培养基时没有必要特意加入微量元素。值得注意的是，许多微量元素是重金属，如果它们过量，就会对机体产生毒害作用，而且单独一种微量元素过量产生的毒害作用更大，因此有必要将培养基中微量元素的量控制在正常范围内，并注意各种微量元素之间保持恰当比例。

4. 生长因子

① 生长因子是指微生物生长所必需且需要量很小，但微生物自身不能合成或合成量不足以满足机体生长所需的有机化合物。

② 生长因子有维生素、氨基酸和嘌呤与嘧啶三大类。

③ 生长因子的生理功能：维生素主要是作为酶的辅基或辅酶参与新陈代谢；有些微生物自身缺乏合成某些氨基酸的能力，因此必须在培养基中补充这些氨基酸或含有这些氨基酸的小肽类物质，微生物才能正常生长；嘌呤与嘧啶主要是作为酶的辅酶或辅基，还用来合成

核苷、核苷酸和核酸。

5. 水

水是微生物生长所必不可少的。水在微生物细胞中的生理功能主要有如下几点。

① 起溶剂与介质的作用。营养物质的吸收与代谢产物的排出必须以水为介质才能完成，细胞内的化学反应必须在水中才能进行。

② 参与细胞内一系列化学反应，有时水还作为反应物直接参与化学反应。

③ 维持蛋白质、核酸等生物大分子稳定的天然构象。

④ 有效控制细胞内温度的变化。因为水能有效地吸收代谢过程中产生的热量并将热量迅速散发出体外。

⑤ 维持细胞自身正常形态。

三、微生物的营养类型

根据微生物生长所需要的碳源物质可以将微生物分为自养型和异养型两类，自养型微生物以复杂的有机物作为碳源，异养型微生物能够以简单的无机物如 CO_2 作为碳源。

根据微生物生长所需要的能源可以将微生物分为光能型和化能型两类，光能型微生物由光提供能源，化能型微生物利用物质氧化过程所放出的化学能作为能源进行生长。

实际上，根据碳源、能源的不同，常将微生物分为光能自养型、光能异养型、化能自养型及化能异养型四种类型（表 12-1）。

表 12-1 微生物的营养类型

营养类型	碳 源	能 源	举 例
光能自养型	CO_2	光能	着色细菌属、蓝细菌、藻类
光能异养型	有机物	光能	红螺细菌
化能自养型	CO_2	化学能（无机物氧化）	氢细菌、硫杆菌、硝化杆菌属、亚硝化单胞菌属、甲烷杆菌属、醋酸杆菌属
化能异养型	有机物	化学能（有机物氧化）	假单胞菌属、埃希杆菌属、乳酸菌属、真菌、原生动物

某些菌株发生突变（自然突变或人工诱变）后，失去了合成某种（或某些）物质的能力，而这些物质（通常是生长因子如氨基酸、维生素）对该菌株的生长是必不可少的，因此该菌株必须从外界环境获得这些物质才能生长繁殖，这种突变型菌株称为营养缺陷型，相应的野生型菌株称为原养型。营养缺陷型菌株经常被用来进行微生物遗传学方面的研究。

1. 光能自养型

能以 CO_2 为唯一或主要碳源并利用光能进行生长的微生物。

这类微生物具有光合色素（叶绿素或菌绿素），能利用光能，以水或硫化氢为供氢体，把 CO_2 固定还原成细胞物质，并且释放出元素氧（硫）。

藻类、蓝细菌和光合细菌属于这一类营养类型。

(1) 藻类和蓝细菌 $CO_2 + H_2O \xrightarrow[\text{叶绿素}]{\text{光能}} [CH_2O] + O_2 \uparrow$，这与高等植物光合作用是一致的。

(2) 光合细菌 $CO_2 + 2H_2S \xrightarrow[\text{菌绿素}]{\text{光能}} [CH_2O] + H_2O + 2S$，这与藻类、蓝细菌和高等植物不同。

2. 化能自养型

利用无机物氧化过程中放出的化学能作为能量，以 CO_2 或碳酸盐作为唯一或主要碳源进行生长的微生物。

属于这类微生物的有硫化细菌、硝化细菌、氢细菌与铁细菌等，它们能分别氧化硫化氢、亚硝酸盐、氢气、二价铁离子等产生能量，使 CO_2 还原成细胞物质。

例如氢细菌：$H_2 + \frac{1}{2}O_2 \longrightarrow H_2O + 237.2kJ$ （56.7kcal）

3. 光能异养型

能够利用光能，以有机物作为碳源进行生长的微生物。

这类微生物具有光和色素，所以能利用光能。在有机物存在的情况下，它们也能利用 CO_2，只是不能以 CO_2 作为唯一或主要碳源。

红螺菌属就是这一营养类型的代表，它们以异丙醇作为供氢体，把 CO_2 还原成细胞物质，同时积累丙酮。

$$2(CH_3)_2CHOH + CO_2 \xrightarrow[\text{光合色素}]{\text{光能}} 2CH_3COCH_3 + [CH_2O] + H_2O$$

4. 化能异养型

利用有机物氧化过程放出的化学能，以有机化合物作为碳源的微生物。

对于化能异养型微生物来说，有机物既是它们生长的碳源物质又是能源物质。此类微生物利用的有机物有淀粉、糖类、纤维素、有机酸等。

目前已知的大多数细菌、真菌、原生动物都是化能异养型微生物。所有致病微生物也都属于化能异养型。根据化能异养型微生物利用的有机物性质的不同，又可分为腐生型和寄生型两类，腐生型可利用无生命的有机物（如动植物尸体）作为碳源，寄生型则必须寄生在活的寄主机体内吸取营养物质，离开寄主就不能生存。在腐生型和寄生型之间还存在兼性腐生型和兼性寄生型等中间类型。

四、培养基

1. 培养基的概念

培养基是指由人工配制的、可供给微生物生长繁殖的营养物质。根据微生物的不同营养要求，可以用动植物组织、动植物器官或它们的浸出液，也可以用各种化学药品制备培养基。

2. 配制培养基的原则

（1）选择适宜的营养物质　所有培养基中都应含有满足微生物生长发育的水分、碳源、氮源、无机盐和生长因子。

不同营养类型的微生物对营养物质的需求是不一样的，因此还要针对微生物的不同营养类型配制不同的培养基。自养型微生物能从简单的无机物合成自身需要的复杂的有机物，因此培养自养型微生物的培养基完全可以由简单的无机物组成。而培养异养型微生物则需要在培养基中加入有机物，而且不同类型的异养型微生物对营养物质的要求也不一样。

不同微生物种类对营养物质的需求也是不一样的，因此培养细菌、放线菌、酵母菌、霉菌等所需的培养基各不相同。在实验室中一般用普通肉汤培养基培养细菌，用高氏Ⅰ号培养基培养放线菌，用麦芽汁培养基培养酵母菌，用查氏培养基培养霉菌。

因此要根据微生物的营养需要选择适宜的营养物质。

（2）调配恰当的营养物质浓度及配比　营养物质浓度过低，不能满足微生物正常生长需要；浓度过高也可能对微生物生长起抑制作用，因此只有培养基中各种营养物质浓度合适时微生物才能正常生长。例如高浓度糖类物质、无机盐、重金属离子等不仅不能促进细菌的生长，反而起到抑菌或杀菌作用。

另外，培养基中各营养物质之间的浓度配比也直接影响微生物的生长繁殖和代谢产物的积累。如果氮源过多，微生物生长过于旺盛，不利于代谢产物的积累，但氮源不足时，微生物生长过慢，也不利于提高代谢产物的产量，因此要控制恰当的碳氮比（C/N）。例如，在利用微生物发酵生产谷氨酸的过程中，培养基碳氮比为 4/1 时，菌体大量繁殖，谷氨酸积累少；当培养基碳氮比为 3/1 时，菌体繁殖受到抑制，谷氨酸产量则大量增加。

（3）控制一定的 pH 值范围 培养基还应具有适宜的酸碱度（pH 值）和一定的缓冲能力，以满足不同类型微生物的需要。各类微生物都有最适合生长繁殖的 pH 值和产生代谢产物的最适 pH 值，一般来讲，细菌与放线菌适于在 pH7～7.5 范围内生长，酵母菌和霉菌通常在 pH4.5～6 范围内生长。配制培养基时要将 pH 值调节到适宜的范围内。

在微生物生长繁殖和代谢过程中，由于营养物质被分解利用和代谢产物的形成与积累，会导致培养基 pH 值发生变化，往往导致微生物生长速度下降或（和）代谢产物产量下降。为了维持培养基 pH 的相对恒定，通常在培养基中加入 pH 缓冲剂，常用的缓冲剂是一氢磷酸盐和二氢磷酸盐（如 KH_2PO_4 和 K_2HPO_4）组成的混合物。但 KH_2PO_4 和 K_2HPO_4 缓冲系统只能在一定的 pH 范围（pH 6.4～7.2）内起调节作用。培养有些微生物，如乳酸菌能大量产酸，可在培养基中添加弱碱性的碳酸盐（如 $CaCO_3$）来进行调节，$CaCO_3$ 难溶于水，可以不断中和微生物产生的酸，同时释放出 CO_2，将培养基 pH 值控制在一定范围内。

在发酵生产过程中，当培养基中的缓冲剂不足以控制 pH 值时，可以采用直接滴加酸或碱的办法来控制 pH 值。

（4）控制适宜的氧化还原电位 不同类型微生物生长对氧化还原电位（Φ）的要求不一样，一般好氧性微生物在 Φ 值为 +0.1V 以上时可正常生长，一般以 +0.3～+0.4V 最适合，厌氧性微生物只能在 Φ 值低于 +0.1V 条件下生长，兼性厌氧微生物在 Φ 值为 +0.1V 以上时进行好氧呼吸，在 +0.1V 以下时进行发酵。在 pH 值相对稳定的条件下，可通过增加通气量（如振荡培养、搅拌）或加入氧化剂，来增加 Φ 值；在培养基中加入抗坏血酸、硫化氢、半胱氨酸、谷胱甘肽、二硫苏糖醇等还原性物质可降低 Φ 值。

（5）寻找廉价易得的原料 在配制培养基时应尽量寻找廉价且易于获得的原料，特别是在发酵工业中，培养基用量很大，利用廉价原料能够在很大程度上降低生产成本。例如，在工业生产过程中，常常利用糖蜜（制糖工业中含有蔗糖的废液）、乳清（乳制品工业中含有乳糖的废液）、豆制品工业废液、黑废液（造纸工业中含有戊糖和己糖的亚硫酸纸浆）、麸皮、棉子饼、酒糟等作为培养基的原料。

（6）进行灭菌处理 必须对培养基进行严格的灭菌处理，以避免杂菌污染。一般采用高压蒸汽法对培养基进行灭菌。对于一般的培养基，在 $1.03 \times 10^5 Pa$（$1.05kg/cm^2$）、121.3℃条件下维持 15～30min 可达到灭菌目的。

在高压蒸汽灭菌过程中，长时间高温会使某些不耐热物质遭到破坏，因此对某些培养基要选择特别的灭菌方法。如长时间高温会使糖类物质形成氨基糖、焦糖，因此含糖培养基常在 54.9kPa（$0.56kg/cm^2$）、112.6℃、15～30min 进行灭菌；特别是在配制某些对糖类要求较高的培养基时，可先将糖进行过滤除菌或间歇灭菌，再与其他已灭菌的成分混合。高压蒸汽灭菌后，培养基 pH 会发生改变（一般使 pH 降低），可根据所培养微生物的要求，在培养基灭菌后再加以调整。

表 12-2 列出了几种培养基的组成。

表 12-2　几种培养基的组成　　　　　　　　　　　单位：g

成　分	营养肉汤培养基	高氏Ⅰ号合成培养基	查氏合成培养基	主　要　作　用
牛肉膏	5			碳源(能源)、氮源、无机盐、生长因子
蛋白胨	10			氮源、碳源(能源)、生长因子
蔗糖			30	碳源(能源)
可溶性淀粉		20		碳源(能源)
KNO_3		1		氮源、无机盐
$NaNO_3$			3	氮源、无机盐
$MgSO_4 \cdot 7H_2O$		0.5	0.5	无机盐
$FeSO_4$		0.01	0.01	无机盐
K_2HPO_4		0.5	1	无机盐
NaCl	5	0.5		无机盐
KCl			0.5	无机盐
H_2O	1000	1000	1000	溶剂
pH	7.0～7.2	7.2～7.4	自然	
灭菌条件	121℃,20min	121℃,20min	121℃,20min	

3. 培养基的分类

培养基种类繁多，根据其成分、物理状态和用途可将培养基分成多种类型。

(1) 按成分不同划分　根据培养基化学成分是否恒定，可将培养基划分为天然培养基和合成培养基。

① 天然培养基。天然培养基是用某些天然原材料配制而成的培养基，其化学成分不恒定，因产地、批号、加工方法不同而异。肉汤培养基就属于此类。基因克隆技术中常用的LB 培养基也是一种天然培养基。

常用的天然有机营养物质包括牛肉浸膏、蛋白胨、酵母浸膏、豆芽汁、玉米粉、土壤浸液、麸皮、牛奶、血清、稻草浸汁、羽毛浸汁、胡萝卜汁、椰子汁等。天然培养基配制方便、营养丰富、成本较低，除在实验室经常使用外，也适用于大规模的工业微生物发酵生产。

② 合成培养基。合成培养基是用浓度和成分都十分精确的化学物质配制而成的培养基。高氏Ⅰ号培养基和查氏培养基就属于此种类型。配制合成培养基时重复性强，但与天然培养基相比其成本较高，且微生物在其中生长速度缓慢，一般仅用于在实验室进行的研究工作。

(2) 按物理状态不同划分　根据培养基中凝固剂的含量，可将培养基划分为液体培养基、固体培养基和半固体培养基 3 种类型。

① 液体培养基。液体培养基是不含凝固剂、呈液体状态的培养基，也称作培养液。其中的组分分布均匀，微生物能够充分接触和利用培养基中的营养物质。肉汤培养基就属于液体培养基。此种培养基常用于在实验室进行微生物的基础理论和应用方面的研究，发酵生产中微生物在发酵罐中深层培养时所使用的种子培养基和发酵培养基都是液体培养基。

② 固体培养基。在液体培养基中加入一定量凝固剂，使其成为固体状态即为固体培养基。对绝大多数微生物培养基而言，琼脂是最理想的凝固剂。琼脂是由藻类（海产石花菜）中提取的一种高度分支的复杂多糖，熔点是 96℃，凝固点是 40℃；可以在 100℃时使琼脂熔化，注入容器后在 40℃凝固成平板或斜面。琼脂在培养基中的含量一般为 2%～3%。

除琼脂外，也可用硅胶作为凝固剂，但效果不如琼脂。硅胶是无机硅酸钠（Na_2SiO_3）及硅酸钾（K_2SiO_3）被盐酸及硫酸中和时凝聚而成的胶体，不含有机物，适合配制用于分离与培养自养型微生物的培养基。

除在液体培养基中加入凝固剂制备的固体培养基外，一些由天然固体基质制成的培养基也属于固体培养基。例如，由马铃薯块、胡萝卜条、小米、麸皮及米糠等制成固体状态的培养基就属于此类。又如生产酒的酒曲，生产食用菌的棉子壳培养基也属于固体培养基。固体培养基为微生物提供一个营养表面，单个微生物细胞在这个营养表面进行生长繁殖，可以形成单个菌落。固体培养基常用来进行微生物的分离、鉴定、计数及菌种保藏等。

③ 半固体培养基。在液体培养基中加入少量凝固剂，使其成为半固体状态，即为半固体培养基。

半固体培养基中凝固剂的含量比固体培养基少。琼脂含量一般为 $0.2\% \sim 0.7\%$。半固体培养基常用于观察微生物的运动特征、微生物的分类鉴定及噬菌体效价滴定等。

（3）按用途不同划分

① 基础培养基。基础培养基是含有一般微生物生长繁殖所需的基本营养物质的培养基。

尽管不同微生物的营养需求各不相同，但大多数微生物所需的基本营养物质是相同的。肉汤培养基是最常用的基础培养基。基础培养基也可以作为一些特殊培养基的基础成分，再根据某种微生物的特殊营养需求，在基础培养基中加入所需营养物质。

② 鉴别培养基。鉴别培养基是用于鉴别不同类型微生物的培养基。在培养基中加入某种特殊化学物质，某种微生物在这种培养基中生长后能产生某种代谢产物，而这种代谢产物可以与培养基中的特殊化学物质发生特定的化学反应，产生明显的特征性变化，根据这种特征性变化，可将该种微生物与其他微生物区分开。

鉴别培养基主要用于微生物的快速分类鉴定以及分离和筛选产生某种代谢产物的微生物菌种。例如检验食品和药品中是否含有肠道致病菌时，常用伊红-美蓝培养基：培养基中的伊红为酸性染料、美蓝为碱性染料，大肠杆菌能分解乳糖，使伊红和美蓝结合成显色化合物，长成带金属光泽的深紫色菌落；而肠道致病菌不分解乳糖，菌落成无色或粉红色。

③ 选择培养基。选择培养基是用来将某种或某类微生物从混杂的微生物群体中分离出来的培养基。选择性培养基分为 2 种类型：第一种是根据某些微生物的特殊营养需求，在培养基中加入相应特殊营养物质，从而选择出所需要的微生物。例如，以石蜡油作为唯一碳源的选择培养基，可以从混杂的微生物群体中分离出能分解石蜡油的微生物。第二种是根据某些微生物对某种化学物质的敏感性不同，在培养基中加入相应的化学物质，这种化学物质没有营养作用，但可以抑制或杀死不需要的微生物，从而选择出所需要的、对这种化学物质不敏感的微生物。例如，在培养基中加入亚硫酸铵，可以抑制革兰阳性细菌和绝大多数革兰阴性细菌的生长。

④ 其他用途的培养基。除上述几种类型外，培养基按用途划分还有很多种，比如：常用来分析某些化学物质（抗生素、维生素）的浓度，或用来分析微生物的营养需求的分析培养基；用来培养厌氧型微生物的还原性培养基等。

五、营养物质进入细胞的方式

营养物质只有进入微生物细胞后才能被细胞利用，进而使微生物正常生长繁殖。根据物质运输过程的特点，可将营养物质进入细胞的方式分为扩散、促进扩散和主动运输 3 种。

1. 扩散

（1）扩散的概念　扩散是最简单的物质跨膜运输方式，是顺浓度梯度进行的纯物理过程。扩散过程不消耗能量。物质扩散的动力来自参与扩散的物质在膜内外的浓度差。细胞膜是一种半渗透膜，营养物质通过细胞膜上的含水小孔，由高浓度的一侧向低浓度的一侧进行扩散。

扩散不是微生物细胞吸收营养物质的主要方式。

（2）扩散的特点

① 扩散是非特异性的。物质在扩散过程中，既不与膜上的各类分子发生反应，自身分子结构也不发生变化。

② 物质扩散的速率随细胞膜内外营养物质浓度差的降低而减小，直到膜内外营养物质浓度相同时才达到动态平衡。

③ 细胞膜上的含水小孔的大小和形状对参与扩散的营养物质分子有一定的选择性。

④ 物质跨膜扩散的能力和速率与该物质的性质有关。相对分子质量小、脂溶性小、极性小的物质易通过扩散方式进出细胞。

⑤ 温度高时，细胞膜的流动性增加，有利于物质通过扩散进出细胞。

（3）通过扩散方式运输的营养物质　水是唯一可以通过扩散自由通过细胞膜的分子，脂肪酸、乙醇、甘油、苯、一些气体分子（O_2、CO_2）及某些氨基酸在一定程度上也可通过扩散进出细胞。

2. 促进扩散

（1）促进扩散的概念　促进扩散也是一种被动的物质跨膜运输方式，是在细胞膜上的载体蛋白参与下进行的物质顺浓度梯度进行运输的过程。

这个过程也不消耗能量，但营养物质需要借助细胞膜上载体的作用才能由高浓度的膜外侧向低浓度的膜内侧进行运输（图 12-1）。营养物质与相应载体之间存在一种亲和力，而且这种亲和力在细胞膜内外的大小不同：物质在细胞外与相应载体的亲和力大，易于结合，进入细胞后亲和力变小，营养物质被释放出来。通过被运输物质与相应载体之间亲和力的大小变化，使该物质穿过细胞膜进入细胞。

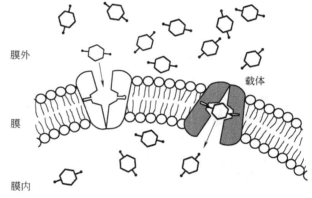

图 12-1　促进扩散示意

（2）促进扩散的特点

① 营养物质本身的分子结构不发生变化。

② 促进扩散是特异性的，而且每种载体只运输相应的物质。

一般微生物通过专一性的载体蛋白运输相应的物质，但也有微生物对同一物质的运输由一种以上的载体蛋白来完成，例如鼠伤寒沙门菌利用 4 种不同载体蛋白运输组氨酸，酿酒酵母有 3 种不同的载体蛋白来完成葡萄糖的运输。另外，某些载体蛋白可同时完成几种物质的运输，例如大肠杆菌可通过一种载体蛋白完成亮氨酸、异亮氨酸和缬氨酸的运输。

③ 载体蛋白自身在促进扩散的过程中不发生化学变化，通过载体分子的构象变化而实现被运输物质与载体之间亲和力大小的变化。

④ 被运输物质在膜内外浓度差越大，促进扩散的速率越快。

⑤ 当被运输物质浓度过高而使载体蛋白饱和时，运输速率就不再增加。

（3）通过促进扩散方式运输的营养物质　通过促进扩散进入细胞的营养物质主要有氨基酸、单糖、维生素及无机盐等。

3. 主动运输

（1）主动运输的概念　主动运输是主动的物质跨膜运输方式，是在细胞膜上的载体蛋白参与下进行的需要消耗能量、可以逆浓度梯度进行运输的过程。

主动运输与促进扩散类似之处在于物质运输过程同样需要载体蛋白，载体蛋白也是通过构象变化而改变与被运输物质之间的亲和力大小，使两者之间发生可逆性结合与分离，从而完成相应物质的跨膜运输；区别在于主动运输过程中的载体蛋白构象变化需要消耗能量。

（2）主动运输的特点

① 主动运输过程所需能量来源因微生物种类不同而不同。

好氧型微生物与兼性厌氧型微生物直接利用呼吸能，厌氧型微生物利用化学能（ATP），光合微生物利用光能。

② 主动运输是营养物质进入微生物细胞的主要方式。

③ 主动运输方式中有一种特殊方式叫做基团转位，物质在运输过程中发生化学变化后才能进入细胞。

例如糖在运输过程中发生了磷酸化作用，进入细胞后以磷酸糖的形式存在于细胞质中。基团转位主要存在于厌氧型和兼性厌氧型细菌中，这种方式主要用于糖的运输，脂肪酸、核苷、碱基等也可通过这种方式运输。

（3）通过主动运输方式运输的营养物质 微生物生长繁殖所需的各种营养物质如氨基酸、糖、核苷、钾离子等都是通过主动运输方式进入细胞的。

第二节 微生物的生长条件

一、微生物的生长繁殖

1. 微生物的个体生长

微生物的个体生长是细胞物质有规律的不可逆增加，导致细胞体积扩大的生物学过程。

2. 微生物的繁殖

微生物的繁殖是微生物生长到一定阶段，由于细胞结构的复制与重建并通过特定方式产生新的生命个体，即引起生命个体数量增加的生物学过程。

繁殖速度快是微生物的一个显著特点，例如细菌在适宜条件下 20～30min 就可以繁殖一代。

3. 微生物的生长

微生物的生长与繁殖是两个不同但又相互联系的概念。生长是一个逐步发生的量变过程，繁殖是一个产生新的生命个体的质变过程。在高等生物中这两个过程可以明显分开，但在低等特别是在单细胞的生物中，由于个体微小，繁殖速度快，这两个过程是紧密联系而很难划分的过程。

在讨论微生物生长时，往往将个体生长与繁殖这两个过程放在一起讨论，因此微生物的生长又可以定义为在一定时间和条件下细胞数量的增加。也就是说我们所讨论的微生物的生长，实际上是指微生物群体的生长。

二、微生物的生长条件

微生物在适宜条件下才能生长，影响微生物生长的环境因素有营养物质、温度、pH、氧气或其他气体等。最适合的生长条件指的是维持微生物最大生长速率的环境条件，不同类型的微生物各有其最适的生长条件。

1. 营养物质

微生物生长所需的基本营养物质为碳源、氮源、无机盐、生长因子和水五大类。人工培养微生物时要根据各种微生物不同的营养要求选用不同的培养基。详见本章第一节。

2. 温度

真核生物生长的温度范围比较狭窄，而原核生物对温度的适应表现为多样性，一般温度范围在−7.5～75℃之间。按照细菌生长所需要的温度，可以将细菌分为嗜温菌、嗜冷菌和嗜热菌。大多数细菌包括许多致病菌都是嗜温菌，最适生长温度为37℃；嗜热菌能在45～90℃条件下生长；嗜冷菌可以在−7.5～20℃范围内生长。嗜热放线菌的最适温度为40～60℃，低温放线菌可以在0℃生长。

表 12-3 列举几种类型的微生物的生长温度和最适生长温度。

表 12-3　几种微生物的生长温度和最适生长温度

微生物类别		生长温度	最适生长温度
细菌	嗜温菌	20～45℃	37℃
	嗜冷菌	−7.5～20℃	15℃
	嗜热菌	45～90℃	
真菌		0～37℃	22～30℃
放线菌		0～80℃	28～32℃

3. pH

微生物只有在一定的酸碱度范围内才能生长，而且每种类型的微生物都有各自最适的 pH 范围。

大多数细菌的最适 pH 接近中性；而真菌适宜在酸性环境中生长；放线菌最适合在中性偏碱的环境中生长，嗜酸放线菌在 pH6.5 以上不能生长，最适 pH 为 4.5，嗜碱放线菌在 pH6.5 以下不能生长，最适 pH 为 9.0～10。生活中我们常见到柠檬、柑橘等偏酸性的水果不适合细菌生长，但是却很容易支持霉菌的生长。表 12-4 所示为几类微生物的生长 pH。

表 12-4　几类微生物的生长 pH

微生物类别	生长 pH	最适生长 pH
真菌	1～8	4.5～5.5
细菌	3～10	6.5～7.5
放线菌	4.5～10	7.2～7.6

4. 气体

与微生物生长有关的气体是氧气和二氧化碳。

（1）氧气　根据微生物对氧气的需要，可以将微生物分为以下 3 种。

① 专性需氧微生物。专性需氧微生物必须在有氧的环境中才能生长。这类微生物依靠有氧呼吸或发酵获得能量，很多常见细菌（如枯草杆菌、结核杆菌）、放线菌、真菌都属于此种类型。这种微生物在琼脂平板表面生长良好。在不振荡的液体培养基中，通常只是局限在培养基浅层生长，因此在大规模培养时，要采用通气措施，以保证氧气的充分供给。

② 专性厌氧微生物。专性厌氧微生物必须在无氧的环境中才能生长。这类微生物依靠无氧呼吸或发酵获得能量，如破伤风杆菌，氧气对它们有毒害作用。所以在培养专性厌氧微生物时应尽量减少或完全防止培养基与空气接触，并向容器中充入二氧化碳气体

或氮气。

③ 兼性厌氧微生物。这类微生物在有氧和无氧的环境中都能生长。大多数病原菌属于兼性厌氧菌。在有氧气的情况下，进行有氧呼吸，将有机物彻底氧化成二氧化碳和水；在无氧气的情况下，进行无氧呼吸，积累二氧化碳和乙醇。酵母菌和大肠杆菌都属于兼性厌氧微生物。

（2）二氧化碳 二氧化碳参与细菌的分解和合成代谢，但大部分细菌在新陈代谢过程中产生的二氧化碳已经可以满足需要，有些细菌如脑膜炎球菌在进行初次培养时需要提供5%～10%的二氧化碳才能生长。

第三节 微生物的生长曲线

一、微生物的生长曲线

除某些真菌外，肉眼看到或接触到的微生物是由成千上万个单个的微生物组成的群体。微生物的生长是群体的繁殖生长。

细菌的繁殖速度很快，大肠杆菌 17min 就可以繁殖一代，一个大肠杆菌经过 48h 后将产生 $2.2×10^{31}$ g 的后代细胞，大约为地球质量的 4000 倍。如此发展下去，整个地球会被细菌吞没。但事实上，细菌的生长繁殖是有限度的，当营养物质消耗殆尽、有害物质堆积过多以后，生长就会停止。微生物在这样的有限体系中的生长是有规律的，可以用生长曲线来描绘微生物生长的规律。

将细菌接种到一定体积、混合均匀的液体培养基后，在适宜的条件下进行培养，以培养时间为横坐标，以细菌数的对数为纵坐标，根据不同培养时间里细菌数量的变化所做出的曲线，称为生长曲线。生长曲线反映细菌在整个培养期间从生长繁殖至衰亡的动态过程。一条典型的生长曲线可以分为迟缓期、对数生长期、稳定期和衰退期 4 个生长时期（图 12-2）。

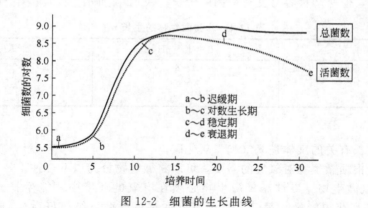

图 12-2 细菌的生长曲线

1. 迟缓期

当细菌接种到新鲜培养基后，并不马上分裂，细菌的数量维持恒定，或增加很少，生长速度几乎为零。此时细胞内的物质含量有所增加，细胞体积最大，说明细菌并不是处于完全静止的状态。认为产生迟缓期的原因，是由于微生物接种到新的生长环境时，在一段时间里要合成新的酶类，以适应新环境中的碳源和氮源等。不同微生物的迟缓期时间各不相同，取决于菌种的遗传性、菌龄、培养基的组分等。

2. 对数生长期

细菌经过迟缓期进入对数生长期，以最大的速率生长，细菌数量呈几何级数增加，细菌数量的对数与时间呈直线关系。

3. 稳定期

由于营养物质消耗、代谢产物积累和 pH 等环境变化，细菌生长速率逐步降低，最后生长速率降至零，即细菌新生数量和死亡数量达到动态平衡，结束对数生长期，进入稳定期。稳定期的活细菌数最多，并维持恒定。

4. 衰退期

由于营养物质耗尽和有毒代谢产物的大量积累，经过稳定期后，细菌数以对数方式减少，进入衰退期。衰退期细菌死亡速率逐步增加、活细菌逐步减少，细菌代谢活性降低，细胞形态多样，细菌衰老并出现自溶。但在衰退期的后期，少量细菌或许是从死亡或溶解的细菌释放出来的物质中获取营养，可以存活几个月甚至几年。

二、生长曲线的应用

1. 缩短迟缓期，缩短生产周期

细胞分裂之前，细胞各成分的复制与装配等需要时间，因此迟缓期是必需的。但是在工业发酵和科研中迟缓期会增加生产周期而产生不利的影响，因此应该采取一定的措施缩短迟缓期，从而缩短生产周期。通常采用以下几种方法。

① 选择繁殖快的菌种。
② 利用对数生长期的细胞作为"种子"。
③ 尽量使接种前后所使用的培养基组成不要相差太大。
④ 适当扩大接种量。

2. 延长稳定期，提高产量

稳定期的细胞数量达到最多，代谢产物（如抗生素）的积累也达到高峰，如果采取适当的措施，可以延长稳定期，获得更多的菌体物质或代谢产物。方法如下所述。

① 在微生物培养过程中不断补充营养物质。
② 及时取走代谢产物。
③ 改善培养条件，如对好氧菌进行通气、搅拌或振荡，调节 pH 等。

第四节 微生物的分离纯培养技术

微生物无处不在，我们周围生长着大量不同种类的微生物，而且这些微生物是混杂生长在一起的，如 1g 土壤中就含有亿万个细菌、真菌等微生物，一个喷嚏可以散布上万个细菌。把微生物研究和应用中在人为规定的条件下培养、繁殖得到的微生物群体称为培养物，而只含有一种微生物的培养物称为纯培养物。把特定的微生物从自然界混杂存在的状态中分离、纯化出来，得到纯培养物的技术称为纯培养技术。

一、无菌技术

从混杂的天然微生物群中分离、纯化出纯培养物以后，还必须随时注意保持纯培养物的"纯洁"，防止"混入"其他微生物。在分离、转接及培养纯培养物时防止其被其他微生物污染的技术称为无菌技术。

1. 培养微生物常用器具及其灭菌

　　试管、玻璃烧瓶、平皿等是最常用的培养微生物的器具。为了防止空气中的杂菌污染，试管及玻璃烧瓶都需采用适宜的塞子塞口，通常采用棉花塞，也可采用硅胶帽，它们只可让空气通过，而空气中的微生物不能通过。而平皿是由正反两平面板互扣而成，这种器具是专为防止空气中微生物的污染而设计的。

　　器具在使用前必须先进行灭菌，使容器中不含任何生物。培养基可以加到器皿中后与器皿一起灭菌，也可在单独灭菌后再加到无菌的器具中。最常用的灭菌方法是高压蒸汽灭菌，它可以杀灭所有的生物，包括最耐热的某些微生物的休眠体，同时可以基本保持培养基的营养成分不被破坏。有些玻璃器皿也可采用高温干热灭菌。

　　2. 接种操作

　　用接种环或接种针分离微生物，或在无菌条件下把微生物由一个培养器皿转接到另一个培养容器进行培养，这是微生物学研究中最常用的基本操作。由于打开器皿就可能引起器皿内部被环境中的其他微生物污染，因此应采取无菌操作方法，即在无菌操作箱、室内无菌的环境下进行操作。操作箱或操作室内的空气可在使用前用紫外灯或化学药剂灭菌。无菌箱、室内应开启空气净化装置，以维持无菌状态。

　　用以挑取和转接微生物材料的接种环及接种针，一般采用易于迅速加热和冷却的镍铬合金等金属制备，使用时用火焰灼烧灭菌。而转移液体培养物可采用无菌吸管或移液枪。

二、用固体培养基分离纯培养

　　大多数细菌、酵母菌以及许多真菌能在固体培养基上形成独立的菌落，采用适宜的平板分离法很容易得到纯培养物。平板即盛有固体培养基的平皿。最常用的分离、培养微生物的固体培养基是琼脂固体培养基。

　　1. 稀释倒平板法

　　先将待分离的材料用无菌水作一系列的稀释（如 1：10、1：100、1：1000、1：10000、…），然后分别取一定量的不同稀释液，与已熔化并冷却至 50℃ 左右的琼脂培养基混合、摇匀后，倾入灭过菌的培养皿中，制成可能含菌的琼脂平板，保温培养一定时间即可能出现分散的单个菌落。随后挑取该单个菌落，或重复以上操作数次，接种新鲜培养基便可得到纯培养物。

　　用固体培养基分离专性厌氧菌有特殊的要求。对于暴露在空气中并不立即死亡的类型，可以用通常的方法制备平板，然后置放在封闭的容器中培养，用化学、物理或生物的方法清除容器中的氧气。对于那些对氧气极其敏感的专性厌氧型微生物，纯培养的分离则可采用稀释摇管法，这是稀释倒平板法的一种特殊形式。稀释摇管法的具体做法是：先将一系列盛无菌琼脂培养基的试管加热至琼脂熔化，冷却并保持在 50℃ 左右，将待分离的材料用这些试管进行梯度稀释，试管迅速摇动均匀，冷凝后，在琼脂柱表面倾倒一层灭菌液体石蜡和固体石蜡的混合物，将培养基和空气隔开；在适宜的条件下培养后，可能在琼脂柱的中间形成单个菌落；进行单个菌落的挑取和移植时，需先用一只灭菌针将石蜡盖取出，再用一只毛细管插入琼脂和管壁之间，吹入无菌无氧气体，将琼脂柱吸出，置放在培养皿中，用无菌刀将琼脂柱切成薄片进行观察和菌落的移植。

　　2. 涂布平板法

　　采用稀释倒平板法将含菌材料先加到还较烫的培养基中再倒平板易造成某些热敏感菌的死亡，也会使一些专性好氧菌因被固定在培养基中间缺乏氧气而影响其生长，因此更常用的分离纯培养物的方法是涂布平板法。

　　其做法是先将已熔化的培养基倒入无菌平皿，制成无菌平板，冷却凝固后，将一定量的某一稀释度的样品悬液滴加在平板表面，再用无菌玻璃涂棒将菌液均匀涂布至整个平板表面，经培养后挑取单个菌落。

3. 平板划线分离法

用接种环以无菌操作沾取少许待分离的材料，在无菌平板表面进行平行划线、扇形划线或其他形式的连续划线，微生物细胞数量将随着划线次数的增加而减少，并逐步分散开来，经培养后，可在平板表面得到单个菌落。

三、用液体培养基分离纯培养

大多数细菌和真菌，都可以用平板法分离纯培养物，这是因为大多数种类的微生物在固体培养基上生长良好。但有些微生物不适合在固体培养基上生长，例如一些细胞较大的微生物，这些微生物就要用液体培养基进行分离来获得纯培养物。

通常采用的液体培养基分离方法是稀释法。将待分离的材料接种在培养液中，经培养得到混合培养物，将混合培养物在液体培养基中进行系列稀释，以得到高度稀释的效果，并有可能使某一支试管中只含有一个微生物。如果经稀释后，在同一个稀释度的许多平行试管中，大多数试管（一般应超过95%）中没有微生物生长，那么有微生物生长的试管得到的培养物可能就是纯培养物。如果经稀释后，同一个稀释度的许多平行试管中有微生物生长的比例提高了，得到纯培养物的可能性会减小。

四、单细胞分离法

在显微镜下从混杂的微生物群体中直接分离出单个细胞进行培养，以获得纯培养物的方法，称为单细胞分离法。

稀释法只能分离出混杂微生物群体中占数量优势的种类。而在自然界，很多微生物在混杂群体中都是少数，这时可以采用单细胞分离法获得纯培养物。具体做法是：采用显微操作仪，在显微镜下用毛细管或显微针、钩、环等挑取单个微生物细胞，转接至适宜的培养基，获得纯培养。在没有显微操作仪时，也可采用变通的方法，例如将经适当稀释后的样品制备成小液滴在显微镜下观察，选取只含一个细胞的液滴。

五、选择培养分离

通过选择培养分离微生物纯培养物的技术称为选择培养分离。用于从自然界中分离、寻找有用的微生物。

1. 利用选择培养基进行直接分离

对于某种生长需要已知的待分离微生物，可以设计一种特别适合这种微生物生长的特定环境，从而从自然界混杂的微生物群体中把这种微生物选择培养出来，即使在混杂的微生物群体中这种微生物可能只占少数。

例如在从土壤中筛选蛋白酶产生菌时，可以在制备培养基平板时添加牛奶，蛋白酶产生菌生长时产生蛋白酶，会水解牛奶，在平板上形成透明的蛋白质水解圈。通过此法可以将那些大量的不产蛋白酶的菌株淘汰掉。

2. 富集培养

制定特定的环境条件，使仅适应于该条件的微生物旺盛生长、在群落中的数量大大增加，从而能够更容易地从自然界中分离到所需的特定微生物，这种方法称为富集培养。

可根据所需分离的微生物的特点，从物理、化学、生物及综合多个方面进行选择，如温度、pH、紫外线、高压、光照、氧气、营养等许多方面的各种不同组合形式。通过富集培养，使原本在自然环境中占少数的微生物的数量大大提高，此时，可以再通过稀释倒平板或平板划线等操作得到纯培养物。

采用富集培养法可以按照意愿从自然界分离出特定已知的微生物种类，也可用来分离培养出在科学家设计的特定环境中能生长的微生物，尽管我们并不知道什么微生物能在这种特定的环境中生长。

六、微生物的保藏技术

通过分离纯化得到的微生物纯培养物，还必须通过各种保藏技术使其在一定时间内不死亡、不会被其他微生物污染、不会因发生变异而丢失重要的生物学性状。微生物菌种是珍贵的自然资源，许多国家都设有相应的菌种保藏机构。

菌种保藏就是根据菌种特性及保藏目的的不同，设定特定的条件，使微生物菌株存活而得以延续。可以通过传代法保藏纯培养物，即通过选择适宜的培养基或宿主对微生物进行连续传代。也可以采用冷冻保藏法、干燥保藏法等方法保藏纯培养物，即通过设置不利的环境条件（例如干燥、低温、缺氧、避光、缺乏营养等），使菌株的代谢水平降低，达到半休眠或完全休眠的状态，而在一定时间内保存菌株，有的菌种可保藏几十年或更长时间，在需要时再通过提供适宜的生长条件使保藏物恢复活力。

对需要长期保存的菌种，除采用传代法进行保藏外，还必须根据条件采用其他方法。

习　　题

1. 何谓细菌生长曲线？简要叙述各时期细菌的特点，并分析生长曲线对微生物发酵生产有何指导意义？

2. 微生物生长需要哪些基本条件？

3. 保藏微生物菌种的主要方法有哪些？

4. 微生物细胞内水的作用有哪些？

5. 微生物的营养物质按其在机体中的生理作用不同可以分为哪几类？

6. 名词解释

光能自养型微生物，化能自养型微生物，光能异养型微生物，化能异养型微生物，促进扩散，主动运输，微生物的生长，专性需氧微生物，兼性嫌氧微生物，生长因子

7. 填空题

(1) 根据微生物最适生长温度的不同，可将微生物分为_____、_____和_____。

(2) 微生物的个体生长是细胞物质_____地、_____增加，导致细胞体积_____的生物学过程。_____是微生物生长到一定阶段，由于细胞结构的复制与重建并通过特定方式产生新的生命个体，即引起生命_____的生物学过程。繁殖速度_____是微生物的一个显著特点，例如细菌在适宜条件下 20～30min 就可以繁殖一代。

(3) 与微生物生长有关的气体是_____和_____。根据微生物对氧气的需要，可以将微生物分为_____、_____和_____三种。

(4) 用固体培养基分离纯培养采用适宜的平板分离法很容易得到纯培养物，主要方法有_____、_____、_____。

(5) 按细菌生长曲线分析，_____期的细胞数量达到最多，代谢产物（如抗生素）的积累也达到高峰，如果采取适当的措施，可以_____，获得更多的菌体物质或代谢产物，

主要方法有 A _____；B _____；C _____。

（6）生长因子有_____、_____和_____。嘌呤与嘧啶主要是作为_____，还用来合成_____。

（7）根据化能异养型微生物利用的有机物性质的不同，又可分为_____型和_____型两类，_____型可利用无生命的有机物（如动植物尸体）作为碳源，_____型则必须寄生在活的寄主机体内吸取营养物质，离开寄主就不能生存。

第十三章　微生物的分布与消毒灭菌

【教学要求】

1. 教学目的

掌握灭菌、消毒的概念和常用的理化方法；

熟悉微生物在土壤、空气、水和正常人体的分布规律和特点；

了解正常菌群的生理作用，菌群失调的危害。

2. 教学重点

微生物的分布规律，消毒灭菌的概念和常用方法。

第一节　微生物的分布

微生物最主要的特点就是体积小、种类多、繁殖迅速、适应环境能力强，因此，广泛分布于自然界，在水、土壤、空气、食物、人和动物的体表以及与外界相通的腔道中，常有各种微生物存在。微生物在自然界物质循环中起重要作用，不少是对人类有益的，对人致病的只是少数。

一、土壤中的微生物

微生物聚集最多的地方是土壤，土壤为微生物生长提供了所需要的各种基本要素，而且还具有保温性能好、缓冲性强等优点，因此，土壤是微生物的大本营，是人类最丰富的菌种资源库。任意取一把土或一粒土，就是一个微生物世界，不论数量或种类均最多。在肥沃的土壤中，每克土含有 20 亿个微生物，即使是贫瘠的土壤，每克土中也含有 3 亿～5 亿个微生物。

土壤中尤以细菌最多，约占土壤微生物总量的 70%～90%。土壤中不同类型的细菌有不同的作用。除了细菌以外，土壤中数量较多的其他微生物是放线菌（抗生素的主要产生菌）和真菌，而藻类和原生动物等较少。土壤微生物是构成土壤肥力的重要因素。土壤中含有大量的微生物，土壤中的细菌来自天然生活在土壤中的自养菌和腐物寄生菌以及随动物排泄物及其尸体进入土壤的细菌。它们大部分在离地面 10～20cm 深的土壤处存在。土层越深，菌数越少，暴露于土层表面的细菌由于日光照射和干燥，不利于其生存，所以细菌数量少。

土壤中的微生物以细菌为主，放线菌次之，另外还有真菌、螺旋体等。土壤中微生物绝大多数对人类是有益的，它们参与大自然的物质循环，分解动物的尸体和排泄物；固定大气中的氮，供给植物利用；土壤中可分离出许多能产生抗生素的微生物。一些能形成芽孢的细菌如破伤风杆菌、气性坏疽病原菌、肉毒杆菌、炭疽杆菌等可在土壤中存活多年。

二、水中的微生物

各种水域中也有无数的微生物，居民区附近的河水和浅井水，容易受到各种污染，水中的微生物就比较多。大湖和海水中，微生物较少。水环境包括江、河、湖泊等淡水环境以及海洋等咸水环境。水中溶解或悬浮着多种无机物质或有机物质，可供给微生物生长繁殖所需要的营养。水环境是微生物栖息的第二大天然场所，水中的细菌来自土壤、尘埃、污水、人畜排泄物及垃圾等。水中微生物种类及数量因水源不同而异。一般地面水比地下水含菌数量多，并易被病原菌污染。在自然界中，水源虽不断受到污染，但也经常地进行着自净作用。日光及紫外线可使表面水中的细菌死亡，水中原生生物可以吞噬细菌，藻类和噬菌体能抑制一些细菌生长；另外水中的微生物常随一些颗粒下沉于水底污泥中，使水中的细菌大为减少。

　　水中的病菌如伤寒杆菌、痢疾杆菌、霍乱弧菌、钩端螺旋体等主要来自人和动物的粪便及污染物。因此，粪便管理在控制和消灭消化道传染病上有重要意义。但直接检查水中的病原菌是比较困难的，常用测定细菌总数和大肠杆菌菌群数来判断水的污染程度，目前我国规定生活饮用水的标准为 1mL 水中细菌总数不超过 100 个；每 1L 水中大肠杆菌菌群数不超过 3 个。超过此数，表示水源可能受粪便等污染严重，水中可能有病原菌存在。

三、空气中的微生物

　　空气中缺乏营养物以及没有适当的温度，细菌不能繁殖，且常因阳光照射和干燥作用而被消灭，只有抵抗力较强的细菌和真菌孢子或细菌芽孢才能存留较长时间。室外空气中常见产芽孢杆菌、产色素细菌及真菌孢子等。空气中微生物分布的种类和数量因环境不同有所差别。空气中的微生物来源于人畜呼吸道的飞沫及地面飘扬起来的尘埃。空气里悬浮着无数细小的尘埃和水滴，它们是微生物在空气中的藏身之地。空气中的微生物分布很不均匀，人口稠密地区上空的微生物数量较多。空气中的微生物主要有各种球菌、芽孢杆菌、产色素细菌以及对干燥和射线有抵抗力的真菌孢子。在人口稠密、污染严重的城市，尤其是在医院或患者的居室附近，空气中还可能有较多的病原菌。空气中的微生物与动植物病害的传播、发酵工业的污染以及工农业产品的霉腐变质有很大关系。

　　一般来说，陆地上空比海洋上空的微生物多，城市上空比农村上空里的多，杂乱肮脏地方的空气里比整洁卫生地方的空气里的多。人烟稠密、家畜家禽聚居地方的空气里的微生物最多；室内空气中的微生物比室外多，尤其是人口密集的公共场所、医院病房、门诊等处，容易受到带菌者和病人污染。如飞沫、皮屑、痰液、脓汗和粪便等携带大量微生物，可严重污染空气。某些医疗操作也会造成空气污染，如高速牙钻修补或超声波清洁牙石时，可产生微生物气溶胶；穿衣、铺床时使织物表面微生物飞扬到空气中，清扫及人员走动引起尘土飞扬也是医院空气中微生物的来源。空气中微生物污染程度与医院感染率有一定的关系。空气细菌卫生检查有时用甲型溶血性链球菌作为指示菌，表明空气受到人上呼吸道分泌物中微生物的污染程度。

　　室内空气中常见的病原菌及其引起的疾病有结核杆菌、百日咳杆菌、白喉棒状杆菌和白喉，溶血性链球菌和猩红热、风湿热，分枝杆菌和结核，肺炎链球菌、肺炎支原体和肺炎，奈瑟球菌和脑膜炎，博德特菌和百日咳，病毒和天花、流感等。

四、细菌在人体的分布

　　从人和动植物的表皮到人和动物的内脏，生活着大量的微生物。如大肠杆菌在大肠中清理消化不彻底的食物残渣，所以，在正常情况下，是人肠道不可缺少的帮手。一双普通的手上带有细菌 4 万～40 万个，即使是一双用清水洗过的手，上面也有近三百个细菌。

　　1. 正常菌群

　　人自出生后，外界的微生物就逐渐进入人体。在正常人体皮肤、黏膜及与外界相通的各种腔道（如口腔、鼻咽腔、肠道和泌尿道）等部位，存在着对人体无害的微生物群，包括细菌、真菌、螺旋体、支原体等。它们在与宿主的长期进化过程中，微生物群的内部及其与宿主之间互相依存、互相制约，形成一个能进行物质、能量及基因交流的动态平衡的生态系统，习惯称之为正常菌群。正常菌群大部分是长期居留于人体的，所以又称为常居菌。

2. 人体中正常菌群的分布

人体各部位的正常菌群分布如表 13-1。

表 13-1　人体各部位的正常菌群分布

部　位	常　见　菌　种
皮肤	表皮葡萄球菌、类白喉杆菌、铜绿假单胞菌、耻垢杆菌等
口腔	链球菌（甲型或乙型）、乳酸杆菌、螺旋体、梭形杆菌、白色念球菌、（真菌）表皮葡萄球菌、肺炎球菌、奈瑟球菌、类白喉杆菌等
胃	正常一般无菌
肠道	类杆菌、双歧杆菌、大肠杆菌、厌氧性链球菌、粪链球菌、葡萄球菌、白色念球菌、乳酸杆菌、变形杆菌、破伤风杆菌、产气荚膜杆菌等
鼻咽腔	甲型链球菌、奈氏球菌、肺炎球菌、流感杆菌、乙型链球菌、葡萄球菌、铜绿假单胞菌、大肠杆菌、变形杆菌等
眼结膜	表皮葡萄球菌、结膜干燥杆菌、类白喉杆菌等
阴道	乳酸杆菌、白色念球菌、类白喉杆菌、大肠杆菌等
尿道	表皮葡萄球菌、类白喉杆菌、耻垢杆菌等

3. 正常菌群的生理作用

（1）生物拮抗作用　正常菌群通过黏附和繁殖能形成一层自然菌膜，是一种非特异性的保护膜，可促进机体抵抗致病微生物的侵袭及定植，从而对宿主起到一定程度的保护作用。正常菌群除与病原菌争夺营养物质和空间位置外，还可以通过其代谢产物以及产生抗生素、细菌素等起作用。可以说正常菌群是人体防止外袭菌侵入的生物屏障。

（2）刺激免疫应答　正常菌群释放的内毒素等物质可刺激机体免疫系统保持活跃状态，是非特异免疫功能的一个不可缺少的组成部分。

（3）合成维生素　有些微生物能合成维生素，如核黄素、生物素、叶酸、吡哆醇及维生素 K 等，供人体吸收利用。

（4）降解食物残渣　肠道中正常菌群可互相配合，降解未被人体消化的食物残渣，便于机体进一步吸收。

4. 条件致病菌和菌群失调

在一定条件下，正常菌群中的细菌也能使人患病：①由于机体的防卫功能减弱，引起自身感染。例如皮肤黏膜受伤（特别是大面积烧伤）、身体受凉、过度疲劳、长期消耗性疾病等，可导致正常菌群的自身感染。②由于正常菌群寄居部位的改变，发生了定位转移，也可引起疾病。例如大肠杆菌进入腹腔或泌尿道，可引起腹膜炎、泌尿道感染。因此，这些细菌称为条件致病菌。

在正常情况下，人体和正常菌群之间以及正常菌群中各细菌之间保持一定的生态平衡。如果生态平衡失调，以致机体某一部位的正常菌群中各细菌的比例关系发生数量和质量上的变化，称为菌群失调。菌群失调的常见诱因主要是使用抗生素、同位素、激素，患有慢性消耗性疾病时肠道、呼吸道、泌尿生殖道的功能失常也是重要原因。去除诱因后一般可使菌群恢复正常，也有长期失调难于逆转的情况。

第二节　消毒灭菌

因为微生物在自然界中分布广泛，有一些给生活带来了许多不便，所以必须采取一些措施来消灭有害的微生物。细菌在适宜环境中，生长繁殖极为迅速；但若环境条件变化过于剧烈，可使其代谢发生障碍，生长受到抑制，甚至死亡。其他微生物也遵循这一规律。因此掌握各种外界因素对微生物的影响，在实践中，一方面可以创造对微生物有利的因素，进行人工培养，另一方面也可利用对微生物不利的因素，抑制或杀灭微生物，达到消毒灭菌的目的。本节着重介绍物理因素、化学因素对微生物的影响以及消毒灭菌方法。以下是有关消毒灭菌的几个概念。

消毒：是指杀死物体上病原微生物的方法，是不一定杀死芽孢和部分非病原微生物的方法。

消毒剂：用于消毒的药品称为消毒剂。

防腐：是指防止或抑制细菌生长繁殖的方法。

防腐剂：能够防止或抑制细菌生长繁殖的药品称为防腐剂。同一种化学药品在高浓度的时候可以作为消毒剂，在低浓度的时候可以作为防腐剂。

灭菌：是指杀死物体上所有微生物的方法，包括灭活细菌的芽孢。

无菌：即不含活菌，防止细菌进入到人体或其他物品上的操作技术我们称为无菌操作（技术）。

目前采取的消毒灭菌的方法可以分为物理方法和化学方法两大类。

一、物理方法

因为很多物理因素会影响微生物的化学组成和新陈代谢，因此可用改变环境中物理因素的方法来进行有效的消毒、灭菌和防腐。常用的物理方法有改变温度灭菌法、射线照射灭菌法、超声波灭菌法以及机械灭菌法、过滤除菌法等。

1. 改变温度灭菌法

改变温度灭菌法一般指的就是提高温度从而杀灭微生物的热力灭菌法。热力灭菌法的基本原理是加热以后使菌体细胞内的蛋白质变性，这种方法对细菌有明显的杀灭作用。比如大多数无芽孢的细菌在 $55\sim60℃$ 的液体中，经过 $30\sim60min$ 就死亡了。或者在 $80℃$ 经过 $5\sim10min$ 就会死亡；如果温度提高到 $100℃$ 菌体会迅速死亡。但是有芽孢的细菌因为芽孢对高热有很强的抵抗能力，比如炭疽杆菌的芽孢，$100℃$、$5\sim10min$ 也不会被杀灭，破伤风杆菌和肉毒杆菌的芽孢需要 $3\sim5h$ 才被杀灭。所以对有芽孢的细菌，灭菌时间要相对延长一些。

热力灭菌法分为干热法和湿热法两种方式。

（1）干热法　干热法包括焚烧和干烤两种，焚烧是一种最彻底的灭菌方法，用于处理被烈性病原菌污染的物品和动物尸体，实验室用到的接种工具在使用之前也可以在火焰上灼烧灭菌。用干烤箱加热物品，$160\sim170℃$、$2h$，可以杀灭包括细菌芽孢在内的所有微生物，所以这种方法用在一些玻璃器皿的灭菌上。

（2）湿热法　湿热法种类比较多，有煮沸消毒法、流通蒸汽消毒法、间隙蒸汽灭菌法、巴斯德消毒法和高压蒸汽灭菌法 5 种。

一般来说湿热灭菌方法要比干热灭菌的效果好，原因有以下 3 点：湿热时菌体细胞吸收水分，蛋白质比较容易凝固；湿热灭菌穿透力比干热大，所以灭菌效果更好；湿热灭菌时有蒸汽存在潜热，这种潜热能迅速提高被灭菌物品的温度。所以在同一温度下，湿热比干热有更多的优点，在用热力对物品进行消毒灭菌时，大多采取的是湿热灭菌法。

以下介绍湿热灭菌的 5 种方法。

① 煮沸消毒法。把物品放在沸水里面煮沸，沸水的温度在标准大气压下为 100℃，细菌的繁殖体在 5min 后就会被杀死；至于芽孢，则需 1～2h 甚至更长时间。水中加 2%碳酸钠，可提高其沸点，达 105℃，既可促进芽孢的杀灭，又能防止金属器械生锈。这种方法常用于餐具、手术器械和注射器的消毒上。

② 流通蒸汽消毒法。用阿诺蒸锅或普通蒸笼，将水煮沸使水蒸气流通，其内温度一般不超过 100℃，持续蒸 15～30min，可杀死大多数病原微生物及细菌的繁殖体，但芽孢无法用这种方法灭活。可用于一般外科器械、注射器、食具等消毒。

③ 间隙蒸汽灭菌法。有些物质加热至 100℃以上将被破坏，例如血清培养基。欲杀灭这类物质中的细菌芽孢而仍保持其原有生物活性，则需用此法。其方法为将灭菌物品置于阿诺蒸锅内，加热接近 100℃经 15～30min，杀死灭菌物品中的细菌繁殖体，但芽孢尚有残存。取出物品放置于 37℃温箱过夜，使芽孢发育成繁殖体，次日再加热灭菌。如此每日一次，连续 8 日，可将所有繁殖体、芽孢杀死。若有些物质不耐 100℃，则可将温度降至 75～80℃，每次加热时间延长至 30～60min，次数增至 3 次以上，也可达到灭菌的目的。例如使用血清凝固器进行血清培养基或卵黄培养基的灭菌。

④ 巴斯德消毒法。本法仅仅是减少微生物数量，是杀死病原菌的消毒方法。牛奶、酒类常用此法消毒。优点是可以保持食品的风味和营养价值。现有 3 种使用方法。

a. 维持法　特点是低温长时间消毒，加热 62.9℃、30min。

b. 瞬间巴氏消毒法　特点是高温短时间消毒，71.6℃保持 15s，用于高质量的牛奶消毒。

c. 超巴氏消毒法　此法消毒温度更高，时间更短，通常为 82℃、3s。应用在现代化的奶制品厂。

⑤ 高压蒸汽灭菌法。高温饱和蒸汽产生的温度超过 100℃，所以此法是最可靠而且又有效的灭菌方法。通常在一密闭的容器（高压锅或称为高压蒸汽灭菌器）内，加热使水分蒸发。随着饱和蒸汽压力的增加，容器内的温度也随着增加。高压灭菌最常用的压力为 103.42kPa，温度为 121.3℃，维持 15～30min，可杀死一切微生物，包括细菌的芽孢。凡是耐高热、不怕潮湿的物品，如手术器械、敷料、手术衣、橡皮手套、生理盐水、玻璃器皿、被微生物污染的物品和培养基，都可用此法灭菌。在进行灭菌时，必须将锅内的冷空气完全排出，如果锅内混有冷空气，则压力表所示压力与应达到的温度不符，这将影响灭菌效果。

2. 辐射

可以用紫外线、X 射线（β 射线、γ 射线）或者微波灭菌。最常用的是紫外线灭菌，紫外线的波长范围在 100～400nm，当波长在 200～300nm 时，则具有杀菌作用，其中 265nm 波长时对微生物的杀伤力最大。因为这种波长的紫外线能干扰微生物的 DNA 复制和蛋白质的合成，从而造成微生物的死亡。在实际应用时，常用的是紫外线灯。在一般的无菌操作室，一支 30W 紫外光灯管，照射 20～30min 就能杀死空气中的微生物，紫外线灭菌可用于实验室、医院、公共场所等地方的消毒灭菌，但是紫外线有个特点，它的穿透力很弱，不能透过玻璃和纸张，因此只能适用于表面消毒和空气消毒。另外紫外线会损伤皮肤和眼结膜，所以在操作时就要把紫外线灯关掉。有些人还利用自然的日光杀菌，食物、衣服都能用日光消毒灭菌，日光杀菌的主要原因也就是日光中含有的紫外线。

3. 干燥

在干燥的情况下，大多数细菌会很快死亡，但是细菌的芽孢能长时间抵抗干燥，所以干燥也不是非常理想的消毒方法。

4. 超声波

超声波是一种高频率的声波，声波频率在 2 万～20 万 Hz/s。在液体中，超声波可引起微气泡的形成，外观上看起来水就像沸腾一样，有人称之为冷沸。这些气泡很快破裂产生细小的空穴并发出冲击波，存在于液体里的微生物细胞由于受到外部强弱不等的压力撞击而造成微生物的死亡，这个过程我们就称之为空穴作用，这也就是超声波杀菌的原理。但是超声波灭菌也有局限性，只适用于液体灭菌。

5. 渗透压

用盐腌和糖渍的方法使微生物在高渗透压的环境下细胞脱水产生质壁分离而抑制它的生长，这一方法常用来保存食物。没有冰箱，可采用这一方法保存食物。肉、鱼、鸡蛋腌制后就能长时间保存。干燥防腐的原理与此类似，干燥能引起细菌细胞脱水，从而使蛋白质变性和盐类浓度增高，微生物停止生长繁殖，以致死亡。故食品、药材经干燥后不易腐败，盐腌及糖渍可以防腐。

6. 机械除菌法

可以用擦洗法或滤过除菌法，擦洗法用肥皂或去污剂和水一起擦洗，这样可以减少微生物的数量。滤过除菌法是用机械方法将液体或空气中的细菌除去的一种物理方法。所用的器具是滤菌器。滤菌器含有微细小孔，只允许液体或气体等通过，大于孔径的物体不能通过，以此获得无菌液体或空气。带有细菌的液体通过滤器，因为滤器的滤孔很小，细菌不能通过，被截留在过滤介质上，从而可以获得无菌的溶液。滤菌器的种类很多，目前常用的薄膜滤菌器是由醋酸纤维制成薄膜，醋酸纤维薄膜的优点是本身不带电荷，故当液体滤过后，其中有效成分丧失较小。一般用于除菌的滤膜的孔径为 $0.2\sim0.45\mu m$，现在能生产出来的滤膜的微孔直径可以达到 $0.1\sim10\mu m$。这种机械除菌法特别适用于大体积溶液的消毒，用于一些不耐高温灭菌的血清、毒素、抗生素、药液、空气等除菌。工业中生产啤酒、饮料或一些加热容易被破坏的药液都可用膜滤器除菌。

二、化学方法

除了使用物理方法消毒灭菌外，还用一些化学方法来消毒。化学方法只能从物体上除去病原微生物，用到的化学药剂叫做消毒剂或者防腐剂。以下简要介绍化学方法消毒的原理。

消毒剂的种类很多，对各种不同的微生物的作用也不一样，概括起来有下面几个方面：使微生物的细胞组分氧化、水解；与细胞蛋白质结合生成盐类；使蛋白质凝固变性；通过干扰作用使酶失活；改变膜通透性；使细胞破裂。

1. 卤素

作为消毒剂的卤素是氯和碘，它们都是强氧化剂。常用的氯气可以用来消毒饮用水和游泳池的水，一般用到的浓度大约是 $0.2\sim1.0\mu L/L$。漂白粉的主要成分就是次氯酸钠（NaClO）或次氯酸钙 $[Ca(ClO)_2]$，浓度为 $1\%\sim15\%$ 可以作为乳品工业或餐具的消毒剂。氯杀菌的机制为：氯气或次氯酸盐能水解生成氯气，然后氯气又能和水生成次氯酸，进一步分解就产生了新生态的氧，即 $HClO\rightarrow HCl+[O]$，新生态的氧直接作用于细菌细胞，使微生物细胞受到破坏或者使酶失活，从而抑制微生物的生长。虽然氯对许多微生物有杀灭作用，但是还不能杀死细菌的芽孢。碘也是一种有效的杀菌剂，2.5% 的碘酒对小范围的伤口、皮肤消毒是最理想的，但碘对皮肤有一定的刺激性，用的时候，会觉得有些刺痛。现使用较多的是碘消灵——碘和去污剂的复合物，复合物中的去污剂可以使细菌从皮肤表面脱离出来，然后用碘来杀菌。

2. 苯酚及其衍生物

苯酚俗称石炭酸，一般情况下对革兰阳性菌有作用，但高浓度下也能杀死革兰阴性菌，它的缺点就是价格较高，有特别的气味，还会腐蚀皮肤，现在已经很少作为消毒剂来使用了。煤酚皂溶液（来苏尔）是甲酚和肥皂的混合液，常用浓度为3%～5%消毒皮肤、桌面以及其他一些医疗用具。酚类消毒的作用机制是凝固菌体蛋白质，还能作用于细胞膜上的酶类，使细胞膜渗漏，导致菌体死亡。

3. 醇类

醇类的杀菌力强弱和分子量成正比，虽然丙醇、丁醇、戊醇比乙醇有更好的杀菌效力，但丁醇以上的醇类不溶于水且价格昂贵，临床应用主要是乙醇。无水乙醇几乎无杀菌作用，稀释至70%～75%浓度效力最大。醇类杀菌机制在于去除菌胞膜中的脂类，并使菌体蛋白变性。大于80%浓度的乙醇，由于使菌体表面蛋白质迅速脱水而凝固，反而影响其继续渗入，杀菌效力较低。异丙醇杀菌作用远比乙醇强，且挥发性低。70%异丙醇可替代乙醇，用以消毒皮肤或浸泡体温表。

4. 烷化剂

烷化剂是一类化学药剂，它们能和核酸、蛋白质作用，从而改变蛋白质或核酸的化学结构。最常用的是甲醛、环氧乙烷和戊二醛。甲醛的水溶液即福尔马林，用40%的福尔马林可以用作尸体和解剖样品的防腐剂。环氧乙烷是小分子的气体消毒剂，当温度低于10.8℃时是液体，超过此温度就会迅速蒸发，在常温下是气体。环氧乙烷的特点是易爆炸，毒性也强，但是它的穿透力强，它能杀死细菌的芽孢。如果和氟里昂或二氧化碳混合的话，就能降低它的易爆炸性。一般是在密闭的环境中进行环氧乙烷的消毒灭菌。戊二醛也是一种小分子杀菌剂，通常使用方法是用2%浓度的溶液浸泡物品10min，能杀灭病毒和细菌的繁殖体，如果浸泡10～12h就可以达到杀死细菌芽孢的效果。

5. 氧化剂

氧化剂亦可与酶蛋白的—SH基结合使之变成—S—S—基，导致酶活性丧失。强氧化剂还可破坏氨基、吲哚基和酪氨酸上的酚羟基。常用氧化剂有高锰酸钾、过氧化氢、过氧乙酸等。过氧化氢俗称双氧水，医院里用它的3%的溶液消毒伤口；高锰酸钾也是一种强氧化剂，用在皮肤、口腔或水果蔬菜的消毒上，浓度一般是0.1%～3%，如果浓度过高对皮肤也有刺激性。过氧乙酸为无色透明或淡黄色液体，易溶于水，为强氧化剂；对一般细菌、细菌芽孢、真菌、病毒等均有杀灭作用，常用0.2%～0.5%水溶液消毒；稳定性差，稀释液只能存放3天；本品易燃烧，宜注意。

6. 重金属

微量的重金属也有杀菌作用，易与带负电的菌体蛋白结合，使之变性或沉淀。低浓度时，重金属离子则与菌体中酶蛋白的—SH基结合，使以此为必要基的一些酶类丧失活性。经常使用的重金属如汞、铜、银等。

7. 表面活性剂

表面活性剂又称去污剂，能降低表面张力（指气-液界面间的引力不平衡致使液体表面分子产生一层力的薄膜）。表面活性剂降低了表面张力，从而它能够与细胞紧密地接触，有利于穿透细胞膜，干扰膜的正常功能。表面活性剂可以分为3种：阴离子去污剂、阳离子去污剂和非离子型去污剂。

肥皂就是阴离子去污剂，由脂肪酸和氢氧化钠的化合物构成，pH为8.0左右，所以是碱性的，它的主要作用是机械除去微生物。人体皮肤表面在不断积累死亡的细胞、油性分泌物、灰尘、汗渍，而这些物质能养活很多微生物，用了肥皂以后它能乳化或溶解皮肤上的颗粒，使之润湿后，随着清水漂去，另外肥皂也能降低表面张力，移去皮肤上的油渍，增加清洗效果。为了增加肥皂的杀菌效力，还在里面加进去一些化学药品，比如现在用的硫磺皂、舒肤佳都有其他的药品加入，所以抗菌效果要比一般香皂好。

8. 酸和碱

微生物生长需要有适宜的 pH，过酸或过碱都会导致微生物的死亡和代谢抑制，甚至强酸或强碱能够杀死细菌芽孢。酸性消毒剂中的硼酸可以用作洗眼剂，苯甲酸和水杨酸能抑制真菌生长，一般浓度为 6% 的苯甲酸和 3% 的水杨酸混合物用于治疗脚癣，另外乳酸、乙酸加热蒸发可以用来消毒空气。碱类中常用的是生石灰（CaO）和石灰水 [Ca(OH)$_2$]，用来消毒地面、厕所等。

9. 染料

染料中常用的是三苯甲烷染料，它的作用是干扰细胞氧化过程。还有吖啶染料，它的作用是直接与细菌的 DNA 结合，嵌入 DNA 的双螺旋结构，中断 DNA 的合成。

习　　题

1. 名词解释

正常菌群，菌群失调，灭菌，消毒，防腐

2. 简述微生物在土壤、空气、水中的分布特点。

3. 常用消毒灭菌的方法有哪些？

4. 为什么在相同温度的条件下，湿热灭菌比干热灭菌的效果好？

5. 常用干热灭菌、湿热灭菌方法有哪些？

第十四章　微生物的应用

【教学要求】

1. 教学目的

掌握微生物次生代谢物的种类及其作用、药物变质的危害、防止微生物污染药物的措施及药物制剂的微生物检查；

熟悉药物生产过程中各环节的灭菌试验、抗菌试验的方法；

了解微生物在环境保护方面的重要作用，微生物农药现状及前景。

2. 教学重点

微生物次生代谢物的种类及其作用、药物变质的危害、防止微生物污染药物的措施及药物制剂的微生物检查。

微生物与人类生活密不可分。微生物很多次生代谢物可以作为药物、营养品，同时微生物也可使药物、食物变质；利用微生物抗菌试验可以确定药物的抗菌谱及抗菌能力，同时检查药物微生物污染是药物质量监控必要方法之一；微生物是自然界的清洁夫，是维持生态平衡的纽带，是生物修复的主要参与者。微生物还可以作为微生物农药，具有广阔的应用前景。

除一部分微生物能引起人类及动物、植物的病害、给人类带来灾难，或引起药物、食物等变质外，大部分微生物对人类是有益的。这些有益的微生物在物质循环方面起着重要作用；还有许多微生物已被应用于食品加工业、工农业和环保中，特别是应用于制药工业中。人类已经发现许多微生物菌体本身或它的代谢产物具有防病、治病等功能，因此用它们制备微生物药物用于医疗。应该指出的是，目前已应用的微生物药物与微生物及其代谢产物的种类相比，只占极小的比例，因而来自微生物药物的研究与开发还有很大的潜力。

第一节　微生物在药物生产中的应用

自然界中微生物的多样性及其代谢产物的多样性，为人们提供了发现新药的不竭源泉。人类认识微生物的历史久远，但从人类认识到微生物是新药发现的重要"源泉"从而有目的地从微生物次级代谢产物中发现新药的历史，至今不到 100 年。

所谓微生物次级代谢产物，是指在微生物生命活动过程中产生的极其微量的、对微生物本身的生命活动没有明显作用，而对其他生物体往往具有不同的生理活性作用的一类物质。人们主要通过不同的分离培养技术，让不同来源的细菌、放线菌和真菌这些微生物产生多种多样的次级代谢产物，然后再通过各种筛选技术和分析检测技术，寻找、发现其中新的具有各种生理活性的次级代谢产物。这些小分子次级代谢产物往往用化学方法难以合成，或即使能够在实验室得以合成也较难以实现产业化。将这些小分子物质作为先导化合物，再通过化学等修饰方法，即可得到具有应用价值的药物，即微生物药物。

微生物产生的次级代谢产物具有各种不同的生物活性，如人们熟悉的抗生素就是具有抗感染、抗肿瘤作用的微生物次级代谢产物。维生素、氨基酸也是较常用的由微生物产生的次级代谢产物。随着生命科学的发展，人们不仅阐明了某些疾病发生的分子基础以及药物的作用机制，而且能够将其作为分子作用靶，在体外建立各种药物筛选模型，从而大大地提高了从微生物中获得各种新药的可能性。

一、抗生素

英国细菌学家弗莱明发现了青霉素，后人将其应用于临床治疗，由此诞生了世界上第一个抗生素。随后人们又从微生物次级代谢产物中发现了一大批目前还被用于临床的抗生素，如庆大霉素、卡那霉素、红霉素、螺旋霉素、麦迪霉素和林可霉素等。后来，许多科学家致力于新抗生素的发现和研究，各种新的抗生素在各国被相继发现。连同半合成抗生素，现在已应用于医疗事业的抗生素有几百种。其中大多数种类的抗生素我国都能自行生产，而且有很多种类的抗生素还是我国在自己的土壤中自行分离得到的。

1. 抗生素的定义

抗生素的原始含义是指微生物在代谢过程中产生的，低浓度下能抑制甚至杀死其他微生物化学物质。广义地认为抗生素是生物所产生的（有些已经部分或全部化学合成），极微量即具有选择性地抑制或影响它种生物机能的一类天然有机化合物。习惯上常狭义地称那些由微生物产生的，极微量即具有选择性地抑制其他微生物或癌细胞作用的天然有机化合物为抗生素。青霉素、链霉素、金霉素和庆大霉素等都是人们所熟知的抗生素。

2. 抗生素的特点

抗生素的抗菌作用与一般消毒剂不同。一般消毒剂，如石炭酸、酒精等，主要是通过理化性质使菌体蛋白沉淀或变性，从而把菌杀死。抗生素则主要是作用到菌类的生理作用，通过生物化学方式干扰微生物的一种或几种代谢机能，使其生长受到抑制或死亡。由于抗生素的这种作用方式，使其具有以下几个特点。

(1) 选择性作用 各种微生物都有其固定的结构和代谢方式，各种抗生素作用方式也不相同，所以一种抗生素只对一定种类的微生物有抗菌作用，即抗菌谱，抗菌谱也就是指某种抗生素所能抑制或杀灭微生物的范围。

(2) 选择性毒力 抗生素对人体及动物组织、植物组织的毒力，一般远小于它对病原菌的毒力，即对微生物或癌细胞有强大地抑制或杀灭作用，而对机体只有轻微损伤或完全无损。

(3) 引起耐药性 细菌在抗生素作用下，除了大量敏感菌死亡，常有些菌株调整或改变代谢途径从敏感菌变为不敏感菌，产生了耐药性。耐药性是医学上严重的问题，目前除了设法找到抗耐药菌的抗生素外，在临床上应该合理使用，避免滥用，以防止耐药菌的产生。

3. 抗生素的分类

按产生菌分类如下。

(1) 细菌产生的抗生素 地衣芽孢杆菌产生的多肽类抗生素，如杆菌肽可以治疗耐药球菌引起的败血症、肺炎和心内膜炎。

(2) 真菌产生的抗生素 青霉素是由青霉属某些菌产生的，灰黄霉素是由灰黄青霉的菌丝中分离出来的一种真菌抗生素，主要抑制皮肤癣菌。

(3) 放线菌产生的抗生素 放线菌是抗生素产生的主要来源，如新霉素、卡那霉素、庆大霉素、四环素、金霉素和土霉素等。

4. 抗药性

抗药性又称耐药性，是指微生物对药物所具有的相对抗性。人们最初是在应用青霉素作为化学治疗剂不久时注意到细菌对抗生素的耐药性的问题。发现有的细菌对青霉素不敏感，有的能迅速破坏青霉素，并且发现耐药菌逐年增加。青霉素 G 开始使用时只有 8% 葡萄球菌对它有耐药性，到了 1982 年，耐药菌株增加到 70%。另一些抗生素也有类似的情况。

二、维生素

维生素是人类所必需的物质，在缺乏时可产生一些疾患；在某些传染病患者体内，维生素的消耗也增加；因而在医疗上常需应用一些维生素。维生素的生产部分为化学合成，有些维生素则应用微生物来生产。维生素对于微生物来说亦是必要的生长因子。维生素是微生物的初级代谢产物，一般产量均低，不适宜作为生产菌株。但有些微生物可生产较多的某种维生素，此类微生物即可应用于生产上。工业上目前由微生物产生的维生素有维生素 B2、维生素 B12、维生素 C、生物素以及 β-胡萝卜素等。

三、氨基酸

微生物能合成各种氨基酸，但某些微生物的菌株（包括某些突变菌株）在合适的条件下，可合成大量的某一种氨基酸。目前能生产的达 20 种左右。最大产量的是谷氨酸和赖氨酸。微生物所产生的氨基酸最大的优点是所形成的氨基酸为具有生物活性的 L 型氨基酸。氨基酸在医疗上可用来治疗一些疾病及作为营养注射剂使用；此外还用作食品的营养添加剂。

四、甾体化合物的生物转化

甾体化合物的微生物转化成为药物生产中的一个重要方面。在合成甾体化合物时，通常系以薯蓣皂苷作为合成的起始原料。但是全部过程采用化学合成十分困难，收率较低，不能实际应用。然而利用某些微生物进行转化，可使甾体化合物的结构发生改变，这使得甾体化合物的生产成为可能。由微生物参与的甾体化合物转化的类型很多，其中包括氧化、还原、水解、酰化及异构化等，每一类型中又有许多不同的反应，在生产中最常应用的有羟化反应、脱氢反应与侧链降解反应等。

五、其他产物

来自微生物的产物种类繁多，其中一部分已作为药物用于医疗及药物生产中，例如药用真菌类的微生物灵芝、冬虫夏草、茯苓、药用酵母等；用于保健品类的微生物，例如乳酸菌、蜡样芽孢杆菌、双歧杆菌等制成的菌体制品，为疾病治疗及药物的生产开拓了一个新的领域。

第二节　微生物与药物变质

一、GMP 对原料药装备的要求

GMP 是 good manufacturing practice 的缩写，药品生产质量管理规范目的是严格控制药品的制作过程，以保证药品的质量。GMP 对硬件软件都有严格要求，世界卫生组织（WHO）及各工业发达国家都有其自己的版本以及验证规范。在国外销售药品，其制造者的药品加工过程及设备和药品的质量一样，都要符合进口国执行的 GMP 版本，并由进口国派员核查，原料药装备也是药品生产的硬件，同样要求符合 GMP 标准。

为保证生产的原料药质量不受加工过程的影响，对有关生产装备及过程需要有特殊的设施及要求，以保证药品在加工过程中这些装备及设施不会带来杂质及污染。由于药品生产是严格按批生产及检测的，因此这些设备的大小是以按该工序处理一批物料的量为依据的。这些设备除了要防止外界的微生物（杂菌）及其他杂菌混入反应物料之中外，还应具备原位清洗（clean in place，简称 CIP）、原位灭菌（sterilization in place，简称 SIP）的功能。原位清洗是指设备不需移动或拆卸即可进行有效清洗，以防止一批物料或其他杂质积存而进入下一批。原位灭菌则是在该设备清洗以后，而这些设备的内壁都必须光洁不存在凹陷结构，所有转角要求圆弧过渡，以利清洗灭菌。所有与进入原料药装备有关的物料、介质都要求经过净化并达到有关标准。

二、药物中微生物的来源

药物制剂在生产、储存和运输过程中都可能被微生物污染，这些微生物遇到适宜环境就会生长繁殖，造成药物变质。变质的药物可以引起不良反应、继发性感染，严重的还可能危及生命。所以为保障人们的用药安全，应注意防止微生物污染药物，同时进行必要的药物微生物学检验。

药物制剂中的微生物主要来自于制剂生产所处的环境、设备、原料、操作人员及包装材料与容器等。

1. 来自空气中的微生物

生产车间空气中微生物的数量、种类与车间的清洁度、温度、湿度以及人员在室内的活动状况有关，微生物来自灰尘颗粒、人的皮肤、衣服、咳嗽、打喷嚏造成的飞沫。空气不是微生物生长繁殖的最好场所，但是在一定的大气环境中仍然含有大量的细菌、霉菌和酵母菌，比如各种杆菌、梭状芽孢杆菌、葡萄球菌、链球菌、青霉菌、曲霉菌、毛霉菌等。它们在药品生产过程中可能污染药物。因此药物制剂生产环境的空气要求洁净，特别是生产注射剂、眼科用药等无菌制剂时，要求无菌操作区（每 1000L 空中不得大于 10 个细菌）。

2. 来自水中的微生物

水因为在制药工业中至关重要，所以它也是制药工业中微生物污染的重要来源。水在药物制剂生产中用途很多，如配制制剂、洗涤、冷却等。水中的微生物种类较多，用于制备各种剂型药物的水必须定期进行水质检查，使用符合卫生标准的水。生产中有天然水、自来水、软化水、去离子水、蒸馏水。

3. 其他来源

药物中的微生物污染还可能来自原材料、设备、容器、操作人员等。通过操作人员的手、伤口、咳嗽、喷嚏以及衣服、头发等各种渠道将人体体表以及与外界相通的各种腔道中寄生的各种微生物污染药物制剂。这就要求操作人员健康无传染病，保持良好的个人卫生习惯，操作前清洗和消毒双手，穿上专用的工作服，操作时减少流动与说话。

三、微生物引起的药物变质

药物中微生物的来源不同，微生物的种类和数量也有很大差异，但是一般它们对营养的要求不高，所以适应力和抵抗力都很强。因此在适宜的条件下，药物中的微生物能够生长繁殖，使药物变质，使药物降低甚至失去疗效。

由于微生物的滋长，引起药剂发霉、腐败或分解。往往引起下列一种或多种后果：①产生有毒物质。一旦发现这种情况，药剂就应停止使用。②使药剂疗效减低或副作用增加。这种情况比较多见。③病人使用不便，如混悬剂中的药物沉淀成硬饼状，使用时不仅不便而且可能造成每次剂量不准确。④有时虽药物被分解极少，疗效、含量、毒性等可能改变不显著，但因产生较深的颜色或少量微细沉淀（如注射液），而不能供药用。

1. 被微生物污染的情况

① 在无菌制剂中有活的微生物存在。

② 在非规定的灭菌药物中，污染的微生物的总数超过一定的限量。各种不同的药物制剂应该按《药品卫生检验方法》进行检验。药物中各种微生物的数量应该在规定的限度内，不然就是不合格的药物。

③ 有致病菌存在。

④ 有微生物的代谢产物，如热原质等的存在。

⑤ 发现药物有物理或化学的改变时。

2. 变质药物对人体的危害

微生物污染药物后，不但会使药物变质失效，造成经济损失。更严重的是有人用了变质的药物后，因为药物中有可能存在致病性微生物而导致某些疾病，或者因为药物有一些毒性物质而且中毒，这样就会对人体产生很大的危害。

比如说，本来要求是无菌制剂的输液剂，被微生物污染后，注入人体内，就会引起局部甚至全身的感染。有些软膏制剂如果被金黄色葡萄球菌污染的话，涂在患处，可能就会引起局部化脓性炎症，更严重的是金黄色葡萄球菌可进入到血液中引起败血症。眼药膏、眼药水如果被铜绿假单胞菌污染的话，患者用了后就会引起眼部感染，甚至导致眼角膜溃疡或穿孔，最后眼睛导致失明。

四、防止微生物污染药物的措施

防止微生物污染药物的主要措施与方法有以下几点。

1. 加强药物生产的管理

（1）符合卫生要求的生产环境　空气、场地和水质符合要求，厂区应按行政、生活、生产、辅助系统划区布局，生产车间分一般生产区、控制区和洁净区。生产车间的建筑结构、装饰和生产设备应有利于反复清洗和消毒。所有设施应避免难于清洁的隐窝处。

（2）控制原辅料的质量　采购、验收、储存、检验、发放与留样应按规定进行，并进行必要的消毒、灭菌。

（3）加强生产过程的管理　每种产品必须制订工艺规程。生产过程中应按工序进行中间检查，各个工序所用的原料、辅料、半成品应按质量标准仔细鉴别，分别存放，并有明显的标记以防混杂。

2. 加强卫生管理措施

（1）提高对药品卫生质量重要性的认识　从事药品生产的各级管理人员和操作工人要有计划地进行药品卫生质量的教育、培训和定期考核。提高对药品卫生质量重要性的认识。

（2）建立健全各项卫生制度　药品卫生的内容包括环境卫生、车间卫生、工艺卫生。

① 环境卫生：无积水、无垃圾渣土、无药渣、无杂物、无蚊蝇滋生地。

② 车间卫生：无尘土、无蚊、无蝇、无虫、无鼠、无私人物品。

③ 工艺卫生：各个工序调换品种时，应彻底清场，保证容器清、机械设备清、包装物料清、场地清。

操作人员不得患有传染病，禁止不穿工作服、工作鞋出入生产车间，禁止在车间吃饭、吸烟。操作人员操作前、上厕所后及间歇操作后都应消毒洗手，穿好工作衣、帽、鞋，戴好口罩、手套。

（3）加强卫生监督和产品检验　应由专人负责卫生监督。发放后的劳动用品，如工作服、帽、鞋等，由车间统一洗涤，统一存放。药物制剂出厂前应进行微生物学的检查，以确保质量。

3. 使用合适的防腐剂与抑菌剂

理想的防腐剂应具备的要求如下。

① 对各种微生物具有良好的抗菌作用。

② 对人无毒性及无刺激性。

③ 良好的稳定性。

④ 能溶解至有效的浓度。

⑤ 没有特殊的臭味。

常用的防腐剂如下述。

① 用于口服或外用药物的防腐剂：对甲基苯甲酸酯类（尼泊金类）、苯甲酸、苯甲酸钠、乙醇、季铵盐类、山梨酸。

② 用于无菌制剂的防腐剂：苯酚、甲酚、三氯叔丁醇、硝酸苯汞。

4. 合理的包装设计与储存

采用符合卫生标准的包装材料，包装材料应对药物无影响，对人体无害。常用的灭菌方法有高压蒸汽灭菌、干热灭菌、辐射灭菌。不同规格药品的包装操作应分开，防止交叉污染和混杂。不同剂型的药物储存的方法有区别：片剂、丸剂存放于阴凉干燥处；糖浆剂在30℃以下恒温避光保存。存放中要注意空气的相对湿度，特别是在梅雨季节。

第三节　药物的抗菌试验

药物的体外抗菌试验已广泛应用于各个方面，如抗菌药物的筛选、提取过程中的追踪、抗菌谱测定、含量测定、体液内药物浓度测定、药物的联合作用以及指导医疗用药的药敏试验等。抗菌试验包括评价药物抑菌或杀菌的抑菌试验或杀菌试验。抑菌剂能抑制微生物的生长繁殖，但不能杀死微生物。药物除去后，微生物又能重新生长繁殖。杀菌剂能杀死微生物，当药物除去后，微生物不能再生长繁殖。

一、常用的体外抑菌试验

体外抑菌试验是最常用的抗菌试验。体外抑菌试验有连续稀释法和琼脂扩散法等。

1. 连续稀释法

连续稀释法可以在液体培养基和固体培养基中进行，用于测定药物的最小抑菌浓度（MIC）。所谓 MIC 是指该药物能抑制微生物生长的最低浓度。

（1）液体培养基连续稀释法　在一系列试管中，用液体培养基按几何级数或数学级数稀释药物，使各管含一系列递减的浓度，然后在每一管中加入定量的试验菌，经培养后肉眼观察，能抑制试验菌生长的最低浓度即为该药物的 MIC。

（2）固体培养基连续稀释法

① 平板法：按连续稀释法配制药物溶液，将不同浓度的药物混入琼脂培养基，制成一批含一系列递减浓度药物的平板。将含一定细胞数的试验菌以点种法逐个点种于平板的一定位置上。

② 试管法：将不同浓度的药物混入固体琼脂培养基，制成斜面。各管含一系列递减浓度的药物，斜面上再接种定量的试验菌，培养后可得 MIC。

2. 琼脂扩散法

琼脂扩散法是利用药物能在琼脂培养基内扩散的原理进行的，以抑菌圈直径或抑菌距离的大小来评价药物抗菌作用的强弱。在含菌平板上离药物的距离愈远，则药物的浓度就愈小，在药物有效浓度的范围内就能形成抑菌圈或抑菌距离。

① 纸碟法：也称滤纸片法。是琼脂扩散法中最简便的方法。适用于多种药物或一种药物的不同浓度对同一试验菌的抗菌试验。

② 药物敏感性试验：简称药敏试验，用以测定临床分离的某一微生物对药物的敏感性，供医生用药参考。

③ 挖沟法：适用于一个平板上试验一种药物对几种试验菌的抗菌作用。

二、杀菌试验

杀菌试验用以评价药物对微生物的致死活性。

1. 最小杀菌浓度

最小杀菌浓度（MBC）是指该药物能杀死细菌的最低浓度。对微生物从广义而言，也可称之为最小致死浓度 MLC。

一般方法是将待检药物先以合适的液体培养基在试管内进行连续稀释，每管内再加入一定量的试验菌液，培养后可得该药物的 MIC。取 MIC 终点以上未长菌的各管培养液，分别移种于另一无菌平板上，培养后凡平板上无菌生长的药物最低浓度即为该药物的 MBC（或MLC）。

MBC（或 MLC）的含义也可定义为在一定条件下，使绝大多数微生物被杀死，但允许有少量微生物存活的药物最低浓度。

2. 活菌计数法

活菌计数法是指在一定浓度的定量药物内加入定量的试验菌，作用一定时间后，取样进行活菌计数，从存活的微生物数计算出药物对微生物的致死率。

3. 石炭酸系数测定

石炭酸系数是以石炭酸为标准，在规定的试验条件下，作用一定时间，将待测的化学消毒剂与石炭酸对伤寒沙门菌的杀菌效力相比较，所得杀菌效力的比值。

石炭酸系数＝消毒剂的杀菌稀释度/石炭酸的杀菌稀释度

石炭酸系数≥2 为合格。

石炭酸系数愈大，则被测消毒剂的效力愈高。

三、联合抗菌试验

在药学工作中，常需检查两种抗菌药物在联合应用时的相互作用以及抗菌药物与不同 pH 值或不同离子溶液的相互影响。加强药物抗菌作用的为协同；减弱药物抗菌作用的为拮抗；相互无影响的为无关；作用为两者之和的为累加。常用方法有纸条试验、梯度平板纸条试验、棋盘格法、分级抑菌浓度（fractional inhibitory concentration，FIC）及 FIC指数法。

四、抗菌试验的影响因素

在抗菌试验时应注意以下几点影响因素。

1. 试验菌

在抗菌试验中所用的试验菌一般应该用标准菌株，标准菌株来自专门的供应机构。

2. 培养基

培养基的质量需加控制，原料、成品的外观及性能应符合要求，并经无菌检查合格后供用。

3. 抗菌药物

药物的浓度和总量直接影响抗菌试验的结果，需要精确配制。有些不溶于水的药物需用少量有机溶剂或碱先行溶解，再稀释成合适浓度。

4. 对照试验

为准确判断结果，在实验中必须有各种对照试验与抗菌试验同时进行。

①试验菌对照：在无药情况下，应能在培养基内正常生长。②已知药物对照：已知抗菌药对标准的敏感菌株应出现预期的抗菌效应，对已知的抗药菌应不出现抗菌效应。③溶剂及稀释液对照：抗菌药物配制时所用的溶剂及稀释液应无抗菌作用。

第四节　药物制剂的微生物学检验

药物制剂的微生物学检验包括无菌检验、细菌总数测定、霉菌总数测定，以及病原菌的检验与螨的检测等。

一、无菌制剂的无菌检验

各种注射用药都必须保证不含有活的微生物，否则注入人体内将会引起严重事故。

1. 无菌检验的基本原则

无菌检验最重要的是必须采取严格的无菌操作法将被检查的药品分别接种于适合各种微生物生长的不同培养基中，置于不同的适宜温度下培养一定的时间，观察有无微生物生长，以判断此被检药品是否含有微生物。

2. 无菌检验的基本方法

（1）非抗菌剂、无防腐剂及非油剂的药物的无菌检验　目前采用的方法系将药品直接接种于适宜需氧菌、厌氧菌和真菌生长的培养基中。

（2）油剂的无菌检验　一般油剂因与培养基不混溶，漂浮于培养基表面而影响菌的生长。检验此类药物时，可在培养基中加入表面活性剂，如吐温80，以帮助药物均匀分散于培养基中，有利于微生物的检出。

（3）抗菌药物及含防腐剂药物的无菌检验　抗菌药物系指抗菌剂（如抗生素、磺胺类、喹诺酮类等）本身或在药物制剂中含有部分抗菌剂的药物。抗菌药物及含防腐剂的药物进行无菌检验与上述两类药物不同之处为进行无菌检验前必须采用一些方法使抗菌剂或防腐剂失效或去除。使被检药物中的抗菌剂及防腐剂失效或除去，可应用以下几种方法：①灭活法；②微孔滤膜过滤法；③稀释法；④离子交换树脂法。

3. 无菌检验的复试

无菌检验中如发生意外染菌时，允许复试。但供试品与培养基数量均需加倍。

二、口服及外用药物的微生物学检验

目前口服及外用药物的微生物学检验主要是微生物限量检验与致病菌的检验。所谓限量检验系指单位质量或体积内微生物的数量是否在规定的允许数量之下。具体的检验项目包括细菌总数测定、霉菌总数测定、大肠杆菌的检验、铜绿假单胞菌的检验、金黄色葡萄球菌的检验、沙门菌的检验、破伤风杆菌的检验以及活螨的检验等。判断合格与否的标准是：口服及外用药物中微生物的总量除必须低于规定限量外，并须在口服药物每克或每毫升中不得含有大肠杆菌、沙门菌，外用药物每克或每毫升中不得含有铜绿假单胞菌、金黄色葡萄球菌和

破伤风杆菌，此外均不得检出活螨。

第五节   微生物与环境保护

微生物与环境保护有着极为密切的关系。利用微生物在处理环境污染物和环境监测等方面已取得了很大的成果，微生物在环境保护中有奇特的作用。

当水体中存在大量的有机物时，就会被异养微生物分解利用，其代谢产物又会被自养微生物利用，最后捕食性原生动物也会迅速发展，通过它们的共同作用，最后使污水得到净化。然而，它们的生命活动要消耗氧，而氧的消耗速度要比补充的速度快，因此，有机物的污染对自然水体的基本效应就是导致水体中溶解氧含量的减少。

生活污水与人类的生活密切相关，各种洗涤水和粪便水等渗入地下或流入自然水体，这些污水中含有大量的、种类繁多的有机物和无机物以及有毒物、不卫生的物质，还有微生物，尤其是可引发传染病的病原微生物。这些污水进入地表水或地下水，都会使水质受到污染，从而使生活用水丧失了可饮性，水生生物遭受毒害，水产资源受到破坏。生活污水处理就是创造条件，加快自然水体的自然净化过程，消除污染物，当水质达到排放标准后，再排入天然水源，以保证水资源循环使用。处理方法分为好氧法和厌氧法两大类。

微生物对化学农药也有降解作用。各种除莠剂、杀虫剂、杀菌剂、杀软体动物剂、杀鼠剂等农药，在制造、运输和使用过程中，对环境有很大污染。我国每年要使用 50 多万吨农药，其利用率只有 10％，大量农药残留在土壤中，有的被土壤吸附，有的附着在农产品上，有的则经水、气传播和扩散，引起全球性环境污染。降解农药的微生物种类很多，主要有细菌、霉菌、酵母菌和少数放线菌。

一、微生物对污染物的降解与转化

1. 生物降解

生物降解是微生物（也包括其他生物）对物质（特别是环境污染物）的分解作用。生物降解和传统的分解在本质上是一样的，但又有分解作用所没有的新的特征（如共代谢、降解质粒等），因此可视为分解作用的扩展和延伸。生物降解是生态系统物质循环过程中的重要一环。研究难降解污染物的降解是当前生物降解的主要课题。

2. 降解性质粒

污染物的生物降解反应和其他生物反应本质上都是酶促反应，降解过程中大部分降解酶是由染色体编码的，但其中有些酶，特别是降解难降解化合物的酶类是由质粒控制的，这类质粒被称为降解性质粒。细菌中的降解性质粒和分离的细菌所处环境污染程度密切相关。

3. 降解反应和生物降解性

发生在自然界的有机物的氧化分解过程也表现于污染物的降解，主要包括氧化反应、还原反应、水解反应和聚合反应。塑料薄膜因分子体积过大而抗降解，造成白色污染。

二、重金属的转化

环境污染中所说的重金属一般指汞、镉、铬、铅、砷、银、硒、锡等。微生物可以改变重金属在环境中的存在状态，会使化学物毒性增强，引起严重环境问题，还可以浓缩重金属，并通过食物链积累。另一方面微生物通过直接作用和间接作用也可以去除环境中的重金属，有助于改善环境。

三、污染介质的微生物处理

人类生产和生活活动中产生的污水（废水）、废气及固体废弃物都可以用生物方法进行处理。

1. 污水处理

微生物处理污水过程的本质是微生物代谢污水中的有机物，并作为营养物取得能量而生长繁殖的过程，这和一般的微生物培养过程是相同的。

2. 固体废弃物处理与资源化技术

利用微生物分解固体废弃物中的有机物，从而实现其无害化和资源化，是处理固体废弃物的有效而经济的技术方法。它包括堆肥化处理、生态工程处理法、废纤维糖化、废纤维饲料化等。

3. 气态污染物的生物处理

气态污染物的生物处理技术是生物降解污染物的新应用。生物处理气态污染物的原理与污水处理是一致的，本质上是对污染物的生物降解与转化。

四、污染环境的生物修复

生物修复是微生物催化降解有机污染物，转化其他污染物从而消除污染的一个受控或自发进行的过程。生物修复基础是发生在生态环境中微生物对有机污染物的降解作用。目前生物修复技术主要用于土壤、水体（包括地下水）、海滩的污染治理以及固体废弃物的处理。主要的污染物是石油烃及各种有毒有害难降解的有机污染物。

五、环境污染的微生物监测

生态环境中的微生物是环境污染的直接承受者，环境状况的任何变化都对微生物群落结构和生态功能产生影响，因此可以用微生物指示环境污染。由于微生物易变异，抗性强，微生物作为环境污染的指示物在应用上不及动物和植物广泛而规范。但微生物的某些独有的特性使微生物在环境监测中有特殊作用。

1. 粪便污染指示菌

粪便中肠道病原菌对水体的污染是引起霍乱、伤寒等流行病的主要原因。总大肠菌群是最基本的粪便污染指示菌，是最常用的水质指标之一。

2. 致突变物的微生物检测

环境污染物的遗传学效应主要表现在污染物的致突变作用，致突变作用是致癌和致畸的根本原因。微生物生长快的特点正适合这种要求，微生物监测被公认是对致突变物最好的初步检测方法。

3. 发光细菌检测法

发光细菌发光是菌体生理代谢正常的一种表现，这类菌在生长对数期发光能力极强。当环境条件不良或有毒物质存在时，菌的发光能力会受到影响而减弱，其减弱程度与毒物的毒性大小和浓度成一定的比例关系。通过灵敏的光电测定装置，检查在毒物作用下发光菌的发光强度变化可以评价待测物的毒性。

4. 硝化细菌的相对代谢率试验

硝化细菌所进行的把铵离子（NH_4^+）在好氧条件下氧化成硝酸根（NO_3^-）的硝化作用在生态系统的氮循环中有重要作用，这个过程只有微生物才能进行。用测定硝化细菌相对代谢率的方法检测水及土壤中的有毒物，并以此评判水体、土壤环境及环境污染物的生物毒性，这对于宏观生态环境健康程度的评价有重要意义。

习　　题

1. 名词解释

抗生素，耐药性（抗药性），最小杀菌浓度，最小抑菌浓度，生物降解，生物修复

2. 变质的药物有什么危害？

3. 通过什么方法可以判断某种化学消毒剂的杀菌效力？

4. 防止微生物污染药物的措施有哪些？

5. 环境污染的微生物监测包括哪些？

第四篇　生物工程

第十五章　生物工程概述

【教学要求】

1. 教学目的

掌握生物工程的定义和种类；

熟悉生物工程发展进程的各个阶段及其特征；

了解生物工程产物及其发展发向。

2. 教学重点

生物工程的概念、种类、发展进程的各个阶段及其特征。

生物工程是 20 世纪后期国际上突飞猛进的技术领域之一，现已广泛应用于医学、保健、农牧业、轻工业、环保及精细化工等各个领域，并已产生了巨大的经济和社会效益，日益影响和改变着人们的生产和生活方式。

一、生物工程的产生及定义

生物工程（或生物技术）这个词是由一位匈牙利工程师提出的。当时他提出的生物技术的含义是指用甜菜作为饲料进行大规模养猪，即利用生物将原材料转变为产品。而人类有意识地利用酵母进行大规模发酵生产是在 19 世纪，当时的发酵产品有酒精、面包酵母、柠檬酸和蛋白质酶等初级代谢产品。1928 年发现了青霉素，同时以获取细菌的次级代谢产物——抗生素为主要特征的抗生素工业成为当时生物技术的支柱产业。20 世纪 50 年代，氨基酸发酵工业又成为生物工程的新成员，继之，20 世纪 60 年代生物工程产业中又增加了酶制剂工业。在 20 世纪、21 世纪之交，人类基因组测序、酵母基因组测序、水稻基因组测序先后基本或全部完成，这使生物技术发生了巨大的革命，逐步形成了现代生物技术并且成为基因工程中的核心技术。

随着基因工程的崛起，生物工程的定义也不断地得到发展和充实。人类以现代生命科学为基础，结合先进的工程技术手段和其他基础学科的科学原理，按照预先的设计改造生物体或加工生物原料，生产出所需产品或达到某种目的，即现代生物工程。

二、生物工程的种类及相互关系

生物工程包括所有具备产业化条件的生物技术。按照生物工程的操作对象来分类，主要包括基因工程、蛋白质工程、酶工程、细胞工程、发酵工程等 5 个方面，应用的生产部门有农业、环境、食品、医药等多个方面。

1. 基因工程

基因工程是一项将生物的某个基因通过基因载体运送到另一种生物的活性细胞中，并使之无性繁殖（克隆）和行使正常功能（表达），从而创造生物新品种或新物种的遗传学工程。

这种创造新生物并给予新生物以特殊功能的过程就称为基因工程。

目前基因工程主要在细菌方面取得了较大的成功。如利用微生物生产动物蛋白质、人体生长激素、干扰素等。在食品工业上，细菌和真菌的改良菌株已影响到传统的面包焙烤和干酪的制备，并对发酵食品的风味和组分进行控制；在农业上，基因工程已用于品种改良，如培育出玉米新品种（高直链淀粉含量、无脂肪的甜玉米）和番茄新品种（高固体含量、强风味）等。

2. 发酵工程

发酵工程是利用生物的生命活动产生的酶，对无机原料或有机原料进行酶加工（生物化学反应过程）来获得产品的工业。它处于生物工程的中心地位，其主体是利用微生物进行反应，绝大多数的生物工程目标都是通过发酵工程来实现的。

根据其发展进程，它包括传统发酵工业，如某些食品和酒类等的生产；以及近代发酵工业，如酒精、乳酸、丙酮-丁醇等的生产；及目前新兴的发酵工业如抗生素、有机酸、氨基酸、酶制剂、核苷酸、生理活性物质、单细胞蛋白等的发酵生产。

3. 细胞工程

细胞工程是指以组织、细胞和细胞器为对象进行操作，在体外条件下进行培养、繁殖，或人为地使细胞的某些生物学特性按人们的意愿发生改变，最终获得人们所需的组织、细胞或个体。它包括动物细胞和植物细胞的体外培养技术、细胞融合（也称细胞杂交技术）技术、细胞器移植技术等。

目前利用细胞融合技术已培育出番茄、马铃薯、烟草和短牵牛等杂种植株；利用植物细胞培养可以获得许多特殊的产物，如生物碱类、色素、激素、抗肿瘤药物等；利用动物细胞培养可以用来大规模地生产贵重药品，如干扰素、人体激素、疫苗、单克隆抗体等。

4. 蛋白质工程

蛋白质工程的主要内容和基本目的是以蛋白质分子的结构规律及其与生物功能的关系为基础，通过所控制的基因修饰和基因合成，对现有蛋白质加以定向改造、设计、构建，并最终生产出性能比自然界存在的蛋白质更加优良、更加符合社会需要的新型蛋白质。

5. 酶工程

生产和应用酶的工业称为酶工程，它是利用酶、细胞器或细胞所具有的特异催化功能对酶进行修饰改造，并借助生物反应器生产人类所需产品的一项技术。酶工程的主要任务是通过预先设计、经过人工操作控制而获得大量所需的酶，并通过各种方法使酶发挥其最大催化功能。

上述5个工程是构成当今生物工程的主要方面。这5个方面并不是各自独立的，它们彼此之间是互相联系、互相渗透的。其中基因工程是核心，它能带动其他工程的发展。发酵工程是生物工程的主要终端，绝大多数生物技术的目标都是通过发酵工程来实现。例如，通过基因工程对细菌或细胞改造后获得"工程菌"或细胞，可再通过发酵工程或细胞工程生产出有用的物质。可以说，基因工程和细胞工程是生物工程的基础；蛋白质工程、重组DNA技术和酶固定化技术是生物工程的最富有特色和潜力的生物技术，而发酵工程与细胞和组织培养技术是目前较为成熟、广泛应用的生物技术。

三、生物工程的发展进程及特征

生物工程不是一门新学科，在地球诞生生命时就有发酵现象的存在。但是作为工业产品，它却只有近百年的历史。按照其发展过程可分为三个阶段（表15-1）。

1. 远古时代——第一代生物工程产品

公元前 6000 年，苏米尔人即古代巴比伦人就已掌握了酿造啤酒的技术。公元前 4000 年，埃及人已掌握了发酵面包的技术。我国人民在殷商时期就已经掌握制酱的技术；周朝时期，就有制醋的技术。在制造这些产品的操作中，总是离不开微生物菌种的利用，这就是传统概念中的生物工程，属于自然发酵。第一代生物工程的产品有啤酒、苹果酒、发酵面包等，其附加值低或中等。

2. 巴斯德时代——第二代生物工程产品

19 世纪中叶，法国科学家路易·巴斯德以实验证明了发酵原理，他把传统概念中的生物工程提高到科学高度，巴斯德也因此被人们誉之为"发酵之父"。第二代生物工程的产品有抗生素、单细胞蛋白质、酶、乙醇、丁醇、维生素、生物杀虫剂等。这些产品的附加值高或者中等。

3. 现代生物工程的崛起

(1) 现代生物工程的起源　20 世纪 70 年代初，工业生产、农业生产高速发展也使环境受到了严重污染，出现了人口膨胀、耕地面积日益减少、土地沙化、森林草原面积缩小，这些都超越了自然生态所能容许的限度，使生物圈的良性循环变成了恶性循环。于是，人们希望能探索出一条更为合理的生产工艺，其中使用的原料是取之不尽、用之不竭的可再生的廉价生物，带来的污染少或无污染，这样就发展到了第三代生物工程——现代生物工程。

(2) 现代生物工程发展的过程　人类于 1953 年发现了遗传的物质基础——核酸结构，阐明了 DNA 的半保留复制模式，揭开了生命秘密的探索，从而开辟了分子生物学研究的新纪元。从此，生物的研究由细胞水平进入到分子水平，科学家又破译了生命遗传密码。1971 年，科学家用一种限制性内切酶打开了环状 DNA 分子，第一次把两种不同的 DNA 联结在一起，实现了 DNA 体外重组技术，标志着生物技术的核心技术——基因工程技术的开始。它向人们提供了一种全新的技术手段，使人们按照需要在试管内切割 DNA、分离基因并经重组后导入细菌，由细菌生产大量的有用蛋白质，或作为药物，或作为疫苗，它也可以直接导入人体内进行基因治疗。这样迅速完成了从传统生物技术向现代生物技术的飞跃转变，一跃成为 21 世纪具有远大发展前景的新兴学科和产业。

当今，现代生物工程技术同信息技术、新材料技术、新能源技术、海洋技术等一起构成了新技术革命的主力，这将会对人类社会生活带来一场深刻的工业革命，它会使医药、食品、发酵、化学、能源、采矿等工业部门的生产效率提高百倍、千倍乃至万倍。现代生物工程产品有基因工程药物、转基因植物、克隆动物、诊断试剂、DNA 芯片、生物传感器等，涉及工业、农业、医学、信息学和基础生物的各个方面，具体如表 15-1 所示。

表 15-1　生物工程分期产品

时　期	名　　　称	采　用　技　术	附加值
第一代产品	啤酒、苹果酒、发酵面包、醋	自然发酵	低、中
第二代产品	抗生素、单细胞蛋白质、酶、乙醇、维生素、氨基酸	初步的物理和化学遗传分析、细胞杂交、物理化学、诱变育种	中、高
第三代产品	涉及工业、农业、医学、信息学和基础生物学的各个方面，如基因药品、DNA 芯片、生物导弹	基因工程、细胞工程	高、很高

(3) 传统生物工程与现代生物工程的区别　现代生物工程技术是在传统生物工程的基础上发展起来的，但与之又有质的区别。古代传统生物工程和近代生物工程只是利用现有的生物类型或生物机能为人类服务，现代的生物工程技术则是按照人们的意愿和需要创造全新的生物类型和生物机能，或者改造现有的生物类型和生物机能（包括改造人类自身），从而造

福于人类。

四、生物工程的范围和未来

当今全球生物工程技术产业正在蓬勃发展，各国政府也都把推广生物技术、发展生物工程技术产业作为提高本国工业在世界经济中竞争力的重要手段。生物工程技术产业将逐步成为世界经济体系的支柱产业之一。目前最具有代表性的应用领域是生物医药和生物农业。

1. 生物医药

生物医药产业是一项高投入、高风险、高利润的产业，利润率高达 17.6%，是信息产业的 2 倍。1997 年全球生物技术药品市场约为 150 亿美元，而 2003 年约为 600 亿美元，占同期世界药品市场总销售额的 10% 以上。因此它是生物工程技术应用中最具代表性的领域，其产品有各种激素、淋巴素、免疫球蛋白、疫苗、抗生素以及抗癌的药物。

2. 生物农业

生物工程技术在农业中也大放异彩。据国际农业生物技术应用服务机构的一份报告介绍：1999~2000 年度全世界转基因谷物播种面积比上年度增加了 11%；1998 年全球动物生物技术产品总销售额估计为 6.2 亿美元，预计到 2010 年将达到 110 亿美元，其中约 75 亿美元是转基因动物产品。现在人们正在努力研究固氮基因粮食作物的转移，不仅粮食产量可以大幅度增加、成本大幅度降低，而且，传统的化肥工业将被改造。其产品有杂交水稻、杂交玉米、抗病毒的新品种作物、生物杀虫剂。

3. 化学工业

在化学工业方面，生物工程充分发挥了其生物反应器的作用，从而节省了能源、简化了设备，可进行各种类的石油化学产品的大量生产。其产品有塑料、尼龙、玻璃、脂肪酸、杀虫剂、除草剂等。

4. 食品工业

食品生产是世界上最大的工业之一。在工业化国家中，食品消费至少占家庭预算的 20%~30%。为了解决人口爆炸带来的食品短缺，生物工程技术正在发挥积极作用。它有赖于现代生物知识和技术与食品加工、检测、保藏以及生物工程原理的有机结合，其包含的内容也很广，如改善食品的质量、营养、安全性以及食品保藏等。其产品有氨基酸、有机酸、核酸类物质。

5. 环境保护

生物工程在环境保护中也创造了奇迹，如处理海上浮油、工业废水、城市垃圾，高分子化合物的分解，各种有毒物质的降解，污染事故的现场补救等。与传统的污染防治技术和手段相比较，其主要的优越性表现在它是一个纯生态的过程，从根本上体现了可持续发展的战略思想。

6. 能源工业

能源是人类赖以生存的物质基础之一，它与社会经济的发展和人类的进步及生存息息相关。能源分为不可再生能源和可再生能源。之所以称为可再生能源是因为它是植物对太阳能的捕捉，是取之不尽、用之不竭的，因而它是生物工程的主要研究对象之一。例如，利用纤维素等植物原料发酵生产酒精、甲烷和氢气，创造具有高效光合作用并能生产能源的植物。目前生物工程技术与能源的研究及开发已日益倍增，预计在不远的将来，能源主要将来自于生物工程。

五、生物工程发展趋势

生物工程技术在世纪之交已经以众多的成就为我们展示了一卷新的宏图，从医药革命到绿色革命，从新能源到生态环境，生物技术的无限生机在于地球上的生命历经漫长进化保留下来的各种基因、蛋白质和各种生命过程都必有可能逐渐地为人类所用。从目前已有的生物技术来看主要有 3 个平台，即 DNA 重组、细胞培养和 DNA 芯片。已经取得的成果和已经形成的产业诸如基因治疗，基因工程药物，转基因动物、植物，克隆动物，诊断试剂等。在未来的日子里，生物工程技术的新进展将会给农业、医疗与保健带来根本性的变化，并对信息、材料、能源、环境与生态等领域带来革命性的影响。科学家们预计，未来最主要的创新约有一半将与生物工程技术相关，它们包括基因组学和基因资源的开发、生物信息学、转基因动物和植物、治疗性克隆和组织工程、生物能源和环保生物技术以及生物芯片等众多迅猛发展的技术领域。

习　　题

1. 名词解释
生物工程，基因工程，发酵工程，细胞工程，蛋白质工程，酶工程
2. 生物工程的发展经历了哪几个阶段？各有何特点？
3. 传统生物工程与现代生物工程有何区别？
4. 简述生物工程的发展趋势。

第十六章　基　因　工　程

【教学要求】

1. 教学目的

掌握重组 DNA 技术的定义、意义和基本步骤，载体的概念与种类，目的基因与载体的连接，PCR 技术的主要原理；

熟悉 II 型限制性核酸内切酶的概念及重组 DNA 技术中常用的工具酶种类和用途，PCR 反应中各因素的作用；

了解重组 DNA 技术的理论基础，目的基因的概念、用途及获得目的基因的基本方法，PCR 技术的种类。

2. 教学重点

目的基因的获取，目的基因与载体的连接，重组 DNA 分子导入受体细胞，常用的载体，将重组 DNA 分子导入细菌的方法。

一个完整的基因克隆过程应包括目的基因的获取，目的基因与载体的连接，重组 DNA 分子导入受体细胞，筛选出含有感兴趣基因的重组 DNA 转化细胞。DNA 的体外剪切和重新连接是在限制酶、连接酶以及其他修饰酶的参与下进行的。克隆不同目的基因需要使用不同的载体，常用的载体有质粒、噬菌体等。载体可与外源 DNA 片段在体外连接，构成重组 DNA 分子，导入相应的宿主细胞，根据采用的克隆载体性质不同，将重组 DNA 分子导入细菌的方法有转化、转染及感染。将重组 DNA 分子导入受体菌后，通过采用适当形式的培养基使其生长即可获得含目的基因的转化子菌落，再经扩增、分离重组 DNA，获得基因克隆。重组 DNA 技术在发现疾病基因、表达有药用价值的蛋白质、诊断和预防疾病以及动物克隆等方面具有广泛应用价值，促进了当代分子医学的诞生和发展。

基因重组即 DNA 重组，是将不同来源的 DNA 分子通过磷酸二酯键连接而形成新的 DNA 分子的过程。重组 DNA 技术是现代分子生物学发展的一个重要领域。它作为分子生物学的一项重要技术得到了迅速发展，使科学家们分离、分析及操作基因的能力几乎达到无所不能的地步。

由于 DNA 重组技术是在分子水平对基因进行体外操作，因而也称为分子克隆或基因克隆。克隆（clone）是指通过无性繁殖过程所产生的与亲代完全相同的子代群体。分子克隆是在体外对 DNA 分子按照既定的目标和方案进行人工重组，将重组分子导入到合适的受体细胞中，使其在细胞中扩增和繁殖，以获得 DNA 分子大量复制，并使受体细胞获得新的遗传特征的过程。实现基因克隆所采用的方法和相关的工作统称重组 DNA 技术，又称为基因工程。

DNA 重组技术从其诞生时起，就为细胞的分化、发育和肿瘤的发生、发展等基础研究提供了实验手段，并广泛应用于分子生物学、微生物学以及遗传学等学科。也为医药卫生和工农业生产开拓了新的研究途径。在基因工程众多的应用领域中，医学方面的应用是最早和最活跃的。目前，人们利用基因工程技术开发并生产了大量原来产量很低或不易提取的生物制品，包括医用多肽激素、抗体、疫苗等基因工程产品，例如人胰岛素、生长激素、干扰素、乙肝疫苗、促红细胞生长素等，很多产品已在临床应用。同样，应用基因工程技术进行基因诊断和基因治疗也取得了令人鼓舞的成绩。

第一节 重要的工具酶

基因工程中的许多工作都涉及到对 DNA 进行切割和重组，或者对 DNA 进行修饰或合成。这些工作都是通过酶的作用来完成的。切割、合成、连接、修饰等各种工具酶都是必不可少的。例如，使 DNA 分子内部磷酸二酯键发生断裂的核酸内切酶、将两种 DNA 分子连接在一起的 DNA 连接酶、以 mRNA 为模板合成 cDNA 的逆转录酶等。本节将着重介绍基因工程中重要工具酶的特性和用途。

一、限制性核酸内切酶

限制性核酸内切酶（RE）是由细菌产生的一种能识别双链 DNA 中的特定位点，并水解该点磷酸二酯键的核酸内切酶（简称限制酶或内切酶），多在原核生物中存在。在细菌体内，这种内切酶可以分解外源性的 DNA 物质，例如病毒等；细菌自身的 DNA 中也具有同样的识别序列，但其中某些碱基被甲基化所保护。这种细菌内部的限制与修饰作用分别由核酸内切酶和甲基化酶完成，构成了类似免疫的防御系统。

1. 限制酶的分类

根据酶的结构、作用及与 DNA 结合和裂解的特异性，将限制酶分为 3 型：①Ⅰ型限制酶：具有限制和 DNA 修饰作用，这种酶通常在识别位点下游 100～1000bp（碱基对）处切割 DNA。②Ⅲ型限制酶：与Ⅰ型酶一样，具有限制与修饰活性，能在识别位点附近切割 DNA，切割位点很难预测，因此，在基因克隆中，Ⅰ型和Ⅲ型酶都没有多大的实用价值。③Ⅱ型限制酶：是基因工程中剪切 DNA 分子的常用工具酶，被誉为分子生物学家的手术刀。它能在 DNA 分子内部的特异位点识别和切割双链 DNA，其切割位点的序列可知、固定。通常所说的限制酶就是指这一类酶。

2. 限制酶的命名

第一个字母取自产生该酶的细菌属名，用大写、斜体；第二个、第三个字母是该细菌的种名，用小写、斜体；第四个字母代表株。另外用罗马数字代表同一菌株中不同限制酶的编号，现在常用来表示发现的先后次序。例如：*Eco*RⅠ，E 代表 *Escherichia* 属，*co* 代表 *coli* 种，R 代表 RY13 株，Ⅰ代表该菌株中首次分离到的限制酶；*Hind*Ⅲ：H 代表 *Haemophilus* 属，*in* 代表 *influenzae* 种，d 代表 d 株，Ⅲ代表该菌株中第三个被分离到的限制酶。表 16-1 列举了一些常用限制性核酸内切酶。

表 16-1 常用限制性核酸内切酶

微 生 物 名 称	酶 名 称	识 别 序 列
Bacillus amyloliquefaciens H 解淀粉芽孢杆菌	*Bam* HⅠ	G↓GATCC
Bacillius globigil 球芽孢杆菌	*Bgl* Ⅱ	A↓GATCT
Escherichia coli RY13 *E. coli*	*Eco*RⅠ	G↓AATTC
Haemophilus influenzae 流感嗜血菌	*Hind* Ⅲ	A↓AGCTT
Providencia stuartii 164 普罗威登细菌	*Pst* Ⅰ	CTGCA↓G
Streptomyces albus Subspecies pathocidicus 白色链球菌	*Sal* Ⅰ	G↓TCGAC

3. 限制酶的识别和切割位点

限制酶的识别和切割位点通常是 4～8 个 bp，是具有回文结构的 DNA 片段。综合识别位点及产生的末端结构，可归纳为以下 3 类。

① 在识别序列的两个对称点切开 DNA 双链，产生带单链尾的黏性末端。

如 $EcoR$ I 切割后产生 5′黏性末端，Pst I 切割后产生 3′黏性末端：

$$5'\text{-G}\blacktriangledown\text{AATTC-}3' \xrightarrow{EcoR\ I} 5'\text{-G} + AATTC\text{-}3'\qquad 5'\text{-CTGCA}\blacktriangledown\text{G-}3' \xrightarrow{Pst\ I} 5'\text{-CTGCA} + G\text{-}3'$$
$$3'\text{-CTTAA}\blacktriangle\text{G-}5'\qquad\ \ 3'\text{-CTTAA}\ \ \ \ \ G\text{-}5'\qquad 3'\text{-G}\blacktriangle\text{ACGTC-}5'\qquad\ \ 3'\text{-G}\ \ \ ACGTC\text{-}5'$$

② 切割点是识别序列的对称轴，产生平端或钝端。如 Sma I：

$$5'\text{-CCC}\blacktriangledown\text{GGG-}3' \xrightarrow{Sma\ I} 5'\text{-CCC} + GGG\text{-}3'$$
$$3'\text{-GGG}\blacktriangle\text{CCC-}5'\qquad\ \ 3'\text{-GGG}\ \ CCC\text{-}5'$$

③ 特殊性质的 II 型限制酶。

a. 同裂酶：又称异源同工酶，是从不同的原核生物中分离出来的不同的酶。它们识别相同的序列，在切割 DNA 时，其切割点可以是相同的，也可以是不同的。例如：Aha III 和 Dra I 的识别和切割序列都相同，产生平端：

$$5'\text{-TTT}\blacktriangledown\text{AAA-}3' \xrightarrow[Dra\ I]{Aha\ III} 5'\text{-TTT} + AAA\text{-}3'$$
$$3'\text{-AAA}\blacktriangle\text{TTT-}5'\qquad\ \ 3'\text{-AAA}\ \ TTT\text{-}5'$$

又如 Kpn I 和 Asp 718 I 的识别位点相同，但切割位点不相同，前者产生 3′黏性末端，后者产生 5′黏性末端：

$$5'\text{-GGTAC}\blacktriangledown\text{C-}3' \xrightarrow{Kpn\ I} 5'\text{-GGTAC} + C\text{-}3'$$
$$3'\text{-C}\blacktriangle\text{CATGG-}5'\qquad\ \ 3'\text{-C}\ \ \ CATGG\text{-}5'$$

$$5'\text{-G}\blacktriangledown\text{GTACC-}3' \xrightarrow{Asp718\ I} 5'\text{-G} + GTACC\text{-}3'$$
$$3'\text{-CCATG}\blacktriangle\text{G-}5'\qquad\ \ 3'\text{-CCATG}\ \ \ G\text{-}5'$$

b. 同尾酶：有些限制酶的识别序列不同，但是它们作用后产生相同的黏性末端，故称为同尾酶。例如 Mbo I、Bam H I、Bgl II 的识别切割序列分别为：

$$5'\text{-}\blacktriangledown\text{GATC-}3'\qquad\quad 5'\text{-G}\blacktriangledown\text{GATCC-}3'\qquad\quad 5'\text{-A}\blacktriangledown\text{GATCT-}3'$$
$$3'\text{-CTAG}\blacktriangle\text{-}5'\qquad\quad 3'\text{-CCTAG}\blacktriangle\text{G-}5'\qquad\quad 3'\text{-TCTAG}\blacktriangle\text{A-}5'$$

c. 可变酶：这是一个特例，它们识别序列中的 1 个或几个碱基是可变的，并且识别序列往往超过 6 个 bp。如 Bstp I，其识别序列为 GGTNACC，其中 N 即为一个可变的核苷酸。

4. 限制酶的应用

限制酶除作为基因工程中剪切 DNA 的工具外，还广泛应用于分子生物学研究的各个领域，包括基因同源性比较、测定基因的核苷酸序列、基因组 DNA 分析、基因突变与遗传性疾病的诊断等。例如 DNA 分子如具有某种限制酶切位点，该酶就能对之剪切，产生特异片段；而不同的 DNA 分子由于序列不同，酶切产生的片段也就不同，由此就能获得不同 DNA 分子的不同物理图谱。

二、DNA 聚合酶

1. DNA 聚合酶 I

DNA 聚合酶 I 是从 $E.coli$ 中发现的第一个 DNA 聚合酶。此酶是一个多功能酶，有 3 种酶活性。应用于：①催化 DNA 缺口平移反应，制备高比活性 DNA 探针；②第二条 cDNA 链的合成；③对 DNA 3′突出末端标记；④DNA 序列分析。

2. Klenow 片段

用枯草杆菌蛋白酶可将 DNA 聚合酶 I 裂解为 36kD 和 76kD 两个片段，大片段称为 Klenow 片段（图 16-1）。它具有 5′→3′聚合酶活性及 3′→5′外切酶活性，而失去了 5′→3′外切酶活性。它具有的 3′→5′外切酶活性能保证 DNA 复制的准确性，把 DNA 合成过程中错误配对的核苷酸去除，再把正确的核苷酸接上去。

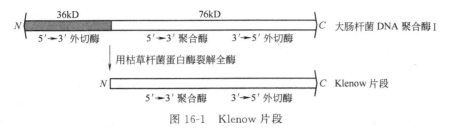

图 16-1　Klenow 片段

Klenow 片段的主要用途有：①补齐双链 DNA 的 3′末端；②通过补齐 3′端使 3′末端标记；③在 cDNA 克隆中，用于第二股链的合成；④DNA 序列分析。

3. TaqDNA 聚合酶

TaqDNA 聚合酶是一种依赖 DNA 的耐热 DNA 聚合酶，该酶最初由一种嗜热水生菌中提取并纯化，目前已能通过基因工程技术大量生产。TaqDNA 聚合酶主要用于聚合酶链反应（PCR）中，能以 DNA 为模板，以结合在模板上的引物为起点，以 dNTP 为原料，按碱基配对方式，从 5′→3′方向合成新的 DNA 链。TaqDNA 聚合酶在 70～75℃时具有最佳的生物活性，随着温度的降低，酶活性明显下降。同时此酶缺乏 3′→5′外切酶活性，无校正功能。

三、逆转录酶

以 RNA 为模板合成 DNA 的 DNA 聚合酶称为逆转录酶，合成的 DNA 产物称为互补 DNA（cDNA）。逆转录酶应用于：①将 mRNA 逆转录成 cDNA，构建 cDNA 文库；②补平和标记 5′末端突出的 DNA 片段；③代替 Klenow 片段用于 DNA 序列分析；④制备杂交探针等。

四、DNA 连接酶

DNA 连接酶催化双链 DNA 一端 3′端羟基与另一双链 DNA 的 5′端磷酸基连接，形成 3′,5′-磷酸二酯键，使具有相同黏性末端或平端的 DNA 末端连接起来。从而把两个 DNA 分子连接起来，或连接双链 DNA 中 1 条链的切口。基因工程中最常用的 DNA 连接酶是由 T₄噬菌体编码的 T₄DNA 连接酶。

DNA 连接酶的底物要求：两个双链 DNA 片段间存在互补的黏性末端或平头末端；或 1 条带有切口的双链 DNA 分子。其催化反应需要 ATP 作为辅助因子。

五、碱性磷酸酶

碱性磷酸酶能去除 DNA 或 RNA 5′端的磷酸基团。制备载体时，用碱性磷酸酶处理后，可防止载体自身连接，提高重组效率。

六、末端脱氧核苷酸转移酶

末端脱氧核苷酸转移酶（TdT），简称末端转移酶。它的作用是将脱氧核苷酸加到 DNA 的 3′端羟基上，主要用于探针标记；或者在载体和待克隆的片段上形成同聚物尾，以便于进行连接。

第二节　基因克隆常用的载体

载体是指能在连接酶作用下和外源 DNA 片段连接，实现外源 DNA 的无性繁殖或表达有意义的蛋白质所采用的 DNA 分子。载体的设计和应用是基因工程中的一个重要环节。

一、载体的分类

目前用于基因工程中的载体有克隆载体和表达型载体。

1. 克隆载体

用来克隆和扩增 DNA 片段的载体为克隆载体。可充当克隆载体的 DNA 包括质粒、噬菌体以及病毒等。它们在分子大小、结构、用途等诸多方面存在很大差异，但作为载体必须具备以下基本条件：①需有自身的复制子，能借助自身的复制和调控系统对携带的目的基因进行复制增殖；②具备单一切口的限制酶识别位点（多克隆位点），易于外源 DNA 分子与载体连接及重组；③具有多个利于选择和筛选的遗传表型或标志，包括耐药性、营养缺陷型、噬菌斑形成及显色反应等；④有足够的容量以容纳外源 DNA 片段，同时具有拷贝数高、易与宿主细胞的 DNA 分离并易提取、抗剪切力强等特点；⑤可导入受体细胞。

2. 表达型载体

为使插入的外源 DNA 序列转录，进而翻译成多肽链而设计的载体称表达型载体。表达型载体除具有克隆载体所具有的特性外还具备表达系统元件。原核表达载体的表达系统元件是启动子-核糖体结合位点-克隆位点-转录终止信号。真核表达载体的表达系统元件是增强子-启动子-克隆位点-终止信号和 poly（A）信号。

二、常用的载体

1. 质粒

质粒是细菌染色体外的遗传单位，是一种环状的双链 DNA 分子，其结构比病毒更简单，无蛋白外壳，也无细胞外的生命周期，是仅能存在于宿主细胞质内、独立于染色体的、能自主复制的遗传成分。作为克隆载体的质粒应具备下列特点。

（1）分子量相对较小，能在细菌内稳定存在，有较高的拷贝数　一种质粒在 1 个细胞中存在的数目，称为质粒的拷贝数。根据宿主细胞所含质粒的拷贝数，可将质粒分为两种复制型，一种是低拷贝数的"严紧型"质粒，每个宿主细胞仅含 1~4 份拷贝；另一种是高拷贝数的"松弛型"质粒，每个宿主细胞可达 10~100 份拷贝。

（2）具有一个以上的遗传标志　具有一个以上的遗传标志，便于对宿主细胞进行选择，如抗生素的抗药基因和营养代谢基因等。

① 氨苄青霉素抗性基因（amp^R）：此基因编码 β-内酰胺酶，该酶能水解氨苄青霉素 β-内酰胺环，使之失效而使细菌产生耐药。

② 四环素抗性基因（tet^R）：该基因编码一种膜相关蛋白以阻止四环素进入细胞。

③ *E. coli* 的 *Lac Z* 基因：*Lac Z* 基因编码半乳糖苷酶，能分解一种有色底物 5-溴-4-氯-3-吲哚-β-D-半乳糖苷（X-gal），产物呈蓝色。用含有 X-gal 的培养基培养细菌时，在乳糖操纵子诱导物异丙基-β-D-硫代半乳糖苷的作用下，细菌合成半乳糖苷酶，分解 X-gal，菌落变为蓝色；如果 *Lac Z* 基因被外源 DNA 分子插入而遭到破坏，则不能生成相应的半乳糖苷酶，菌落为白色。通过观察菌落的颜色，能方便地进行基因克隆的筛选工作。

（3）具有多克隆位点　多克隆位点是指具有多种限制酶识别序列的一段 DNA 序列，便于外源基因的插入。

目前，已有一系列符合上述要求的质粒作为商品供应，被广泛用于 DNA 分子克隆。如 pBR322 质粒，长度为 4400bp，含有氨苄青霉素和四环素的抗性基因，在氨苄青霉素和四环素的抗性基因中间有限制性酶切位点，便于外源基因的插入和筛选（图 16-2）。

另一种广泛应用的质粒是 pUC 系列，由 pBR322 的氨苄青霉素抗性基因和复制起始点（*ori*）以及 *E.coli Lac Z* 基因片段构成，在 *Lac Z* 基因中增加了多克隆位点，全长 3000bp，可以利用 *Lac Z* 基因进行颜色筛选（蓝白筛选）。pUC 系列不同成员的区别在于多克隆位点中限制酶识别位点的数目不同（图 16-3）

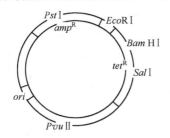
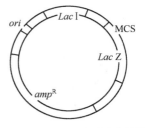

图 16-2　pBR322 质粒简图　　　　　　图 16-3　pUC 系列质粒简图

质粒一般只能容纳小于 10000bp 的外源 DNA 片段。一般来说，外源 DNA 片段越长，越难插入，转化效率也就越低。

2. λ 噬菌体

噬菌体是感染细菌的病毒，是最早开发和应用的基因工程载体。用作克隆载体的噬菌体有 2 种：一种是 λ 噬菌体，另一种是 M13 噬菌体。它们的基因结构与生物学性状各不相同，用途也不相同。

λ 噬菌体的基因组 DNA 长度约为 50000bp，基因组比较复杂，共含有 66 个基因。从 λ 噬菌体颗粒中分离出的 DNA 分子为双链线状，在其末端分别具有突出的 12bp 的互补单链，是天然的黏性末端，称为 COS 位点（图 16-4）。当感染细菌后，λ 噬菌体借 COS 位点互补连接形成双链环状结构，并能以滚环方式复制。噬菌体感染细菌后可进行溶菌性生长和溶源性生长。溶菌性生长是指噬菌体感染细菌后，连续增殖，直到细菌裂解，释放出来的噬菌体又可感染其他细菌。溶源性生长是指噬菌体感染细菌后，可将自身的 DNA 整合到细菌的染色体中去，和细菌的染色体一起复制，并可遗传给子代细胞，宿主细胞不被裂解，而在每个宿主体内也仅含 1 个 λ 噬菌体的拷贝。

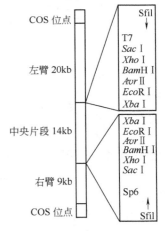

图 16-4　λ 噬菌体结构

为增加克隆载体插入外源基因的容量，还设计了柯斯质粒载体、细菌人工染色体载体（BAC）和酵母人工染色体载体（YAC）。为适应真核细胞重组 DNA 技术的需要，特别是为满足真核基因表达或基因治疗的需要，发展了一些用动物病毒 DNA 改造的载体，如腺病毒载体、逆转录病毒载体等。

第三节　重组 DNA 基本原理

自然界不同物种或个体之间的基因转移和重组是经常发生的，它是基因变异和物种演变、进化的基础。人类在进行基因克隆、动物克隆、植物克隆以及基因治疗等科学实验和实

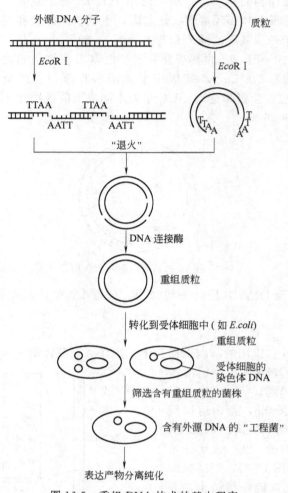

图 16-5　重组 DNA 技术的基本程序

践中所进行的基因操作也离不开基因转移和重组。这种人工操作基因的过程就是重组 DNA 技术。重组 DNA 技术可用于不同的目的，如克隆某个特定的基因、建立基因文库和 cDNA 文库等。目的不同，在制备目的基因、选择载体以及鉴定重组体等方面也有所不同，需预先制订方案。

一个完整的 DNA 重组过程（基本程序）应包括：分——目的基因和载体的获得，接——目的基因和载体的连接，转——重组体的导入，筛——重组体的筛选。

图 16-5 是以质粒为载体进行 DNA 克隆的模式图。

一、目的基因的获取

目的基因是指所要研究或应用的基因，也是需要克隆或表达的基因。目的基因的制备依据构建 DNA 重组体的目的可采用不同的方法（表 16-2）。

1. 制备基因组 DNA

采用限制酶将基因组 DNA 切成片段，每一 DNA 片段都与一个载体分子拼接成重组 DNA。将所有的重组 DNA 分子都引入宿主细胞并进行扩增，得到分子克隆的混合体，这样一个混合体称

为基因文库。基因文库就像图书馆库存万卷书一样，涵盖了基因组全部遗传信息，也包括人

表 16-2　几种获得目的基因的方法及其应用

目的基因来源	可获得的基因	主要应用范围	附　注
基因组文库	该生物所有基因	①基因原始结构、功能的分析与研究；②与 cDNA 文库中相同基因对比分析内含子、外显子及调控领域；③发现及研究非表达与未表达基因；④人类及其他动物基因组计划	
cDNA 文库	所有表达的基因	①基因结构、功能、调节的研究；②基因表达，合成特种肽或蛋白质；③研究生物进化与同源性分析；④对比研究异常基因	①不同组织细胞的 cDNA 文库有差异；②不能研究基因组的结构与功能
PCR 扩增	生物样品中的任一基因	①诊断带有异常外源基因（如病毒）、变异基因（肿瘤、遗传病等）的疾病；②合成特异基因；③合成特异探针	扩增错误概率较高，不用于特异目的基因结构分析
人工合成	已知 DNA 序列且片段较短的基因	①短肽或小分子蛋白质基因合成；②合成特异探针	不能合成未知基因

们感兴趣的基因（目的基因）。与一般图书馆不同的是，基因组 DNA 文库没有图书目录。建立基因文库后需结合适当的筛选方法从菌落中选出含有某一基因的菌落，再行扩增，将重组 DNA 分离、回收，获得目的基因的克隆。

2. 制备 cDNA

以 mRNA 为模板，利用逆转录酶合成其互补 DNA，再复制成双链 cDNA 片段，与适当载体连接后转入受体菌，扩增为 cDNA 文库。与上述基因组 DNA 文库类似，它包含了细胞全部 mRNA 信息，也含有人们感兴趣的目的基因。然后，采用适当方法从 cDNA 文库中筛选出目的 cDNA。当前发现的蛋白质的编码基因大多数都是这样分离得到的。

构建 cDNA 文库前，必须先从细胞中提取高质量的 mRNA。因 mRNA 均有 poly（A）尾，可用 $12\sim18$ 寡聚 d（T）片段作为引物，加入 4 种 dNTP，用逆转录酶催化第一股 DNA 链的合成。然后，用 RNase 去掉 mRNA，剩下的单链 DNA 的 $3'$ 端往往有自发回折（原因不明）形成的发夹结构，正好可以作为合成第二条 DNA 链的引物；由 DNA 聚合酶催化第二股链的合成，即得到双链 DNA 的混合体；采用 S1 核酸酶处理，可得到平端的双链 cDNA。

3. 聚合酶链反应

在有模板 DNA、特别设计合成的相关引物及合成 DNA 所需要的三磷酸脱氧核苷存在时，向 DNA 合成体系引入热稳定的 TaqDNA 聚合酶，以代替普通的 DNA 聚合酶。在多次热循环后，TaqDNA 聚合酶仍然具有活性，因此反应体系经变性、退火及延伸的反复多次循环自动进行的目的 DNA 片段的酶促合成，使反应物按指数增长，这就是聚合酶链反应。这是在已知序列的情况下获得目的 DNA 最常用的方法。

4. 人工合成基因

人工合成基因需事先知道目的基因的结构与核苷酸序列及其他相关的基因信息。应用 DNA 测序技术能测定基因的核苷酸序列，同时也可以通过氨基酸序列分析反推核苷酸序列。目前常用化学合成技术合成 DNA 分子，并已能在 DNA 合成仪上完成。基因的化学合成对于短片段（$20\sim30$bp）的合成效率较高。对于较长的基因片段的合成必须先按照已知的 DNA 序列将其划分为较短的片段，由合成仪分段合成，再拼接成大片段。

二、目的基因与载体的连接

不同来源的 DNA 片段通过限制酶切断或机械力剪切后，可以在体外重新连接起来，形成重组 DNA。目前所有的 DNA 连接反应都是由 T_4 DNA 连接酶催化的。根据目的 DNA 片段的来源以及连接目的的不同，体外连接反应主要有以下 4 种。

1. 黏性末端连接

这种方法适用于插入片段和载体分子具有相同的黏性末端，相同的黏性末端在 DNA 连接酶作用下很容易重新连接在一起（图 16-5）。不过载体分子需要用碱性磷酸酶处理，去除 $5'$ 端磷酸基团以防止载体自身环化连接。此种方法也适用于不同内切酶产生的互补黏性末端，但重新连接成的 DNA 序列不能再被原限制酶所识别，而不利于从重组 DNA 上将插入片段重新酶切下来。

2. 平头末端连接

某些 DNA 分子末端并不是黏性结构，而是平头结构，在 T_4 DNA 连接酶的作用下同样能进行连接。而且对于具有 $3'$ 端或 $5'$ 端突出的黏性末端切口，在经过 DNA 聚合酶 I Klenow 片段的补平以后，也可利用平头末端连接法进行连接。这对于具有不相互补的黏性末端 DNA 分子间的连接具有重要意义。平头末端连接法还可用于原酶切位点的恢复或创造新的酶切位点。但是这种连接方式效率较低，应适当增加酶量、提高反应中底物的浓度并延长反应时间。与黏性末端连接法一样，载体分子也需要用碱性磷酸酶处理，去除 5′ 端磷酸基团以防止载体自身环化连接。

　　3. 人工接头法

　　DNA 分子的人工接头是含有常用限制酶识别序列的 DNA 片段。通常采用化学合成技术按需要合成。接头大小一般为 8～12 个 bp。接受此接头的 DNA 分子应具有平头末端，对于黏性末端应首先将其修饰成平头结构。人工接头主要用于在 DNA 分子的平头末端上添加新的内切酶位点，产生黏性末端，以提高连接效率。目前此方法常用于基因克隆、文库构建等操作中。通常在 T₄ DNA 连接酶的作用下，将接头连接在 DNA 分子的两端，然后用相应的限制酶酶切，产生黏性末端，再按黏性末端连接法进行操作（图 16-6）。

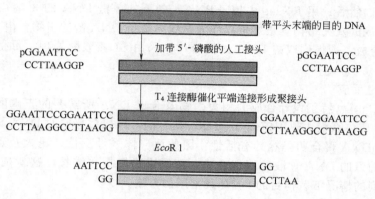

图 16-6　在目的基因的平头末端连接人工接头

　　4. 同源多聚尾连接法

　　末端脱氧核苷酸转移酶能催化脱氧核苷酸逐个添加到单链、双链 DNA 分子的 3′ 末端羟基上。利用这一性质，在线形载体分子的两端加上单一核苷酸如 dT 组成的多聚尾；而在目的 DNA 分子的两端加上 dT 尾，所加的多聚尾长度没有严格限制，因此目的 DNA 分子与载体分子可通过多聚尾的同源互补连接在一起。重组分子中存在的缺口在导入宿主菌后，可在细菌体内有关酶的作用下自行修复。末端脱氧核苷酸转移酶的最适底物是具有 3′ 端突出的双链 DNA。因此对于平头末端或 5′ 端突出的 DNA 分子，需要先用核酸外切酶处理，切除部分碱基，以形成 3′ 端突出结构（图 16-7）。同源多聚尾连接法要求 DNA 分子内部必须完整，即两个 DNA 链间不存在缺口，否则末端脱氧核苷酸转移酶也会在 3′-OH 上加入多聚尾，破坏 DNA 分子的活性。

三、重组 DNA 导入宿主细胞

　　外源 DNA（含目的 DNA）与载体在体外连接成重组 DNA 分子后，需将其导入受体细胞（形成转化子）。随着受体细胞生长、增殖，重组 DNA 分子也复制、扩增，这一过程即为无性繁殖。筛选出的含目的 DNA 的重组体分子即为一无性繁殖系或克隆。进行无性繁殖时所采用的受体细胞又称宿主细胞，在选择适当的受体细胞后，经特殊方法处理，使之成为感受态细胞，具备接受外源 DNA 的能力。感受态细胞分为原核细胞和真核细胞两类，原核细胞主要是 *E. coli*、链球菌及枯草杆菌等，可用于重组体复制与表达。真核细胞包括酵母、昆虫细胞和哺乳动物细胞等，主要用于外源真核基因的表达。

　　在基因克隆技术中，将质粒 DNA 及其重组体导入细菌的过程称为转化；将病毒及其重组体导入受体细胞称为转染；将噬菌体及其重组体导入受体细胞称为转导。

四、重组 DNA 的筛选与鉴定

基因克隆最后一道工序就是从转化菌落中筛选含有阳性重组体的菌落，并鉴定重组体的正确性。通过细菌培养、重组体扩增，获得足量靶基因片段，供进一步研究该基因及其表达产物的结构和功能的需要。

不同的克隆载体及其相应的宿主系统，其重组体的筛选鉴定方法不尽相同，概括起来有以下几类。

1. 平板筛选

平板筛选即利用载体的遗传标记直接筛选，如质粒具有抗药性标记，经转化宿主细胞后，含重组体的菌落能在有抗生素（Amp 或 Tet）的培养平板上生长；而未转化的细胞则不能生长。这样可从大量的细胞群体中筛选鉴定转化子与非转化子。对噬菌体来说，噬菌斑的形成就是选择的特征。

（1）插入失活　许多载体带有抗药性基因，当外源 DNA 序列插入某一抗药基因内，该基因就会失活。根据这一特性，设计药物平板即可

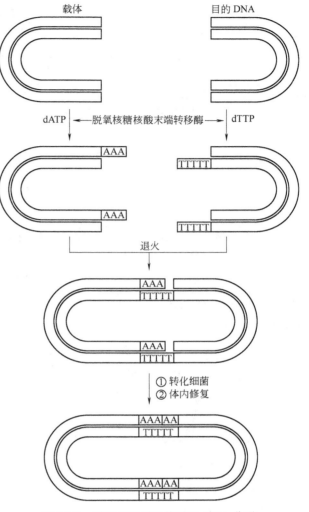

图 16-7　同源多聚尾连接重组 DNA 分子

初步筛选鉴定转化子和非转化子，如 pBR322 的 DNA 中有 amp^R 和 tet^R 标记基因，在这两个抗药基因内都有限制性酶切位点。如在 Bam H I 位点上插入外源基因后［图 16-8（a）中的 B 段］，造成 tet^R 基因失活即插入失活。含该重组体的转化细胞只能在 Amp 平板上生长，而不能在 Tet 平板上生长；若在 Amp 和 Tet 平板上都能生长，则可能是 pBR322 自身成环后的转化子；未转化细胞在两种抗生素平板上都不能生长［图 16-8（b）］。

（2）蓝-白筛选　蓝-白筛选法是利用蓝色化合物的形成作为指示剂，筛选含有编码 β-半乳糖苷酶的基因。β-半乳糖苷酶是一种把乳糖分解成葡萄糖和半乳糖的酶，最常用的 β-半乳糖苷酶基因来自 $E.coli$ 的 Lac Z 操纵子，它使载体只带有 $E.coli$ 乳糖操纵子的调节序列和编码 β-半乳糖苷酶 N 末端 146 个氨基酸的序列，该序列表达半乳糖苷酶的 α 片段，但单独存在的 α 片段无活性。只有与宿主编码 β-半乳糖苷酶 C 端部分的基因同时表达，才产生有活性的酶，这一过程称 α-互补。当载体带有 Lac Z 调节序列和编码 β-半乳糖苷酶 N 末端 146 个氨基酸的序列，而宿主中该部分序列缺陷、其他部分完整时，它们可通过共同表达，在 $E.coli$ 内形成一个具有酶活性的蛋白质，能分解底物 X-gal，产生蓝色化合物。诱导物 IPTG 可诱导 α 片段的合成，使细菌在含 X-gal 培养基的平板上形成蓝色菌落。当在 $Lac\ Z$

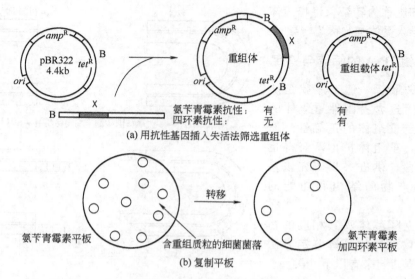

(a) 用抗性基因插入失活法筛选重组体

(b) 复制平板

图 16-8　抗生素平板筛选

基因中插入外源 DNA 时，可使 β-半乳糖苷酶的氨基末端失活，从而不能进行 α-互补，因此带有重组质粒的细菌产生白色菌落（图 16-9）。

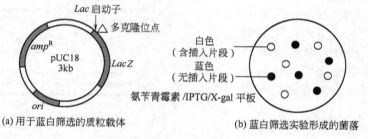

(a) 用于蓝白筛选的质粒载体　　　　　(b) 蓝白筛选实验形成的菌落

图 16-9　蓝-白筛选

2. 限制酶切图谱鉴定

对经初步筛选鉴定的含有重组体的菌落，应小量培养后再分离重组 DNA，用 1~2 种相应限制酶切下插入片段，经凝胶电泳，首先确定有插入片段而且其长度相符的菌落，再用适当的内切酶鉴定插入方向，用多种酶制作和分析插入片段的酶谱图。

3. PCR 筛选重组体

对小量抽提的重组 DNA 进行 PCR 分析，不但可迅速扩增插入片段，而且可以直接进行 DNA 序列测定。对于原核系统或真核系统表达型重组体，其插入片段的序列正确性是非常关键的，故有必要对重组体进行序列测定。

4. 原位杂交技术

迄今最为通用的筛选重组体技术是菌落或噬菌斑原位杂交技术，它是先将转化菌直接铺在硝酸纤维素薄膜或琼脂平板上，再转移至另一硝酸纤维素薄膜上，用放射性同位素标记的特异 DNA 或 RNA 探针进行分子杂交，然后挑选阳性克隆菌落。本方法能进行大规模操作，一次可筛选 $5\times10^5 \sim 5\times10^6$ 个菌落或噬菌斑，对于从基因文库中挑选目的重组体是一项首选的方法。

五、重组体在宿主细胞中的表达和调控

在原核细胞、真核细胞之间，转录的起始、终止和翻译的起始调节因子，以及翻译后的

加工过程截然不同。因此，克隆基因表达有 3 个条件：①基因的编码区不能含插入序列；②基因转录要有启动子，而启动子必须能被宿主细胞的 RNA 聚合酶有效地识别；③mRNA 必须相当稳定，并有效地被翻译，产生的外源蛋白质必须不为宿主细胞的蛋白酶所降解。

基因工程中的表达载体适于在受体细胞中表达外源基因。构建原核有效表达载体，需要有一个强启动子及其两侧的调控序列，在克隆基因和启动子之间要有正确的阅读框架。任一外源基因只有被正确地插入载体，并置于 *E. coli* 表达信号的控制之下，该基因才可能被转录和翻译出来。

随着基因工程研究的进展，现已能使克隆的一些外源真核基因在 *E. coli* 中获得表达，如胰岛素基因、生长激素释放抑制因子基因等。此外，利用各种先进的基因导入技术及细胞培养方法已成功实现了外源基因在动物、植物及酵母等真核宿主细胞中的表达。

第四节　聚合酶链反应技术

一、概述

聚合酶链反应（PCR）技术，简称 PCR 技术。该技术是一种在体外进行的由引物介导的 DNA 序列酶促合成反应，又称为基因扩增技术。能在试管内扩增核酸靶序列，使其增加 $10^6 \sim 10^9$ 倍，极大地提高了检测灵敏度。PCR 技术已迅速渗透到了分子生物学领域，极大地推动了生物学和医学的发展。它不仅在基因诊断，同时在基因分离、克隆，核酸序列分析，突变体和重组体的构建，基因表达调控研究等方面得到了广泛应用。

PCR 技术具有灵敏度高、特异性强、操作简便、省时、对待检原始材料质量要求不高等特点，能够快速特异地扩增任何 DNA 片段。

1. 原理

采用 PCR 技术进行的基因扩增过程类似于体内 DNA 的复制过程。不同之处是使用耐热的 TaqDNA 聚合酶取代 DNA 聚合酶，用合成的 DNA 引物替代 RNA 引物。PCR 全过程由 DNA 模板变性、模板与引物结合和引物延伸 3 个步骤组成，具体过程如下（图 16-10）。

（1）DNA 模板的变性　将待扩增的 DNA 置于高温下（95℃左右）变性，使双链解开变成单链，而游离于反应体系中。

（2）模板与引物的结合　在降温退火过程中，预先加入反应体系中的两种引物将分别同待扩增 DNA 两股链的 3′端的核苷酸序列进行互补结合，配对复性。在反应体系中添加的引物要远多于起始 DNA 分子数，所以在退火过程中引物与模板 DNA 互补结合的概率远远大于 DNA 分子自身的复性。

（3）引物延伸　将反应体系调节到所选用的 TaqDNA 聚合酶的最适温度（70℃左右），在有 4 种 dNTP 底物存在的条件下，聚合酶按照碱基互补原则，从引物的 3′端合成新的 DNA 链。引物链也被整合进扩增产物中，新合成的 DNA 链则可作为下一次循环的模板。

PCR 反应就是上述 3 个步骤组成的循环过程，其中每

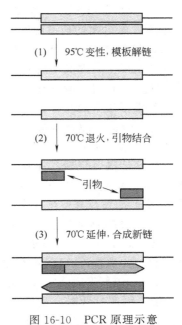

图 16-10　PCR 原理示意

一步骤都是通过温度的改变来控制的，每 1 次循环称为一个周期。每 1 个周期所产生的 DNA 均能成为下一个周期的模板，所以 PCR 产物是呈指数扩增，即 PCR 的扩增倍数 $T = 2^n$（n 为循环次数）。经过 30 次周期后 DNA 产量理论上可达 2^{30} 个拷贝，约为 10^9 个拷贝，实际上一般可达到 $10^6 \sim 10^7$ 个拷贝。

2. PCR 反应各要素及其作用

PCR 反应的要素主要包括模板（DNA/RNA）、DNA 聚合酶、引物、三磷酸脱氧核苷（dNTP）、缓冲液与 Mg^{2+}、反应温度、循环次数、PCR 仪等。

（1）模板　PCR 反应的模板可以是 DNA 分子或 RNA 分子。PCR 反应的模板需要量一般为 $10^2 \sim 10^5$ 个拷贝，模板量合适，可以减少 PCR 多次循环所致的碱基错配的发生率。DNA 模板通常以线性结构为佳，因为环状 DNA 复性较快。若用 RNA 作模板，应先进行逆转录生成 cDNA，再进行常规 PCR 循环，此法称为 RT-PCR。

（2）耐热 DNA 聚合酶　耐热 DNA 聚合酶是 PCR 反应最重要因素之一。目前用于 PCR 的耐热 DNA 聚合酶有多种，主要有 TaqDNA 聚合酶、VENTDNA 聚合酶、TthDNA 聚合酶等，其中 TaqDNA 聚合酶目前在 PCR 中应用最广泛。TaqDNA 聚合酶是从一种可在 90℃ 环境中生长的嗜热水生菌（thermus aquaticus，简称 Taq）YT-1 菌株中分离提纯的，现已克隆了该酶基因，并获得其重组聚合酶。TaqDNA 聚合酶基因全长 2496bp，编码 832 个氨基酸。TaqDNA 聚合酶具有 $5' \rightarrow 3'$ 聚合酶活性和 $5' \rightarrow 3'$ 外切酶活性，缺乏 $3' \rightarrow 5'$ 外切酶活性，因此该酶无纠错功能。该酶有较高的热稳定性，在 92.5℃、95℃、97.5℃ 时，其半衰期分别为 40min、30min 及 $5 \sim 6$min。因而 PCR 反应变性温度一般为 94℃，处理时间通常为 $30 \sim 60$s，如果以 30 个周期累计，变性时间为 $15 \sim 30$min。一次性加入 TaqDNA 聚合酶时可以满足 PCR 反应全过程需要。

（3）引物　PCR 反应的首要条件是设计一对人工合成的寡核苷酸引物。该对引物的序列必须与模板 DNA 的两个 $3'$ 端互补，即在已知序列的模板 DNA 待扩增区两端各设计一条引物，分别对应于有意义链和无意义链的 $3'$ 端。该对引物决定 PCR 扩增产物的大小及其准确性。因此引物设计及合成的质量优劣直接关系到扩增能否成功。对引物的基本要求有：①引物长度以 $15 \sim 30$ 个碱基为宜，因为过长（如大于 38 个碱基）则最适延伸温度会超过 TaqDNA 聚合酶的最适温度（74℃），会影响产物的特异性。②G+C 的含量一般为 $40\% \sim 60\%$。③四种碱基分布的随机性。不要有数个嘌呤或嘧啶的连续排列，以避免同一碱基连续出现 3 次以上，尤其不应有 3 个连续 G 或 C，否则会使引物与核酸的 G 或 C 富集区错误互补。④引物自身不应存在互补序列，否则引物自身会形成发卡式二级结构。⑤两个引物之间不应有多于 4 个的互补，尤其避免 $3'$ 端的碱基互补，以免形成引物二聚体。⑥引物的延伸是在 $3'$ 端开始，$3'$ 端不能进行任何修饰。在 $3'$ 端应尽量避免的第一个碱基是 A，也不要是编码密码子的第三个碱基，前者错配率高而后者可因简并性而影响扩增特异性。⑦引物的 $5'$ 端是可以修饰的，包括：加酶切位点，标记生物素、荧光素、地高辛等，引入突变位点、启动子序列，蛋白质结合 DNA 序列等。⑧引物要有特异性。引物与非特异结合区之间的同源性不要超过 70% 或有连续 8 个互补碱基，否则会导致非特异性扩增。

（4）缓冲液与 Mg^{2+}　缓冲液为 PCR 反应提供合适的偏碱环境与某些离子，常用 $10 \sim 50$mmol/L Tris-HCl（pH8.3 $\sim$ 8.8，20℃）缓冲液。缓冲液中 50mmol/L 的 KCl 有利于引物退火，为保护 TaqDNA 聚合酶的稳定性可加入 100μg/mL 牛血清白蛋白、0.01% 明胶、$0.05\% \sim 0.1\%$ Tween20 或 5mmol/L 二巯苏糖醇。TaqDNA 聚合酶活性与 Mg^{2+} 浓度有关。当 Mg^{2+} 浓度过低时，酶活力显著降低；而 Mg^{2+} 浓度过高时，使反应特异性降低。一般 Mg^{2+} 的总量应比 dNTP 的浓度高 $0.2 \sim 2.5$mmol/L。

（5）dNTP 浓度、比例　dNTP 是 PCR 反应的原料。高浓度 dNTP 易产生错误掺入，而浓度过低，则降低反应产物的产量。PCR 反应常用 $50\sim200\mu mol/L$ 的 dNTP，不低于 $10\sim15\mu mol/L$。4 种 dNTP 的浓度应相同，如果其中任何一种 dNTP 的浓度明显不同于其他几种（偏低或偏高）时，会诱发聚合酶的错误掺入，降低合成速度，过早终止延伸反应。

（6）参数

① 变性温度与时间。变性是 PCR 反应的基础，若不能使模板 DNA 及 PCR 产物完全变性，PCR 就不可能成功。一般选择 94℃、30s，可使各种复杂的 DNA 分子变性。

② 退火温度与时间。退火（复性）温度决定 PCR 反应的特异性。退火温度与时间取决于引物的长度、浓度和碱基组成 [（G+C）含量]。合适的退火温度应比引物在 PCR 反应条件下真实 T_m 值低 5℃。退火反应时间一般为 $30\sim60s$。

③ 延伸温度与时间。PCR 反应延伸温度一般为 $70\sim75℃$（TaqDNA 聚合酶活性最高温度），常选择 72℃。TaqDNA 聚合酶每秒钟掺入核苷酸在 $35\sim100$ 个，2000 个碱基对长度的片段用时 1min 是足够的。

④ 循环次数。PCR 反应循环次数主要取决于模板 DNA 的浓度，理论上在 $20\sim25$ 次循环后，PCR 产物的累积可达最大值。在 PCR 反应后期，扩增产物量的增加并不以指数方式产生，此时称为平台效应。导致平台效应的因素有 dNTP 与引物浓度降低、酶与模板比例相对减少、酶活力下降，以及随着产物浓度增高变性不完全而影响延伸等。

3. PCR 产物分析

PCR 产物分析是 PCR 检测的重要组成部分，依据检测目的和对象可采取不同的分析方法。

（1）凝胶电泳分析法　可用琼脂糖电泳或聚丙烯酰胺凝胶电泳检测 PCR 扩增产物的大小。在待测靶序列拷贝数多，而且扩增出 1 个条带的情况下，凝胶电泳法可满足检测需要。电泳应有标准 DNA 分子量标志物（DNA marker）作平行参照，而且凝胶中加溴化乙锭，电泳结束后在紫外检测仪下观察结果并拍照，判断扩增产物片段大小是否符合设计要求。

（2）点杂交分析法　点杂交分析法适于扩增产物是多条带时的检测。该方法有助于检测突变 DNA 类型，用于人类遗传病诊断和某些基因分析。其方法有两种，其一是将扩增产物直接固定于固定相膜上，每一个探针制备一张膜，然后用不同的等位基因或某一微生物特异探针在严格条件下杂交，来检测扩增产物的突变类型或鉴定病原体；其二是将不同的探针固定在尼龙膜上，再用有标记的扩增产物与之杂交，来判断产物序列变异的类型。扩增产物的标记可以用有标记引物扩增或在扩增时掺入标记物实现。

二、常用的几种 PCR 反应

PCR 反应问世后，由于其很高的实用性而被广泛采用。而方法本身又在使用中不断地得到创新与发展，形成了一系列的可适用于不同目的的特殊方法。现将常用的几种介绍如下。

1. 反转录 PCR

反转录 PCR（RT-PCR）以 RNA 分子为模板进行扩增。首先要进行反转录产生 cDNA，然后进行常规的 PCR 反应。使用本法甚至可对单个细胞中少于 10 个拷贝的 RNA 进行定量。RT-PCR 主要用于克隆 cDNA、检测 RNA 病毒、合成 cDNA 探针。

RT-PCR 的关键步骤是 RNA 反转录，由 cDNA 进行 PCR 反应与一般 PCR 反应无差别。用作模板的 RNA 可以是总 RNA，但要求 RNA 样品的纯度高，易降解，因此要严格地进行 RNA 提取、纯化。

2. 定量 PCR

对基因表达的研究需要定量，主要是对 mRNA 定量，这是在转录水平的研究。PCR 反应很灵敏，酶、模板、引物、Mg^{2+}等因素均可影响结果的准确性，因此，定量时要设立内参照，并且参照基因与待测基因在同一反应管内进行反应。

3. 碱基替代 PCR

应用 PCR 技术时掺入某种碱基的修饰类似物，这些类似物可以是脱氧尿嘧啶、脱氧次黄嘌呤、5-溴脱氧尿嘧啶、生物素化脱氧尿苷三磷酸等。

4. 彩色 PCR

将 PCR 的引物 5′ 端用荧光物质标记，就可以进行彩色 PCR 反应。可供标记的荧光燃料有：JOE 和 FMA 呈绿色荧光，TAMRA 和 BOX 呈红色荧光，COUM 呈蓝色荧光。不同荧光标记的引物进行 PCR 扩增后，合成的产物就带有不同的燃料。用紫外灯观察电泳结果，可见彩色产物。

5. 重组 PCR

为研究基因的功能，需要对基因进行点突变，包括碱基替代、缺失或插入等，以观察基因功能的改变。PCR 的发明使体外定点突变既简单又省时，而且可以对 DNA 片段的任何位置进行定点突变，这一方法称为重组 PCR。

6. 不对称 PCR

用 PCR 技术结合经典方法进行测序，可以使 DNA 序列测定更简便，达到自动化。其原理是两种引物使用不同的浓度，一般是 50∶1～100∶1 的比例，低浓度的引物在 PCR 前 25 个循环中主要生成双链 DNA，当低浓度引物逐渐耗尽时，以后 5～10 个循环中主要产生单链。根据需要增加循环次数，使达到所需的单链数目。单链模板即可用于测序。

7. 膜结合 PCR

将模板 DNA 用一定方法固定于硝酸纤维素膜或尼龙膜上，再进行 PCR。

8. 固着 PCR

将引物固相化，再进行 PCR。此时 PCR 产物就被固相化，易于分离。

9. 原位 PCR

细胞经组织固定处理后，具有一定的通透性，使一般 PCR 试剂如 TaqDNA 聚合酶、引物等进入细胞。在经原位 PCR 扩增后虽然有少量产物可扩散到细胞外的周围环境中，但大部分仍留在细胞器中。因此，利用标记引物在原位进行 PCR，直接显色或者利用特异探针与扩增产物立即杂交，均可以获得较满意的效果。

10. 反向 PCR

通常 PCR 扩增是沿着已知序列方向进行的，若扩增是对已知序列两侧的未知序列进行的，则称为反向 PCR。

11. 巢式 PCR

如前所述，巢式 PCR 是指用两对引物先后扩增同一样品的方法。一般先用一对引物扩增一段较长的靶基因，然后取 1～2μL 第一次扩增的产物再用第二对引物扩增其中的部分片段。此种方法较常规的 PCR 灵敏度大大提高，同时第二次扩增又可鉴定第一次扩增产物的特异性。所以这种方法用于临床检验，假阴性极少，特异性亦好，临床血清、尿等样品仅需简单处理，就可得到重复性很好的结果。目前血清中丙型肝炎的检测多采用这种方法。

第五节　重组技术在医学和制药工业中的应用

基因重组技术促进了生物学研究的快速发展，并在医学的多个领域也有着越来越广泛的应用。这些应用包括药用蛋白与非药用蛋白的生物技术生产、医学诊断试剂盒的开发、PCR技术及克隆技术在法医鉴定或进化研究中的应用以及基因诊断和基因治疗等，这为医学领域的发展开辟了广阔的前景。

一、疾病基因的发现

重组 DNA 技术的应用，使分子遗传学家有可能根据基因定位，而不是它的功能来克隆一个基因。根据克隆基因的定位和性质研究所提供的线索，可进一步确定克隆的基因在分子遗传病中的作用。因此，一个疾病相关基因的发现不仅意味着新的遗传病的发现，而且对遗传病的诊断和治疗都是极有价值的。2000 年 6 月 26 日，科学家已经以不同的形式宣布，人类基因组全序列（工作草图）已经完成，人类完全可能通过对疾病候选基因的控制和改造，从根本上治疗并防止人类遗传病的发生和流行。

二、生产蛋白质和多肽类活性物质

利用重组 DNA 技术生产有药用价值的蛋白质、多肽类产品已成为当今世界一项重大产业。生产重组蛋白质药物首先需要克隆相应的基因，并构建出适当的表达载体。图 16-11 是利用基因工程生产胰岛素的原理。目前已经投入市场的主要产品见表 16-3。

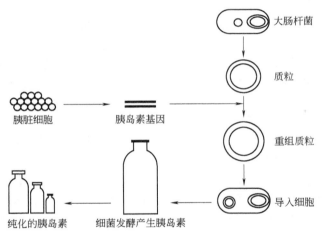

图 16-11 利用基因工程生产胰岛素的原理

表 16-3 重组 DNA 医药产品

产 品 名 称	治疗功能与医药范围
人胰岛素	治疗糖尿病
生长激素	治疗侏儒症,加速创口愈合
α 干扰素	治疗癌症、病毒感染
β 干扰素	治疗带状疱疹、眼结膜炎、角膜炎
γ 干扰素	治疗癌症、病毒感染
人组织纤溶酶原激活因子(tPA)	溶解血栓,治疗急性心肌梗死
红细胞生成素(EPO)	治疗肾病性贫血,增加红细胞及血色素水平
超氧化物歧化酶(SOD)	清除超氧化物,治疗关节炎,缓解心肌坏死
凝血因子Ⅷ	治疗 A 型血友病
血液凝固抑制因子	可使血凝因子Ⅴ、Ⅷ失活,与 tPA 合用可降低 tPA 用量

产　品　名　称	治疗功能与医药范围
心房肽	治疗高血压、肾衰及其他心血管病
肿瘤坏死因子(TNF)	抗肿瘤,干扰病毒感染
尿激酶(UK)	溶解血栓
集落刺激因子(CSF)	刺激巨噬细胞,治疗感染性疾病和癌症
表皮生长因子(EGF)	促进创伤愈合,治疗眼损伤
白细胞介素-2(IL-2)	T细胞生长因子,治疗肿瘤
原尿激酶(Pro-UK)	溶解血栓,治疗急性心肌梗死
疟疾疫苗	防治疟疾
乙型肝炎疫苗	防治肝炎
神经生长因子	维持神经元细胞存活、生长和分化
脑啡肽	镇痛
降钙素	治疗骨质疏松症

三、制备基因工程疫苗

传统的疫苗多是采用减毒的病原体,一种疫苗只是解决一种疾病的预防。有些病原体很难制成减毒疫苗,不得不采用其分离纯化的蛋白组分作为疫苗,但免疫效果不佳。利用基因工程技术则可构建一些特殊的表达载体,在一种疫苗中表达多种抗原,制成多价疫苗,不仅可以达到一种疫苗预防多种疾病的目的,而且可以将一些病原体的蛋白组分制成高效疫苗。

四、改造物种特性

改造物种特性在农业和畜牧业中应用较为广泛。但近年在医学领域也越来越多地开展转基因动物的研究,转基因动物即将特定的基因导入受精卵发育而成的动物,由于携带着这一能够持续高效表达的基因而具有某种生物特性。转基因动物的整个基因组除转入的外源基因外,与正常动物完全一样,故可用于研究某一种蛋白质的生理作用、致病作用或抗病作用。另外,这种转基因动物也可作为理想的动物疾病模型用于研究和筛选新药。

五、动物克隆

1997年3月,克隆羊"多莉"(Dolly)的出世证明了用体细胞核转移术进行哺乳动物的克隆是可能的。和转基因动物的技术不同,动物克隆技术是一种无性繁殖法,把经过处理的成年动物的体细胞和另一动物的去核卵细胞融合,经短期培养以后形成胚胎细胞,再植入借腹怀胎的寄养母体内,使发育成提供体细胞的那只动物的克隆。

众所周知,身体内的任何体细胞虽然都含有发育为成年动物所需的全部蓝图(全部遗传指令、全部基因组),但在成年动物中已经不能读取这些指令。因为体细胞已经分化为在某特定组织中完成某一特定功能的细胞。在特化了的细胞中,只有完成该特定功能相关的基因是"打开的"、有活性的,而基因组中其他基因则是"关闭的"、无活性的。经研究发现,若把体细胞在体外培养,并减少其营养成分,使其"饥饿",则培养的细胞就进入"静止状态"。在这种"无活性"状态下,基因组的所有基因可重新获得基因表达的潜在能力。根据这一发现,苏格兰的科学家们从一只6龄妊娠羊中取出乳腺细胞,进行体外培养。以后培养液中的营养成分减少到细胞实际需要的1/20。5天以后,细胞进入"静止状态",使细胞进入"基因表达重新编序"的状态。从另一只羊中取出卵细胞，去掉细胞核，再和经过上述处理的体细胞融合，则处于"静止状态"的体细胞核在卵细胞内获得了接受来自卵细胞胞浆蛋白分子信号的能力，开始繁殖、分化，发育成小羊的胚胎细胞。把这些胚胎细胞植入寄养母体内，即可发育成为供给体细胞的那只羊的克隆。

"多莉"的出世，引起了世人的极大兴趣和关注。它标志着生物高科技的又一次重大突破。

六、其他应用

基因重组技术在基因诊断和基因治疗、法医鉴定、环境卫生等方面都有广泛的应用。

<h1 style="text-align:center">习　　　题</h1>

1. 简述基因工程的诞生与发展过程。
2. 重组 DNA 技术的定义、意义和基本步骤。
3. 限制性核酸内切酶的概念、命名原则。
4. 归纳 Ⅱ 型限制酶的功能。
5. DNA 聚合酶的种类及作用。
6. 什么是目的基因？获得目的基因的基本方法有哪些？
7. 什么是载体？有哪些特征？
8. 说明载体的筛选标志、多克隆位点并回答质粒载体的应用。
9. 连接反应有哪几种类型？
10. 重组子导入受体菌的方法及重组子的筛选与鉴定方法。
11. 绘图说明 PCR 技术的主要原理。
12. 归纳参与 PCR 反应体系的因素及作用。

第十七章　发酵工程

【教学要求】

1. 教学目的

掌握发酵工程的概念、发酵反应过程的特点；

熟悉发酵操作方法和工艺控制；

了解影响发酵的基本因素、常用的发酵菌种和培养基以及发酵产物的提取。

2. 教学重点

发酵的定义、发酵反应过程的特点和发酵操作方法及工艺控制。

第一节　概　　况

发酵是一切以生物催化剂为条件的化学反应产品的工业化生产手段，生物工程的最终阶段是发酵。发酵生产周期短，容易调控。发酵产物含量高，易于分离，生产成本一般比化学合成低。现代发酵工程的重点目标是生物制药。发酵的方式有表层、固体和液态深层三种，大规模现代发酵工业生产以液态深层发酵为主。

一、发酵工程的定义

发酵在工程上的定义为：利用微生物在有氧或无氧条件下的生命活动来制备微生物菌体或其代谢产物的过程。

发酵工程基本上可分为发酵和提取两大部分。发酵部分是微生物反应过程，提取部分也称后处理或下游加工过程。完整的微生物工程应包括从投入原料到获得最终产品的整个过程。目前已开发的如人干扰素、乙肝疫苗、红细胞生成素（EPO）、血凝因子、青霉素酰化酶等产品，都是通过发酵工程来完成的，并且已产生巨大的效益。

二、发酵工程反应过程的特点

发酵工程反应过程是指由生长繁殖的微生物所引起的生物反应过程。发酵工程与化学工程联系非常密切，但由于微生物工业是培养和处理活的有机体，所以除了与化学工程有共性外，还有它的特殊性。如空气的除菌系统、培养基灭菌系统等都是微生物工程特有的。与化学工程相比，发酵工程反应过程具有以下特点。

① 作为生物化学反应，通常是在温和的条件（如常温、常压、弱酸、弱碱等）下进行。

② 原料来源广泛，通常以糖、淀粉等碳水化合物为主。

③ 反应以生命体的自动调节方式进行，若干个反应过程能够像单一反应一样，在单一反应器内可很容易地进行。

④ 发酵产品多数为小分子产品，但也能很容易地生产出复杂的高分子化合物。如酶、核苷酸的生产等。

⑤ 由于生命体特有的反应机制，能高度选择性地进行复杂化合物在特定部位的氧化、还原官能团导入等反应。

⑥ 生产发酵产物的微生物菌体本身也是发酵产物，富含维生素、蛋白质、酶等有用物

质。除特殊情况外，发酵液一般对生物体无害。

⑦ 要特别注意防止发酵生产操作中的杂菌污染，一旦发生杂菌污染，一般都会遭受损失。

⑧ 通过微生物菌种改良，利用原有设备较大幅度地提高生产水平。

三、发酵工程的内容和发展

发酵工程的内容主要包括生产菌种的选育、发酵条件的优化与控制、反应器的设计及产物的分离、提取与精制等过程。发酵工程就其发酵方式而言可分为厌氧发酵和需氧发酵两大类。厌氧发酵包括酒类发酵、丙酮丁醇发酵、乳酸发酵、甲烷发酵等；需氧发酵有酵母培养、抗生素发酵、有机酸发酵、酶制剂生产和氨基酸发酵等。

发酵工程的生产可归纳为三大类。

（1）细胞的生产　如酵母、细菌、霉菌和真菌（包括食用菌）的生产等。

（2）酶类的生产　如各个酶种、酶制剂和各种曲类（大曲、小曲、麸曲、麦曲）等的生产。

（3）代谢产品的生产　如工业溶剂（酒精、丙酮、丁醇等）、有机酸（乙酸、乳酸、柠檬酸等）、氨基酸（谷氨酸、赖氨酸、丙氨酸等）、维生素（B族维生素、维生素C等）、抗生素（青霉素、链霉素等）、多糖类（葡聚糖、细菌多糖、真菌多糖等）、核苷及核苷酸（ATP、AMP、肌苷等），近来，一些激素、胰岛素、干扰素、抗体、疫苗等也可用发酵法生产。

四、微生物工业菌种与培养基

1. 发酵工业对菌种的要求

为了保证大规模生产的正常性和安全性，选择菌种应遵循以下原则。

① 可在廉价原料的培养基上迅速生长，生成所需的代谢产物，产量高。

② 可以在易于控制的培养条件下（糖浓度、温度、pH、溶解氧、渗透压等）迅速生长和发酵，且所需酶活力高。

③ 生长速度和反应速度较快，发酵周期短。

④ 根据代谢控制要求，选择单产高的营养缺陷型突变菌株、调节突变菌株或野生菌株。

⑤ 选育抗噬菌体能力强的菌株，使其不易感染噬菌体。

⑥ 菌种性能稳定，不易变异退化，保证发酵生产和产品质量的稳定。

⑦ 菌种不是病原菌，不产生任何有害的生物活性物质和毒素（包括抗生素、激素、毒素），以保证安全。

2. 工业上常用的微生物菌种

（1）细菌　如枯草芽孢杆菌、乳酸杆菌、醋酸杆菌、大肠杆菌、棒状杆菌、丙酮-丁醇梭状芽孢杆菌和短杆菌等。

（2）放线菌　如龟裂链霉菌产土霉素；金霉素链霉菌产四环素；灰色链霉菌产链霉素；红霉素链霉菌产红霉素；小单胞菌属是产生抗生素种类较多的一个属。

（3）酵母　如啤酒酵母、卡尔斯伯酵母、啤酒酵母椭圆变种、德巴利酵母属、汉逊酵母属、毕赤酵母属、假丝酵母属、红酵母属。

（4）霉菌　如根霉、毛霉、犁头霉、红曲霉、曲霉、青霉等。

3. 工业用培养基

根据生产目的划分，有如下几种。

（1）种子培养基 种子培养基是为了保证在生产中获得大量优质孢子和营养细胞的培养基。目的是为下一步的发酵提供数量较多、强壮而整齐的种子细胞。一般要求营养丰富，含氮量高。

（2）发酵培养基 发酵培养基是生产中供菌种生长繁殖并积累代谢产物的培养基，一般要求数量大，配料粗，价格低廉，有利于产物的分离提取并便于管理。

4. 发酵培养基的选择

选择和配制发酵培养基时应考虑以下基本原则。

① 必须提供合成微生物细胞和发酵产物的基本成分。

② 有利于减少培养基原料的单耗，即提高单位营养物质所合成产物的数量或最大产率。

③ 有利于提高培养基和产物的浓度，提高单位体积发酵罐的生产能力。

④ 有利于提高产物的合成速度，缩短发酵周期。

⑤ 尽量减少副产物的形成，便于产物的分离纯化。

⑥ 原料价格低廉，质量稳定，取材容易。

⑦ 所用原料尽可能减少对发酵过程中通气搅拌的影响，通过提高氧的利用率，降低成本能耗。

⑧ 有利于产品的分离纯化，并尽可能减少产生"三废"物质。

5. 菌种的扩大培养

（1）种子扩大培养的目的 菌种扩大培养的目的就是在为其提供的适宜环境中大量繁殖，为生产提供相当数量的代谢旺盛的种子。将数量较多的成熟菌体加入发酵罐中，有利于缩短发酵周期，提高发酵罐利用率，并且也有利于减少杂菌污染的机会。

（2）种子培养

① 液体培养法：包括液体试管、锥形瓶摇床振荡或回旋培养。摇瓶通气量大小与摇瓶机型、转数、振程（或偏心距）、锥形瓶容量、装料量有关。

② 表面培养法：包括茄子瓶、克氏瓶或瓷盘培养。

③ 固体培养法：包括锥形瓶、蘑菇瓶、克氏瓶、培养皿等麸皮培养。

（3）大规模生产阶段

① 固体培养：固体培养使用的基本培养基原料是小麦麸皮等。进行固体培养的设备有较浅的曲盘、较深的大池、能旋转的转鼓和通风曲槽等。固体培养具有设备简单，生产成本低，产量较高，但耗费劳动力较多，占地面积大，pH、溶解氧、温度等不易控制，易污染、生产规模难以扩大等特点。

② 液体培养：液体培养生产效率高，适于机械化自动化，因而是目前微生物发酵工业的主要生产方式。液体培养有静置培养和通气培养两种类型。静置培养适用于厌氧菌发酵，如酒精、丙酮-丁醇、乳酸等发酵；通气培养适用于好氧菌发酵，如抗生素、氨基酸、核苷酸等发酵。

第二节 发酵操作方法和工艺控制

一、发酵操作方法

首先将空罐杀菌，进行空消操作，之后投入培养基再通蒸汽进行实消灭菌，然后接种进行培养。在培养过程中，必须连续监测和控制温度、pH、溶解氧，定期从发酵罐内取出样品进行测定，以便掌握营养成分的消耗、菌体的数量和产物的积累，了解培养物的纯度，以确定发酵的终止时间。

1. 分批培养

微生物分批培养的生长过程可分为 4 个不同的阶段，即迟滞期、对数期、稳定期和衰亡期。具体参见第十二章第三节。

2. 连续发酵法

所谓连续发酵，是指在向发酵罐中连续供给新鲜培养基的同时，将含有微生物和产物的培养液以相同的速度连续放出。从而使发酵罐内的液量维持恒定，微生物在稳定状态下生长，有效地延长分批培养中的对数期。

连续发酵的最大特点是微生物细胞的生长速度、代谢活性处于恒定状态，达到稳定高速培养微生物或产生大量代谢产物的目的。连续发酵目前用于废水处理、葡萄糖酸发酵、酒精发酵等工业中。与分批发酵相比，表现出如下特点。

（1）优点

① 提高设备利用率。连续发酵减少了洗刷、杀菌等非生产性时间。

② 提高了原料利用率。连续发酵对杂菌污染的控制严格，避免了原料的损耗。

③ 便于实现自动控制。

（2）缺点

① 由于是开放系统，容易发生杂菌污染。

② 对设备、仪器要求高。

3. 补料分批发酵法

补料分批发酵又称半连续发酵，是指在分批培养过程中，间歇地或连续地补加新鲜培养基，但所需产物不到一定时刻不放出的培养方法。此方法通过向培养系统中补充物料，可以使培养液中的营养物浓度较长时间保持在一定范围内，既保证了微生物的生长需要，又不会造成不利影响，从而达到提高产率的目的。它兼有分批发酵和连续发酵两者的优点，而且克服了两者的缺点。同分批发酵相比，它具有可以解除底物的抑制、产物反馈抑制和葡萄糖分解阻遏的优点。与连续发酵相比，它具有不需要严格的无菌条件，不会产生菌种老化和变异问题，并且具有适用范围广的特点。

二、影响发酵的主要因素

影响发酵过程的参数可分为两类，一类为直接参数如温度、压力、搅拌功率、转速、泡沫度、发酵液黏度、浊度、pH、离子浓度、溶解氧浓度、基质浓度等，它们是可以采用特定的传感器检测出来的参数；另一类为间接参数，难于用传感器来检测，如细胞生长速率、产物合成速率等。这些参数中对发酵过程影响较大的是温度、pH、溶解氧浓度等。

1. 温度

发酵的好坏与合理的控制发酵温度有极大的关系。通常每升高 10℃，生长速度加快 1 倍，所以温度直接影响酶的反应，因而影响着生物体的生命活动，改变菌体代谢产物的合成方向，影响微生物的代谢调控机制。

发酵温度的确定应根据发酵的不同阶段，确定其最适温度。在发酵的前期应选择菌体的最适生长温度，这样有利于菌体的繁殖，在产物分泌阶段，应选择最适生产温度，有利于代谢产物的积累。

2. pH

pH 对微生物的生命活动有显著影响。它会影响菌体细胞膜的带电性、膜的稳定性及膜对物质的吸收能力，使菌体表面蛋白变性或水解，破坏酶的活性，从而影响细胞的代谢作用。如酵母菌在 pH4.5～5.0 时，产物为乙醇，而在 pH7.6 时产物为甘油；黑曲霉在 pH 2～3 时，产物为柠檬酸，而在 pH 近中性时产物为草酸。各种微生物都有其可以生长和适宜生长的 pH 范围（表 17-1）。因此，在生产中应注意调节合适的 pH。

表 17-1　各类微生物生长的最适 pH 及范围

微生物种类	最低 pH	最适 pH 范围	最高 pH
细菌和放线菌	5.0	7.0～8.0	10.0
酵母菌	2.5	3.8～6.0	8.0
霉菌	1.5	3.0～6.0	10.0

微生物在生命活动中由于新陈代谢作用，会改变环境中的 pH，进而影响自身的生长繁殖及代谢产物的积累。因而，在发酵工业中，控制发酵的 pH 是控制生产的指标之一，常用的控制方法是在配制基质时加缓冲性物质，而在生产过程中采取适时加入无机酸、无机碱或生理活性物质的方法。如谷氨酸发酵中，进入产酸阶段 pH 就会降低，每当 pH 降到 6.0～7.0 时就流加尿素，尿素分解放出氨，使 pH 升高，氨被利用后 pH 又下降，如此反复，既调节了发酵液中的 pH，又供给了必要的氮源。

3. 通风和搅拌

对于好氧微生物和兼性需氧微生物，在发酵过程中必须提供大量的氧以满足菌体生长繁殖和产酶的需要。发酵液的需氧量受菌体浓度、基质的种类和浓度以及培养条件等因素的影响，其中以菌体浓度的影响最大。发酵液的需氧率随菌体浓度增大而增大，因此可以采用通过控制菌体的生长速率，这样既能保证产物的生产速率维持最大值，又不会使需氧大于供氧。此外可以通过控制基质的浓度、调节温度（降低培养温度可提高溶解氧浓度）、中间补水、添加表面活性剂等工艺措施来改善溶解氧水平。

4. 染菌的控制

染菌是生产的大敌，一旦发现染菌，应该及时进行处理，以免造成更大的损失。染菌的原因归纳起来主要有：①设备、管道、阀门漏损；②设备及管道灭菌不彻底存在死角；③菌种不纯或培养基灭菌不彻底；④空气净化不彻底；⑤无菌操作不严格或生产操作出错。

在生产中，如果发现染菌必须及时找出染菌的原因，采取相应措施，杜绝染菌事故出现。

三、发酵设备

进行微生物深层培养的设备称为发酵罐。它是微生物在液体发酵过程中进行生长繁殖和形成产品时必需的外部环境装置，这些装置跟传统的工业发酵装置相比，主要区别在于具备了严格的灭菌条件和良好的通气环境。随着发酵产物的种类、使用菌种的类型、采用原料的来源及工艺操作的方式等方面不断扩大和改进，相继设计出了各种类型的发酵罐。

根据微生物的特性发酵罐分为好氧发酵罐和厌氧发酵罐两类。对于好氧发酵罐根据其通气的方式又有机械搅拌式发酵罐和通气搅拌式发酵罐。

第三节　发酵产物的提取

发酵产物的分离、提取和精制是指从发酵液或酶反应液中分离、纯化产品的过程，或称为下游技术。它们是生物技术转化为生产力时的不可缺少的重要环节。

一、发酵产物的分离和纯化的目的及其基本要求

发酵产品分离纯化的基本要求如下。

① 采用的分离纯化方法必须有利于生物产品分离，操作简单，费用低。

② 要求能够达到所要求的纯度，提取率高，废液中发酵产品的含量低。

③ 提取方法不影响产品的质量。

④ 在提取过程中所采用的试剂对设备的腐蚀性小。

⑤ 生产中所产生的废物能够处理，对环境污染小。

二、发酵液下游处理的流程和方法

大多数产品的后处理过程可以分为 4 个阶段，即发酵液的预处理与固-液分离、提取（初步纯化）、精制（高度纯化）、成品加工。

1. 发酵液的预处理与固-液分离

从发酵液中提取生物产品的第一步骤就是预处理和固-液分离，其目的不仅在于分离细胞、菌体和其他悬浮颗粒，还希望除去部分可溶性杂质和改变滤液的性质，以利于后续各步操作。对于胞外产物，应尽可能使生物产品转移到液相中，常用调节 pH 至酸性或碱性的方法达到。对于胞内产物，则应首先收集菌体或细胞，细胞经破碎后，生物产品被释放到液相中，再将细胞碎片分离，通常以含生物产品的液体为出发点，进行后续提取和精制的各步操作。

预处理采用的方法主要有调节 pH、加热、过滤、离心分离等。为了加速两相分离，可采用凝聚和絮凝等技术；为了减小过滤介质的阻力，可采用错流膜过滤技术。细胞破碎采用机械、生物和化学等方法，如研磨、溶胞、匀化等技术。

2. 纯化方法

经固-液分离或细胞破碎后，生物产品存在于液相中，此时液体体积很大，因此必须采用一系列的方法使产品的浓度增加，并降低其他物质的含量，以达到产品的质量要求标准。此过程包括提取和精制两个部分。

（1）提取　这一步没有特定的方法，主要是除去与目标产物性质有很大差异的物质。一般是发生显著的浓缩和产物质量的增加。常用的方法有吸附法、离心分离、萃取、沉淀、超滤法等。

（2）精制　此过程用于除去提取液中有类似的化学功能和物理性质的不纯物质。经提取过程初步纯化后，滤液体积大大缩小，但纯度提高不多，需要进一步精制。初步纯化中的某些操作，如沉淀、超滤等也可应用于精制中。典型的方法有层析、电泳等。此过程的技术对产物有高度的选择性。

3. 成品加工

经提取和精制后，一般根据产品的应用要求，最后还需要进行浓缩、无菌过滤和干燥、加稳定剂等加工步骤。采用何种方法由产物的最终用途决定，结晶和干燥是大多数产品常用的方法。随着下游技术的发展，膜技术将会越来越多地被应用在下游加工的各个阶段中，如浓缩可采用升膜或降膜式的薄膜蒸发，对热敏性物质可用离心薄膜蒸发，对于大分子溶液的浓缩可用超滤膜，而小分子溶液的浓缩可用反渗透膜等。干燥也有很多方式，使用时应根据物料的性质、物料状况及当地具体条件而定。常用的干燥方法有真空干燥、红外线干燥、沸腾干燥、气流干燥、喷雾干燥和冷冻干燥等方法。

习　题

1. 归纳发酵工程反应过程的特点。
2. 发酵工业中选择培养基有哪些原则？
3. 简述连续发酵法和补料分批发酵法的优缺点。
4. 影响发酵的主要因素是什么？
5. 发酵液预处理的方法有哪些？

第十八章 细胞工程

【教学要求】

1. 教学目的

掌握细胞工程的概念和研究内容；

熟悉微生物细胞工程、植物细胞工程、动物细胞工程进行培养的特殊条件和培养技术；

了解细胞培养的一般条件。

2. 教学重点

细胞工程的定义以及细胞培养的条件。

第一节 细胞工程概念及内容

一、细胞工程的概念

细胞工程是指在细胞整体水平或细胞器水平上进行研究、开发及利用各类细胞的工程，即人们根据科学设计来改变细胞的遗传基础，通过无菌操作、细胞融合、核质移植、染色体或基因移植以及组织培养和细胞培养等方法改变细胞内的遗传物质，以快速繁殖和培养出人们所需要的新物种的技术。

细胞工程的优势在于避免了分离、提纯、剪切、拼接等基因操作，只需将细胞遗传物质直接转移到受体细胞中就能够形成杂交细胞，因而能够提高基因转移效率。此外，细胞工程不仅可以在植物与植物之间、动物与动物之间、微生物与微生物之间进行杂交，甚至可以在动物与植物、微生物之间进行杂交，形成前所未有的杂交物种。

二、细胞工程的研究内容

细胞工程涉及的领域相当广泛。根据研究对象不同，可以将细胞工程分为微生物细胞工程、植物细胞工程和动物细胞工程三大类。从研究水平来划分，细胞工程可分为细胞水平、组织水平、细胞器水平和基因水平等几个不同的研究层次。细胞工程的一些主要研究领域包括以下几种。

1. 动物细胞、植物细胞与组织培养

该技术最显著的价值在于优良植物的快速繁育与代谢产物的大量制备方面。动植物细胞与组织培养可分为三个层次上的培养：细胞培养、组织培养和器官培养。

植物细胞的大规模培养要早于动物细胞。植物细胞和原生质体培养技术可以用于育种，也可用于各类植物的快速繁殖，并在培养无毒苗、长期储存种子、细胞与原生质体融合和生产次生代谢产物等方面发挥作用。

动物细胞培养技术可用于制取许多有应用价值的细胞产品，如多种单克隆抗体、疫苗、生长因子等。其中单克隆抗体的生物反应器已大规模生产，在医药领域产生了极大的社会和经济效益。此外，动物细胞培养技术在组织与器官培养方面也已展现出了美好前景，其中以胚胎干细胞的培养与人工诱导分化最具价值。

2. 细胞融合

　　细胞融合是采用自然或人工的方法使两个或几个不同细胞（或原生质体）融合为一个细胞，用于产生新的物种或品系及产生单克隆抗体。其中单克隆抗体技术能利用克隆后的杂交瘤细胞分泌高度纯一的单克隆抗体，具有很高的实用价值，已经在诊断和治疗病症方面做出了很大的贡献。细胞融合最大的贡献是在动植物、微生物新品种的培育方面。以植物为例，该技术应用于植物细胞中可以改良植物遗传性、培养新的植物品种。原生质体融合可克服有性杂交的不亲和性而使叶绿体、线粒体等细胞基因组合在一起。动物细胞融合方面，从杂交瘤细胞产生单克隆抗体至今，已有大批肿瘤的单克隆抗体被制备出来，将为治疗癌症开辟一条新的途径。

　　3. 胚胎工程

　　该项技术主要是对哺乳动物的胚胎进行某种人为的工程技术操作来获得人们所需要的成体动物。胚胎工程采用的新技术包括胚胎分割技术、胚胎融合技术、卵核移植技术、体外受精技术、胚胎培养、胚胎移植以及性别鉴定技术、胚胎冷冻技术等。胚胎工程最成功的应用领域体现在畜牧业，试管婴儿培育技术也为人类做出了贡献。

　　4. 细胞遗传工程

　　细胞遗传工程主要包括克隆和转基因技术。前者主要是指无性繁殖，如动物克隆是指由一个动物经无性繁殖而产生的遗传性状完全相同的后代个体。现已在畜牧业、稀有动物遗传资源保护与繁衍、医学等方面展现出了诱人前景。后者是指将外源基因整合到生物体内，得到稳定表达，并使该基因能稳定地遗传给后代的技术。该技术代表了现代细胞工程，甚至是整个生物工程的前沿领域。

三、细胞培养的一般条件

　　细胞培养时，原则上是细胞需要什么就提供什么，但真正能做到这一点尚需时日。人们至今对细胞的生命周期调控机理认识不足，离体细胞培养需要的基本条件就是下列细胞生理条件：①温度，②pH，③渗透压，④营养物，⑤水，⑥无菌条件，⑦光，⑧气体。

　　1. 温度

　　温度过低时细胞生长缓慢甚至不生长，利用低温冷冻保存细胞可保持细胞的原有分裂分化能力。温度过高导致细胞死亡，这主要是由酶和蛋白质所需的最适温度决定的，细胞膜遇高温后容易变态。

　　2. pH

　　过酸或过碱可导致细胞死亡。这与蛋白质的变性和细胞膜的结构受损有关。

　　3. 渗透压

　　因为细胞膜是半透膜，细胞内外可溶于水的物质比例和种类决定细胞的膨胀与收缩程度。同一物质在细胞内外分布的数量不同，当某一种极溶于水的物质在细胞外浓度过大时，有可能导致细胞脱水死亡，这些物质在细胞内过多时导致细胞过量吸水膨胀。

　　4. 营养物

　　营养物和水一起，叫细胞培养液。培养液中含有细胞增殖和生长所需的各种物质。这些物质包括：与提供能量有关的营养物质 N 源和 C 源，也包括与代谢调节控制有关的无机盐、维生素、激素等物质。细胞培养液的设计是细胞离体培养技术的关键。理想的细胞培养液可以同时解决细胞离体培养所需的 pH、渗透压、营养物以及调节物质的全部需求。

　　5. 水

　　水是细胞需要数量最大的物质。不同物种、不同部位以及不同生长时期的细胞含水量差别相当大。干旱植物细胞的含水量为 6% 左右，而水生植物细胞含水量高达 90%。

6. 无菌条件

体外细胞培养仅仅是对所需的细胞进行培养，但环境（如空气）中有各种其他微生物，故必须对所需细胞进行无杂菌的隔离培养。无菌条件是细胞离体培养最基本的条件。

7. 光

植物细胞和少数细菌需要光束进行光合作用。

8. 气体

动物细胞培养需要不断供给氧气和排出二氧化碳，植物细胞则与此相反。

第二节 微生物细胞工程

微生物包括细菌、放线菌、菇类、霉菌等。由于微生物细胞结构简单、生长迅速、实验操作方便，另外，有些微生物的遗传背景已经研究得相当深入，故微生物已在国民经济的不少领域，如抗生素与发酵工业、防污染与环境保护、节约资源与能源再生、灭虫害与农林发展等方面发挥了非常重要的作用。

一、微生物细胞培养的特殊条件

微生物多为单细胞生物，野生生存条件比较简单。所以微生物人工培养的条件也比动植物细胞简单得多。其中厌氧微生物培养比好氧微生物复杂，因为严格厌氧需要维持二氧化碳等非氧的气体浓度，而好氧微生物则只需通过不断搅拌提供无菌氧气。微生物对培养条件的要求没有动植物细胞那样苛刻，玉米浆、蛋白胨、麦芽汁、酵母膏等是良好的微生物天然培养基。对于一些特殊微生物的营养条件要求，可以在这些天然培养基的基础上额外添加。

二、培养技术

1. 原核细胞的原生质融合

细菌是最典型的原核生物，它们都是单细胞生物。细菌细胞外有一层成分不同、结构相异的坚韧细胞壁，形成了抵抗不良环境因素的天然屏障。根据细胞壁的差异，一般将细菌分成革兰阳性菌和革兰阴性菌两大类。前者肽聚糖约占细胞壁成分的 90%，而后者的细胞壁上除了部分肽聚糖外还有大量的脂多糖等有机大分子。因此决定了它们对溶菌酶的敏感性有很大差异。

溶菌酶广泛存在于天然植物、微生物细胞及其分泌物中。它能特异地切开肽聚糖的 β-1,4-糖苷键，从而使革兰阳性菌的细胞壁溶解。但由于革兰阴性菌细胞壁组成成分的差异，处理革兰阴性菌时，除了溶菌酶外，一般还要添加适量的 EDTA，才能除去细胞壁，制得原生质体或原生质球。

革兰阳性菌细胞融合的主要过程如下：分别培养带遗传标志的双亲本菌株至对数生长中期，此时细胞壁最易被降解；分别离心收集菌体，以高渗培养基制成菌悬液，以防止下阶段原生质体破裂；混合双亲本，加入适量溶菌酶，作用 20～30min；离心后得原生质体，用少量高渗培养基制成菌悬液；加入 10 倍体积的聚乙二醇促使原生质体凝集、融合；数分钟后，加入适量高渗培养基稀释；涂接于选择培养基上进行筛选。长出的菌落要经数代筛选及鉴定才能确认获得杂合菌株。

对革兰阴性菌而言，在加入溶菌酶数分钟后，应添加 0.1mol/L 的 EDTA-Na$_2$（乙二胺四乙酸二钠）共同作用 15～20min，则可使 90% 以上的革兰阴性菌转变为可供细胞融合用的球状体。

2. 真菌的原生质体融合

真菌主要有单细胞的酵母类和多细胞的菌丝真菌类。同样的，降解它们的细胞壁、制备原生质体是细胞融合的关键。真菌的细胞壁成分比较复杂，主要由几丁质及各类葡聚糖构成纤维网状结构，其中夹杂着少量的甘露糖、蛋白质和脂类。因此可在含有渗透压稳定剂的反应介质中加入消解酶进行酶解，也可用蜗牛酶进行处理。原生质体的获得率都在 90% 以上。

真菌原生质体融合一般以 PEG 为融合剂，在特异的选择培养基上筛选融合。由于真菌一般都是单倍体，融合后，只有那些形成真正单倍重组体的融合子才能稳定传代。具有杂合双倍体和异核体的融合子遗传特性不稳定，需经多代考证才能最后断定是否为真正的杂合细胞。至今国内外已成功地进行过数十例真菌的种内、种间、属间的原生质体融合，其中大多是大型的食用真菌，如蘑菇、香菇、木耳、凤尾菇、平菇等，取得了相当可观的经济效益。

第三节　植物细胞工程

一、植物细胞培养的特殊条件

1. 光照

光照不仅与光合作用有关，而且与细胞分化有关，例如光周期对性细胞分化和开花的调控，所以以获得植株为目的的早期植物细胞培养过程中，光照条件特别重要。在以植物细胞离体培养方式获得重要物质如药物的过程中，植物细胞大多是在反应器中悬浮培养。

2. 激素

植物细胞的分裂和生长特别需要植物激素调节，促进生长的生长素和促进细胞分裂的分裂素是最基本的激素。植物细胞的分裂、生长、分化等各生长周期都有相应的激素参与调节。和动物细胞相比，植物细胞的离体培养对激素要求的原理和应用技术已相当成熟，已经有一套广泛作为商品使用的培养液，同时解决了植物细胞对水、营养物、激素、渗透压、酸碱度、微量元素等的需求。

二、植物细胞一般培养技术

1. 悬浮培养法

游离植物细胞悬浮于液体培养基中培养的方法称为悬浮培养法。其基本过程是将愈伤组织、无菌苗、吸涨胚胎或外植体芽尖及叶肉组织，经匀浆破碎、过滤得单细胞滤液作为接种材料，接种于试管或培养瓶中振荡培养。并可采用日光灯照射以促进生长。

2. 平板培养法

将分散的植物细胞接种于含薄层固体培养基器皿内培养的过程称为平板培养法，也称为单细胞培养。其方法是将种质经机械破碎过筛或酶（纤维素酶及果胶酶等）消化分散，洗涤离心除酶，细胞浓缩物经计数及稀释，接种到加热熔化而后又刚冷却至 35℃ 左右的固体培养基中充分混匀，倾入培养皿中，石蜡密封，于 25℃ 含 5% CO_2 空气的培养箱中培养，细胞即可生长成团。多以植板率表示细胞生长比例，即：

$$植板率(\%) = \frac{每平板上生长的细胞团数}{每平板上接种的细胞数} \times 100\%$$

3. 微室培养法

这是将悬浮细胞接种于凹玻片或玻璃环与盖玻片组成的微室内的固体培养基中的培养方法。将一小盖玻片上加一滴琼脂培养基，四周接种单细胞，中间置一块与单细胞来源相同的愈伤组织块，小盖玻片再贴于大盖玻片上反扣于载玻片的凹孔内，则琼脂滴悬于凹孔内，盖玻片四周以石蜡或凡士林密封后，放于 CO_2 培养箱中培养，温度维持于 $26\sim28℃$ 左右即可。此方法可直接观察分裂繁殖及分化全过程，亦可进行连续观察原生质体融合、细胞壁再生及融合后细胞分裂活动，同时进行显微摄影。

4. 看护培养法

看护培养法是单细胞培养方法之一。先在锥形瓶中加入固体培养基，基上放置一愈伤组织，于组织块上再放置一张已灭菌的滤纸，次日将吸收在滤纸上的组织置于 CO_2 培养箱中培养。此方法操作简单，可为单细胞生长提供良好环境，但不能直接进行显微观察。

此外尚有悬滴、微滴及单花粉培养方式等。

三、植物细胞种质保存

由于植物组织及细胞继代培养过程可能导致染色体及基因变异，使培养细胞失去全能性及某些有益性状；另外，对森林及土地无止境的开发利用导致多种植物濒于灭绝，自然种质库破坏；以及细胞工程中获得的中草药及农作物优良品种的特殊变异及杂种细胞，用常规保存法保存易于变异，故需进行种质资源广泛收集与长期保存，所以种质保存的意义非常重大。目前的保存方法有干燥保存法、液体石蜡覆盖法、低温保存法及低压低氧保存法等，最佳保存法乃为超低温深冻保存法。

四、植物细胞的融合

在外界因素作用下，令两个或两个以上植物细胞合并成一个多核细胞的过程谓之植物细胞融合，也称为植物体细胞杂交。但植物与微生物一样，其细胞皆有坚硬的细胞壁，不能直接融合，需经酶消化除去细胞壁、放出原生质体，后者生理、生化及遗传学特性与完整细胞基本相同。在适当条件下，来源不同的植物原生质体可产生融合作用，并可再生细胞壁，恢复成完整细胞。因此植物细胞融合实质是其原生质体融合，可实现远缘杂交获得种间杂种，克服有性杂交配子不亲和性；一次操作可实现两个以上亲本的融合作用；可获得呈现双亲个体基因型总和的杂种；可形成有性生殖障碍植物种间杂种。植物原生质体融合包括原生质体制备、促融因素、融合过程、杂种细胞筛选及影响融合因素等。目前诱导植物原生质体融合的因素有 $NaNO_3$、高 Ca^{2+}、高 pH、PEG 等。

五、应用

植物细胞大规模培养的产物有种苗、细胞、初级及次级代谢产物和生物大分子等，其中许多产物在医药、食品、化工、农业及林业中具有重要应用价值。如毛地黄细胞培养生产地高辛（强心药）、烟草细胞培养生产尼古丁（杀虫剂）、熏衣草细胞培养生产香豆素（香料）、人参细胞培养生产人参皂苷（保健品）等目前已实现工业化培养。

第四节　动物细胞工程

一、动物细胞培养的特殊条件

在所有细胞离体培养中，最困难的是动物细胞培养。

1. 血清

动物细胞离体培养常常需要血清，最常用的是小牛血清。血清提供生长必需因子，如激素、微量元素、矿物质和脂质。直到人们真正知道如何配制和血清一样的培养液，血清才可被取代。在这里，血清等于是动物细胞离体培养的天然营养液。

2. 支持物

大多数动物细胞有贴壁生长的习性。离体培养常用玻璃、塑料等作为支持物。

3. 气体交换

二氧化碳和氧气的比例要在细胞培养过程中不断进行调节、不断维持所需的气体条件，故每一次开箱操作之后的快速恢复对设备的要求可想而知有多高。由此决定了动物细胞离体培养设备要求高、投资大。

二、动物细胞培养方式

1. 悬浮培养法

杂交瘤细胞、肿瘤细胞以及来自血液、淋巴组织的细胞等可以自由地悬浮于培养液中生长、繁殖和新陈代谢，与微生物细胞的液体深层发酵过程相类似。悬浮培养的细胞均匀地分散于培养液中，具有细胞生长环境均一、培养基中溶解氧和营养成分的利用率高、采样分析较准确且重现性好等特点。但动物细胞没有细胞壁、对剪切力敏感、不能耐受强烈的搅拌和通风、对营养的要求复杂等特性，因此，动物细胞悬浮培养与微生物培养反应器的设计及操作、培养基的组成与比例、培养工艺条件及其控制等方面都有较大差别。

2. 贴壁培养法

有些动物细胞在培养过程中要贴附在固体表面生长，即贴附于容器壁上。原来圆形的细胞一经贴壁就迅速铺展，然后开始有丝分裂，很快进入旺盛生长期，在数天内铺满表面，形成致密的单层细胞。

3. 固定化培养法

将细胞限制或定位于特定空间位置的培养技术称为细胞固定化培养法。动物细胞几乎皆可采用固定化方法培养。固定化方法有吸附法和包埋法。吸附法所用载体有陶瓷颗粒、玻璃珠及硅胶颗粒表面，或附着于中空纤维膜及培养容器表面；包埋法是将细胞包埋于琼脂、琼脂糖、胶原及血纤维等海绵状基质中的培养方法。

4. 微载体培养法

将细胞吸附于微载体表面，在培养液中进行悬浮培养，使细胞在微载体表面长成单层的培养方法称为微载体培养法。微载体系统是由葡聚糖凝胶等聚合物制成的与培养液的密度差不多的微球，动物细胞依附在微球体的表面，通过连续搅拌悬浮于培养液中进行培养。此法兼有固定化培养与悬浮培养双重特点。

三、动物细胞的融合

在外力作用下，令两个或两个以上异源动物细胞合并为一个多核细胞的过程，谓之动物细胞融合技术，亦称为动物体细胞杂交技术。在外界条件作用下，膜蛋白重新分布是细胞融合的基础，而脂质分子相互作用及重新排布是实现动物细胞融合的关键。目前改变膜蛋白分布状态及膜脂质分子重新排布的因素有病毒、PEG、电场及离心力等。

动物细胞融合的方式有完整细胞之间的融合，核体、胞质体与完整细胞的融合，微细胞与完整细胞的融合以及脂质体介导的细胞融合等。应当说明的是，不同融合方式中均有一方为完整细胞，这样可用于检测另一种细胞、细胞器及生物大分子对其遗传性及表达的影响。其中完整细胞相当于活试管或微型反应器。

四、单克隆抗体技术

B 淋巴细胞系在成熟的早期便形成了大量的各种不同的 B 淋巴细胞，每个 B 淋巴细胞只能产生一种针对它能够识别的特异性抗原决定簇的抗体，而由这一细胞通过有丝分裂繁殖形成的细胞群即为克隆。由这个克隆系只能产生一种特异的抗体，即为单克隆抗体。杂交瘤技术包括骨髓瘤细胞的选择、免疫动物脾细胞、脾细胞与骨髓瘤细胞融合、杂交瘤细胞筛选、抗体的检测等。

单克隆抗体目前主要用于疾病的诊断，特异性强，操作方便，已有多种诊断试剂盒商品化。若将特定的单克隆抗体与抗癌药共价结合，则可将药物专一性带至癌细胞，实现治疗作用，因之有"导弹药物"之称。

五、应用

动物细胞培养技术不仅用于细胞生理、生化、发育及分化等基础理论研究，随着现代生物技术迅速发展与成熟，目前动物细胞工程还可用于生产具有特殊功能的蛋白质类物质，特别是植物细胞和微生物难以生产的蛋白质类产品，并已实现了工业化和商品化。已实现商品化的产品有口蹄疫苗、狂犬病毒疫苗、脊髓灰质炎病毒疫苗、干扰素、免疫球蛋白、促红细胞生成素（EPO）、尿激酶、生长激素、乙型肝炎病毒疫苗以及 200 多种 McAb 等。

习　　题

1. 细胞工程主要涉及哪些研究领域？
2. 细胞培养的一般条件有哪些？
3. 简述微生物细胞的培养技术。
4. 植物细胞培养的特殊条件是什么？
5. 动物细胞的培养技术有哪些？

第十九章 酶 工 程

【教学要求】

1. 教学目的

掌握酶的固定化方法；

熟悉酶的固定化的相关知识；

了解酶的固定化在实践中的应用。

2. 教学重点

酶的固定化的概念和方法。

酶是具有生物催化功能的生物大分子，各种动物、植物、微生物细胞在适宜的条件下都可以合成各种各样的酶。因此，人们可以采用适宜的细胞，在人工控制条件的生物反应器中生产各种所需的酶。酶的生产与应用的技术过程称为酶工程。

酶工程是在酶的生产和应用过程中逐步形成并发展起来的。首先从米曲霉中制备得到淀粉酶，用作消化剂，开创了近代酶的生产和应用的先例；接着用动物胰脏制得胰酶，用于皮革的软化；后来制备得到细菌淀粉酶，用于纺织品的褪浆；以后从木瓜中获得了木瓜蛋白酶，用于啤酒的澄清。但由于受到原料来源的制约，酶工程一直停留在从动物、植物或微生物细胞中提取酶并加以应用的方法，加上受到分离纯化技术的限制，大规模的工业化生产受到一定限制。

20 世纪 50 年代，随着发酵工程技术的发展，许多酶制剂都采用微生物发酵方法生产。由于微生物种类繁多、生长繁殖迅速，同时生产是在人工控制条件的生物反应器中进行，这就使酶的生产得以大规模发展。20 世纪 80 年代迅速发展起来的动物细胞、植物细胞培养技术，已成为酶生产的又一种新途径。

在酶的应用过程中，人们也注意到了酶的不足之处。例如，大多数酶不能耐受高温、强酸、强碱、有机溶剂，稳定性较差；酶通常在水溶液中与底物作用，并只能作用一次；酶在反应液中与反应产物混在一起，使产物的分离纯化较为困难等。针对这些不足，人们从多方面进行研究，寻找解决方法，其方法之一就是固定化酶的研究。

随着人们发现酶与载体结合呈水不溶性状态而仍具有催化活性的现象，首次在工业上应用固定化氨基酰化酶进行 DL-氨基酸拆分生产 L-氨基酸。从此学者们开始用"酶工程"这个名词来代表酶的生产和应用的科学技术领域。

固定化酶具有提高稳定性、可以反复使用或连续使用较长的一段时间、易于与产物分离等显著特点，但是固定化技术较为繁杂，而且用于固定化的酶要首先经过分离纯化。为了省去酶分离纯化的过程，出现了固定在菌体中的固定化酶（又称为固定化死细胞或固定化静止细胞）技术。在固定化酶的基础上，又发展了固定化细胞（固定化活细胞或固定化增殖细胞）技术。该技术可以反复或连续用于酶的发酵生产，有利于提高酶的产率，缩短发酵周期。

第一节 酶 固 定 化

采用各种方法，将酶与水不溶性的载体结合，制备固定化酶的过程称为酶的固定化。固定在载体上并在一定的空间范围内进行催化反应的酶称为固定化酶。

固定化所采用的酶，可以是经提取分离后得到的较纯的酶，也可以是结合在菌体（死细胞）或细胞碎片上的酶或酶系。固定在载体上的菌体或菌体碎片称为固定化菌体，它是固定化酶的一种形式。在固定化细胞（活细胞）出现之前，也有人将固定化菌体称为固定化细胞。

一、酶的固定化方法

将酶和含酶菌体或菌体片固定化的方法很多。主要有吸附法、包埋法、结合法、交联法和热处理法等。

1. 吸附法

利用各种固体吸附剂将酶或含酶菌体吸附在其表面上而使酶固定化的方法称为物理吸附法，简称吸附法。

物理吸附法常用的固体吸附剂有活性炭、氧化铝、硅藻土、多孔陶瓷、多孔玻璃、硅胶、羟基磷灰石等。可以根据酶的特点、载体来源和价格、固定化技术的难度以及固定化酶的使用要求等选择吸附剂。

采用吸附法制备固定化酶或固定化菌体，操作简便，条件温和，不会引起酶变性失活，载体廉价易得，而且可反复使用。但由于物理吸附作用的结合力较弱，酶与载体结合不牢固而容易脱落，所以使用受到一定的限制。

2. 包埋法

将酶或含酶菌体包埋在各种多孔载体中，使酶固定化的方法称为包埋法。

包埋法使用的多孔载体主要有琼脂、琼脂糖、海藻酸钠、明胶、聚丙烯酰胺、光交联树脂、聚酰胺、火棉胶等。

包埋法制备固定化酶或固定化菌体时，根据载体材料和方法的不同，可分为凝胶包埋法和半透膜包埋法两大类。

（1）凝胶包埋法　凝胶包埋法是将酶或含酶菌体包埋在各种凝胶内部的微孔中，制成一定形状的固定化酶或固定化含酶菌体。大多数为球状或片状，也可按需要制成其他形状。

常用的凝胶有琼脂凝胶、海藻酸钙凝胶、明胶等天然凝胶以及聚丙烯酰胺凝胶、光交联树脂等合成凝胶。天然凝胶在包埋时条件温和，操作简便，对酶活性影响甚少，但强度较差。而合成凝胶的强度高，对温度、pH 值变化的耐受性强，但需要在一定的条件下进行聚合反应，才能把酶包埋起来。在聚合反应过程中往往会引起部分酶的变性失活，应严格控制好包埋条件。酶分子的直径一般只有几十埃**❶**，为防止包埋固定化后酶从凝胶中泄漏出来，凝胶的孔径应控制在小于酶分子直径的范围内，但这样对于大分子底物的进入和大分子产物的扩散都是不利的，所以凝胶包埋法不适用于那些底物或产物分子很大的酶类的固定化。而在细胞固定化中，凝胶包埋法是应用最广的方法。各种凝胶由于特性不同，它们的具体包埋方法和包埋条件也不一样。

（2）半透膜包埋法　半透膜包埋法是将酶包埋在由各种高分子聚合物制成的小球内，制成固定化酶。

常用于制备固定化酶的半透膜有聚酰胺、火棉胶膜等。半透膜的孔径为几埃至几十埃，比一般酶分子的直径小些，固定化的酶不会从小球中漏出来。但只有小于半透膜孔径的小分子底物和小分子产物可以自由通过半透膜，而大于半透膜孔径的大分子底物或大分子产物却无法进出。所以，半透膜包埋法适用于底物和产物都是小分子物质的酶的固定化，例如，脲

---

❶ 1 埃＝0.1 纳米。

酶、天冬酰胺酶、尿酸酶、过氧化氢酶等。

3. 结合法

选择适宜的载体，使之通过共价键或离子键与酶结合在一起的固定化方法称为结合法。根据酶与载体结合的化学键不同，结合法可分为离子键结合法和共价键结合法。

（1）离子键结合法 通过离子键使酶与载体结合的固定化方法称为离子键结合法。离子键结合法所用的载体是某些不溶于水的离子交换剂。常用的有 DEAE-纤维素、TEAE-纤维素、DEAE-葡聚糖凝胶等。

用离子键结合法进行固定化，条件温和，操作简便。只需在一定的 pH 值、温度和离子强度等条件下，将酶液与载体混合搅拌几个小时，或者将酶液缓慢地流过处理好的离子交换柱就可使酶结合在离子交换剂上，制备得到固定化酶。用离子键结合法制备的固定化酶，活力损失较少。但由于通过离子键结合，结合力较弱，酶与载体的结合不牢固，在 pH 值和离子强度等条件改变时，酶容易脱落。所以用离子结合法制备的固定化酶，在使用时一定要严格控制好 pH 值、离子强度和温度等操作条件。

（2）共价键结合法 通过共价键将酶与载体结合的固定化方法称为共价键结合法。共价键结合法所采用的载体主要有纤维素、琼脂糖凝胶、葡聚糖凝胶、甲壳质、氨基酸共聚物、甲基丙烯醇共聚物等。酶分子中可以形成共价键的基团主要有氨基、羧基、巯基、羟基、酚基和咪唑基等。要使载体与酶形成共价键，必须首先使载体活化，即借助于某种方法在载体上引进一活泼基团。然后此活泼基团再与酶分子上的某一基团反应，形成共价键。使载体活化的方法很多，主要的有重氮法、叠氮法、溴化氰法和烷化法。

① 重氮法。将含有苯氨基的不溶性载体与亚硝酸反应，生成重氮盐衍生物。使载体引进了活泼的重氮基团，例如，对氨基苯甲基纤维素与亚硝酸反应。

② 叠氮法。含有酰肼基团的载体可用亚硝酸活化，生成叠氮化合物，例如，羧甲基纤维素的酰肼衍生物可与亚硝酸反应生成羧甲基纤维素的叠氮衍生物。

③ 溴化氰法。含有羟基的载体，如纤维素、琼脂糖凝胶等，可用溴化氰活化生成亚氨基碳酸衍生物。

④ 烷基化法。含羟基的载体可用多卤代物进行活化，形成含有卤素基团的活化载体。

用共价键结合法制备的固定化酶，结合很牢固，酶不会脱落，可以连续使用较长时间。但载体活化的操作复杂，同时由于共价结合时可能影响酶的空间构象而影响酶的催化活性。现在已有活化载体的商品出售，商品名为偶联凝胶。在实际应用时，选择适宜的偶联凝胶，可免去载体活化的步骤而很简便地制备固定化酶。在选择偶联凝胶时，一方面要注意偶联凝胶的特性和使用条件，另一方面要了解酶的结构特点，要避免酶活性中心上的基团被偶联而引起失活，也要注意酶在与载体偶联后可能引起酶活性中心的构象变化而影响酶的催化能力。

4. 交联法

借助双功能试剂使酶分子之间发生交联作用而制成网状结构的固定化酶的方法称为交联法。交联法也可用于含酶菌体或菌体碎片的固定化，常用的双功能试剂有戊二醛、己二胺、顺丁烯二酸酐、双偶氮苯等，其中应用最广泛的是戊二醛。交联法制备的固定化酶或固定化菌体结合牢固，可以长时间使用。但由于交联反应条件较激烈，酶分子的多个基团被交联，致使酶活力损失较大，而且制备成的固定化酶或固定化菌体的颗粒较小，给使用带来不便。为此，可将交联法与吸附法或包埋法联合使用，以取长补短，这种固定化方法被称为双重固定化法。双重固定化法已在酶和菌体固定化方面被广泛采用，可制备出酶活性高、机械强度又好的固定化酶或固定化菌体。

5. 热处理法

　　热处理法是将含酶细胞在一定温度下加热处理一段时间，使酶固定在菌体内，而制备得到固定化菌体。热处理法只适用于那些热稳定性较好的酶的固定化，在加热处理时，要严格控制好加热温度和时间，以免引起酶的变性失活。

二、固定化酶的特性

　　将酶或含酶菌体固定化制成固定化酶或固定化菌体以后，由于受到载体等的影响，酶的特性可能会有些变化。在固定化酶的使用过程中必须了解这些并对操作条件加以适当的调整。

　　1. 稳定性

　　固定化酶的稳定性一般比游离酶的稳定性好，主要表现在如下几方面。

　　① 对热的稳定性提高，可以耐受较高的温度。

　　② 保存稳定性好，可以在一定条件下保存较长时间。

　　③ 对蛋白酶的抵抗性增强，不易被蛋白酶水解。

　　④ 对变性剂的耐受性提高，在尿素、有机溶剂和盐酸胍等蛋白质变性剂的作用下，仍可保留较高的酶活力等。

　　2. 最适温度

　　固定化酶的最适作用温度一般与游离酶差不多，活化能也变化不大，但有些固定化酶的最适温度与游离酶比较会有较明显的变化。另外，同一种酶，在采用不同的方法或不同的载体进行固定化后，其最适温度也可能不同。因此，固定化酶作用的最适温度可能会受到固定化方法和固定化载体的影响，在使用时要加以注意。

　　3. 最适 pH 值

　　酶经过固定化后，其作用的最适 pH 值往往会发生一些变化，这一点在使用固定化酶时必须引起注意。影响固定化酶最适 pH 值的因素主要有两个，一个是载体的带电性质，另一个是酶催化反应产物的性质。

　　（1）载体性质对最适 pH 值的影响　　一般来说，用带负电荷的载体制备的固定化酶，其最适 pH 值比游离酶的最适 pH 值为高；用带正电荷载体制备的固定化酶的最适 pH 值比游离酶的最适 pH 值为低；而用不带电荷的载体制备的固定化酶，其最适 pH 值一般不改变。

　　（2）产物性质对最适 pH 值的影响　　一般说来，催化反应的产物为酸性时，固定化酶的最适 pH 值要比游离酶的最适 pH 值高一些；产物为碱性时，固定化酶的最适 pH 值要比游离酶的最适 pH 值低一些；产物为中性时，最适 pH 值一般不改变。

　　4. 底物特异性

　　固定化酶的底物特异性与游离酶比较可能有些不同，其变化与底物分子质量的大小有一定关系。对于那些作用于小分子底物的酶，固定化前后的底物特异性没有明显变化。而对于那些既可作用于大分子底物，又可作用于小分子底物的酶而言，固定化酶的底物特异性往往会发生变化。

三、固定化酶的应用

　　固定化酶既保持了酶的催化特性，又克服了游离酶的不足之处，具有如下显著的优点。

　　① 酶的稳定性增加，减少了温度、pH 值、有机溶剂和其他外界因素对酶的活力的影响，可以较长期地保持较高的酶活力。

　　② 固定化酶可反复使用或连续使用较长时间，从而提高了酶的利用价值，降低了生产成本。

③ 固定化酶易于和反应产物分开，有利于产物的分离纯化，从而提高产品质量。

因此，固定化酶已广泛地应用于食品、轻工、医药、化工、分析、环保、能源、科学研究等领域。

第二节　细胞固定化

通过各种方法将细胞与水不溶性的载体结合，制备固定化细胞的过程称为细胞固定化。将固定在载体上并在一定的空间范围内进行生命活动的细胞称为固定化细胞。固定化细胞能进行正常的生长、繁殖和新陈代谢，所以又称为固定化活细胞或固定化增殖细胞。微生物细胞、植物细胞和动物细胞都可以制成固定化细胞。

一、细胞固定化的方法

细胞种类多种多样，其大小和特性各不相同，因此细胞固定化的方法也有多种。

1. 吸附法

利用各种固体吸附剂，将细胞吸附在其表面而使细胞固定化的方法称为吸附法。用于细胞固定化的吸附剂主要有硅藻土、多孔陶瓷、多孔玻璃、多孔塑料、金属丝网、微载体和中空纤维等。

用吸附法制备固定化微生物细胞时，操作简便易行，对细胞的生长、繁殖和新陈代谢没有明显的影响，但吸附力较弱，吸附不牢固，细胞容易脱落，故使用受到一定的限制。

动物细胞大多数具有附着特性，能够很好地附着在容器壁、微载体和中空纤维等载体上，吸附法是制备固定化动物细胞的主要方法。吸附法制备固定化植物细胞，是将植物细胞吸附在泡沫塑料的大孔隙或裂缝之中，也可将植物细胞吸附在中空纤维的外壁。用中空纤维制备固定化植物细胞和动物细胞，有利于动植物细胞的生长和代谢，具有较好的应用前景，但成本较高而且难于大规模生产应用。

2. 包埋法

将细胞包埋在多孔载体内部而制成固定化细胞的方法称为包埋法。包埋法可分为凝胶包埋法和半透膜包埋法。以各种多孔凝胶为载体，将细胞包埋在凝胶的微孔内而使细胞固定化的方法称为凝胶包埋法。细胞经包埋固定化后，被限制在凝胶的微孔内进行生长、繁殖和新陈代谢。

凝胶包埋法是应用最广泛的细胞固定化方法，适用于各种微生物、动物和植物细胞的固定化。凝胶包埋法所使用的载体主要有琼脂、海藻酸钙凝胶、角叉菜胶、明胶、聚丙烯酰胺凝胶和光交联树脂等。

二、微生物细胞固定化

1. 固定化微生物细胞的特点

微生物细胞可以采用上述各种方法进行固定化，应用时可根据具体情况进行选择。固定化微生物细胞具有下列显著特点。

① 固定化微生物细胞保持了细胞的完整结构和天然状态，稳定性好。

② 固定化微生物细胞保持了细胞内原有的酶系、辅酶体系和代谢调控体系，可以按照原来的代谢途径进行新陈代谢，并进行有效的代谢调节控制。

③ 发酵稳定性好，可以反复使用或连续使用较长时间。

④ 固定化微生物细胞密度提高，可以提高产率。

⑤ 提高了工程菌的质粒稳定性。

2. 固定化微生物细胞的应用

① 利用固定化微生物细胞发酵生产各种胞外产物；

② 利用固定化微生物细胞与各种电极结合制成微生物电极。

三、植物细胞固定化

植物是各种天然色素、香精、药物和酶的重要来源。20 世纪 80 年代发展起来的植物细胞培养和发酵技术，为上述这些天然产物的工业化生产开辟了新途径。然而由于植物细胞体积较大、对剪切力较敏感，加上生长周期长、容易聚集成团等原因，使植物细胞悬浮培养及发酵生产中存在稳定性较差、率率不高等问题。但植物细胞固定化技术所显示的优点对植物游离细胞的不足之处起到了弥补作用。

1. 固定化植物细胞的特点

固定化植物细胞具有下列显著特点。

① 植物细胞经固定化后，由于有载体的保护作用，可减轻剪切力和其他外界因素对植物细胞的影响，提高植物细胞的存活率和稳定性。

② 细胞经固定化后，被束缚在一定的空间范围内进行生命活动，不容易聚集成团。

③ 固定化植物细胞发酵可以简便地在不同的培养阶段更换不同的培养液，即首先在生长培养基中生长增殖，在达到一定的细胞密度后，改换成发酵培养基，以利于生产各种所需的次级代谢物。

④ 固定化植物细胞可反复使用或连续使用较长时间，大大缩短了生产周期，提高了产率。

⑤ 固定化植物细胞易于与培养液分离，利于产品的分离纯化，提高了产品质量。

2. 植物细胞固定化的方法

植物细胞固定化的方法主要有吸附法和包埋法两种。

3. 固定化植物细胞的应用

固定化植物细胞的主要用途是制造人工种子。在一定的条件下，细胞会生长、繁殖，按照细胞全能理论，每一个细胞都可以长成一棵完整的植株。通过植物细胞培养技术，可以由一粒种子快速繁殖得到大量细胞，再通过固定化技术进行人工种子的研制，就有可能获得大量具有相同遗传特性的植株。这对种子的保存具有重要意义，并可以节约种子的用量。

此外，固定化植物细胞还可以用于生产各种色素、香精、药物、酶等次级代谢物。一般仅适用于可以分泌到细胞外的产物的生产。对于细胞内产物，则要想办法增加细胞的通透性，使胞内产物分泌到细胞外。

四、动物细胞固定化

动物细胞可生产激素、酶和免疫物质等动物功能蛋白质。但由于动物细胞体积大，又没有细胞壁的保护作用，在培养过程中极易受到剪切力等外界因素的影响。加上动物细胞生长缓慢、培养基组分复杂且昂贵、产率不高等因素，使动物细胞在生产上的应用受到限制。为此需在提高动物细胞稳定性、缩短生产周期、提高生产效率方面下工夫，其方法之一就是进行固定化。

动物细胞中，除了一部分可以自由悬浮在培养液中的悬浮细胞以外，绝大部分属于附着细胞，它们必须附着在固体表面才能进行正常的生长繁殖。这就使固定化技术在动物细胞培养方面具有更重要的意义。

1. 固定化动物细胞的特点

固定化动物细胞具有下列特点。

① 提高细胞存活率。动物细胞经固定化后，由于有载体的保护作用，可以减轻或免受剪切力的影响，同时动物细胞可附着在载体表面生长，从而可显著提高动物细胞的存活率。

② 提高产率。动物细胞固定化后，可先在生长培养基中生长繁殖，使细胞在载体上形成最佳分布并达到一定的细胞密度。然后可简便地改换成发酵培养基，控制发酵条件，使细胞从生长期转变到生产期，以利于提高产率。

③ 固定化动物细胞可反复使用或连续使用较长的时间。

④ 固定化细胞易于与产物分开，利于产物分离纯化，提高产品质量。

2. 动物细胞固定化方法

动物细胞固定化方法有吸附法和包埋法两种。

（1）吸附法

大多数动物细胞属于附着细胞，它们在培养过程中必须附着在固体表面。故此吸附法特别适合于动物细胞的固定化。此法操作简便、条件温和，是动物细胞固定化中研究和使用最早的方法。常用的吸附固定化载体有转瓶、微载体和中空纤维等。

（2）包埋法

包埋法已成功地用于动物细胞固定化。包埋固定化法一般适用于悬浮细胞。根据载体和方法的不同，有凝胶包埋法、半透膜包埋法两种。

① 凝胶包埋法。用于动物细胞固定化的凝胶载体主要有琼脂糖凝胶、海藻酸钙凝胶和血纤维蛋白等。

② 半透膜包埋法。利用高分子聚合物形成的半透膜将动物细胞包埋，形成微囊型固定化动物细胞。

3. 固定化动物细胞的应用

动物细胞具有群体效应，需要贴附在载体的表面才能正常生长。所以固定化动物细胞得到了广泛应用，特别是采用微载体对动物细胞进行吸附固定化。主要用于生产小儿麻痹症疫苗、风疹疫苗、狂犬病疫苗等。

第三节　原生质体固定化

固定化细胞有许多优点，但也有其缺点，就是固定化细胞只能用于生产胞外酶和其他能够分泌到细胞外的产物。而细胞产生的许多代谢产物之所以不能分泌到胞外，主要就是由于细胞壁对物质扩散的障碍。

微生物细胞和植物细胞若除去细胞壁后，就可获得原生质体。原生质体很不稳定，容易破裂，如果将原生质体用多孔凝胶包埋起来制成固定化原生质体，因为有载体的保护，就会使原生质体的稳定性提高，免于破裂。同时，固定化原生质体由于去除了细胞壁这一扩散障碍，有利于氧的传递、营养成分的吸收和胞内产物的分泌。

固定化原生质体的制备主要包括原生质体的制备和原生质体固定化两个阶段。

一、原生质体的制备

要进行原生质体固定化，必须将微生物细胞和植物细胞的细胞壁破坏而分离出原生质体。同时，在破坏细胞壁时候，不能影响到细胞膜的完整性，更不能使细胞内部的结构受到破坏，为此只能使用对细胞壁有专一性作用的酶。

不同种类的细胞，由于各自细胞壁的组成、结构和性质不同，原生质体的制备方法也不一样。除去细胞壁所使用的酶应根据细胞壁主要成分的不同而进行选择。细菌的细胞壁主要成分是肽多糖，所以要用从蛋清中得到的溶菌酶；酵母细胞壁主要由 β-葡聚糖构成，故采用 β-1,3-葡聚糖酶；霉菌的细胞壁组成比较复杂，除含有几丁质外，还有其他多种组分，故需有几丁质酶与其他有关酶共同作用。植物细胞壁由纤维素、半纤维素和果胶组成，制备植物原生质体时主要应用纤维素酶和果胶酶。

为防止制备得到的原生质体破裂，应加入适当的渗透压稳定剂。要注意所加入的化合物对细胞和原生质体无毒性，不会影响溶菌酶等细胞壁水解酶的活性，而且对原生质体的代谢产物没有显著的不良影响。

二、原生质体固定化

原生质体制备好后，把离心收集到的原生质体重新悬浮在含有渗透压稳定剂的缓冲液中，配成一定浓度的原生质体悬浮液，然后采用包埋法制成固定化原生质体。原生质体固定化一般采用凝胶包埋法，常用的凝胶有琼脂凝胶、海藻酸钙凝胶、角叉菜胶和光交联树脂等。

三、固定化原生质体的特点

固定化原生质体具有下列显著特点。

① 固定化原生质体由于解除了细胞壁这一扩散屏障，可增加细胞膜的通透性，有利于氧气和营养物质的传递和吸收，也有利于胞内物质的分泌，可显著提高产率。

② 固定化原生质体由于有载体的保护作用，具有较好的操作稳定性和保存稳定性，可反复使用和连续使用较长的时间，利于连续化生产。在冰箱保存较长时间后仍能保持其生产能力。

③ 固定化原生质体易于和发酵产物分开，有利于产物的分离纯化，提高产品质量。

④ 固定化原生质体发酵的培养基中需要添加渗透压稳定剂以保持原生质体的稳定性。这些渗透压稳定剂在发酵结束后，可用层析或膜分离技术等方法与产物分离。

四、固定化原生质体的应用

固定化原生质体一方面保持了细胞原有的新陈代谢特性，可以照常产生原来在细胞内产生的各种代谢产物；另一方面又去除了细胞壁这一扩散屏障，有利于胞内产物不断地分泌到胞外，这样就可以不经过细胞破碎和提取工艺而在发酵液中获得所需的发酵产物，为胞内物质的工业化生产开辟了新途径。

固定化原生质体可用于各种氨基酸、酶和生物碱等物质的生产以及甾体转化等。

第四节　固定化酶的应用

固定化酶可用于治疗疾病，主要是因为固定化酶稳定，不被人体内的蛋白酶分解，而且不与体液接触，不至于发生过敏反应。例如，导致小儿智力发育不全的苯丙酮尿症，主要病因是病人体内缺乏使丙氨酸引入羟基生成酪氨酸的酶。对此，直接的治疗方法是向病人体内注入所缺失的酶。但是，作为异种蛋白的酶注入人体（特别是注入血液），会因免疫反应产生抗体，导致酶的活力下降。加上体内蛋白酶对注入酶的分解和一些不利于酶作用的因素影响，酶不可能在体内长时间发挥作用。因此，欲使酶发挥有效的治疗作用，必须反复将酶注入体内。然而，反复注入酶更会加强免疫反应和引起过敏反应。如果将酶制剂制成微型胶囊式固定化酶，再给患者注射，便可避免上述缺点。

　　另外，固定化酶的应用在化学分析方面也非常广泛。固定化酶分析法，不但显现高度的灵敏性和完全的作用专一性，而且酶被固定化后稳定性好，可以反复使用和进行异相反应，并可避免引入杂质（由酶制剂而来）。如果将固定化酶与各类材料、仪器（分光光度计、荧光计、微热量计等）相结合，形成酶试纸、酶柱、酶管、酶电极、酶热敏电阻器等，可促进酶法分析更好地应用于临床检验、环境监测、科学实验、工农业和国防事业，大大节省分析所需时间和购买昂贵的高纯度酶试剂的费用。

习　　题

　　1. 名词解释

　　酶工程，固定化技术，酶的固定化，动物细胞的固定化，原生质的固定化，植物细胞的固定化

　　2. 酶的固定化有哪几种方法？

　　3. 简述固定化方法的特点。

第二十章 蛋白质工程

【教学要求】

1. 教学目的

掌握蛋白质工程的概念和必要性；

熟悉蛋白质工程的类型和基本程序；

了解蛋白质工程的研究方法和应用。

2. 教学重点

蛋白质工程的概念、类型和基本程序。

第一节 蛋白质工程的概念和基本程序

蛋白质工程是 20 世纪 80 年代在基因工程基础上发展起来的第二代基因工程。蛋白质工程是基因工程的深化和发展，也是生物技术中最富有发展前景的高新技术领域之一。随着分子生物学、晶体学及计算机技术的迅猛发展，蛋白质工程在 20 世纪后期取得了长足的进步，成为研究蛋白质结构和功能的重要手段，同时广泛应用于制药及其他工业生产中。

一、蛋白质工程的概念

所谓蛋白质工程是指人们在深入了解蛋白质空间结构以及结构与功能的关系，并且在掌握基因操作技术的基础上，设计和改造蛋白质，以改善蛋白质的物理性质和化学性质，如提高蛋白质的热稳定性、酶的专一性等，使之更好地为人类所用。

蛋白质工程是利用 X 射线结晶学和电子计算机图像，确定天然蛋白质的立体空间三维构象和活性部位，分析设计需要改变或替换的氨基酸残基，然后采用定位突变基因等方法，直接修饰或人工合成基因，有目的地按照设计来改变蛋白质分子中的任何一个氨基酸残基，以达到改造天然蛋白质或酶，提高其应用价值的目的。

二、蛋白质工程基本程序

蛋白质工程的基本程序可以概括如图 20-1。从中可知，蛋白质工程是一个根据已知蛋

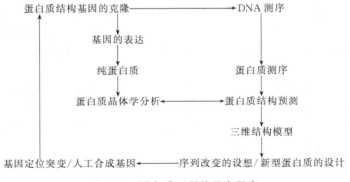

图 20-1 蛋白质工程的基本程序

白质结构知识再进行创新的过程。首先要测定蛋白质中氨基酸的顺序，测定和预测蛋白质的空间结构，建立蛋白质的空间结构模型，然后提出对蛋白质进行加工和改造的设想，通过基因定位突变和其他方法获得需要的新蛋白质的基因，进而进行蛋白质合成。这一过程不是一次就能完成的，需要反复尝试，才能得到所需要的蛋白质。

三、开展蛋白质工程的必要性

1. 生产需要

长期的生产实践积累了许多要解决的实际问题：人们的饮食要求必需氨基酸含量高且种类全的蛋白质；预防疾病需要大量来自人体本身就有的酶、激素、抗体和调节因子；发酵工业需要耐热、耐酸碱、高活性的酶制剂；农业需要高蛋白、抗虫害、耐盐碱、耐干旱的新品种；材料工业需要高储存信息能力、高强度、无污染的生物材料。另外，科学家已初步证实，疯牛病、帕金森综合征及老年痴呆症等疾病是由于蛋白质空间结构发生变化而引起的。

2. 基础研究

基础研究包括蛋白质合成机理、蛋白质折叠机理、蛋白质序列语言的语法研究、生命起源与蛋白质分子进化、生物的寿命与蛋白质代谢的研究。概括起来，蛋白质工程的目的是改变蛋白质的生物活性、改变蛋白质的稳定性、改变蛋白质的特性和用于蛋白质结构与功能研究。

第二节   蛋白质工程的类型和研究方法

一、蛋白质工程的类型

1. 从头设计

完全按照人的意志设计合成蛋白质，设计的蛋白质是自然界从来没有的，这是蛋白质工程中最有意义但最困难的操作类型。蛋白质类药物工业需要这样的技术。例如治疗艾滋病，人们根据艾滋病毒壳蛋白的结构，设计出能够将其水解的酶。蛋白质从头设计技术目前尚不成熟，已经合成的蛋白质只限于一些很小的蛋白质。

2. 定点突变和局部修饰

在已有的蛋白质基础上，只进行局部的修饰。有些蛋白质，例如胰岛素，人们一直希望能不通过注射而进入人体作用，从而减轻患者每天几次注射带来的痛苦和因此感染疾病的机会，因此设想将胰岛素的结构加以修饰，避免人体消化道酶的水解破坏。在理论研究中，为了确定蛋白质生物活性关键部位，试图将一些部位的氨基酸残基进行取代，然后观察修改后的蛋白质活性变化，从而认识这些部位的氨基酸残基的作用。酶活性部位的氨基酸残基的种类和分布特点就是用这一方法进行研究的。蛋白质耐热、耐酸、耐碱等特性说到底，要么与某种氨基酸的含量有关，要么与空间结构有关。蚕丝蛋白的氨基酸组成和排列明显不同于其他蛋白质，而作为纺织材料，其缺点是容易打褶，克服这一缺点并不需要将其基因完全改变，只需将其少数氨基酸残基进行替换。

定点突变技术已经获得较多成功。在蛋白质折叠机理研究中，定点突变技术成为经常性的方法，例如溶菌酶，由于该酶是仅由一条链（166～172 氨基酸）组成的蛋白质，二级结构以 α-螺旋为主，仅有极少比例的 β-折叠，全世界至今合成的单个氨基酸残基突变体溶菌酶达到 150 余种，这个数目还在不断增加。

在仅有的 20 种氨基酸的范围内，表面看来，找出彼此之间的可替换规律似乎不难，实际实验的结果证明这并非想像的那样简单。主要原因是处在蛋白质中的氨基酸残基不是独立发挥作用的，左邻右舍甚至是远在末端或不在同一条链上的氨基酸残基之间也有相互作用，更何况还要考虑到非氨基酸残基的作用。

二、蛋白质工程的研究方法

基因工程通过分离目的基因重组 DNA 分子，使目的基因更换宿主得以异体表达，从而创造生物新类型，但这只能合成自然界固有的蛋白质。蛋白质工程则是运用基因工程的 DNA 重组技术，将克隆后的基因编码序列加以改造，或者人工合成新的基因，再将上述基因通过载体引入适宜的宿主系统内加以表达，从而产生数量几乎不受限制、有特定性能的"突变型"蛋白质分子，甚至全新的蛋白质分子。

蛋白质工程所要实现的目标就是根据人类的需要改造天然蛋白质或设计创造自然界没有的新蛋白质。实现蛋白质工程目标有三个环节的工作要做，介绍如下。

第一，需要用结晶学技术培养获得蛋白质晶体，而且尽可能得到微晶，利用 X 射线技术通过晶体衍射仪收集衍射数据，经等密度图转换，对晶体进行测量、分析，确定蛋白质的三维结构。除此之外还可以通过分光光度计、核磁共振、圆二色性、电镜等技术获得某些结构信息。

第二，需要借助电子计算机对蛋白质进行选择饰变，可通过模拟三维图像进行能量计算和动力学研究，从氨基酸化学结构预见空间结构，也可通过建立数据库、专家系统和人工智能等途径确定蛋白质结构和功能的关系，找到所要修饰的位点。

第三，通过改变编码蛋白质的基因的核苷酸实现蛋白质结构的改变，这首先需对基因序列有所了解，然后通过定点突变技术进行碱基替换，这就需要一整套的基因操作技术。

总之通过这三个环节的工作才能对所饰变的蛋白质的结构和功能有基本认识。由于目标不同，起点可能不同，如对已有的蛋白质改造需要从结构测定入手；而创造新的蛋白质，可通过已有的蛋白质结构功能信息资料进行分子设计，通过基因表达后再对表达产物的结构和功能进行检测、分析。要获得一个理想的蛋白质工程产品往往需进行多轮的饰变、分析、检测与修改的过程才能实现。

第三节　蛋白质工程的应用和发展

20 世纪 80 年代初首次提出了蛋白质工程概念，并建立了专门研究实体，制定了相应的研究开发计划。其后，以美国为首的几家生物技术公司同时应用蛋白质工程技术得到了几种蛋白质结构，这标志着蛋白质工程的正式诞生。蛋白质工程创立初始即显示了它的巨大应用前景，如嗜热脂肪芽孢杆菌氨酰-tRNA 合成酶活性的改变，使 T$_4$ 溶菌酶热稳定性得到改变，对于用 T$_4$ 噬菌体清除乳酪制造中梭状芽孢杆菌污染可发挥重要作用；对抗胰蛋白酶的改造，可防止其被氧化，并被应用于防止肺气肿；改变枯草杆菌蛋白酶稳定性和抗氧化性。这些都可应用在洗涤、蚕丝加工业、制革工业中，因此蛋白质工程得到许多国家政府和公司的极大关注，并纷纷投入巨大的资金和力量进行研究和开发。近 10 年来已有一些工业用酶和家用产品进入市场，一些项目得到专利保护，商业竞争趋势异常激烈。

在开发产品的同时，蛋白质工程基础研究也在不断加强，研究对象由单一蛋白质扩充到糖蛋白、糖、蛋白质-核酸复合物以及核酸酶等生物分子和复合体。研究内容从蛋白质饰变延伸到分子设计、构象设计、药物设计等。研究技术及手段日新月异，基因资源的积累和计算机应用软件的大量涌现，促成了生物信息研究（bioinformatic）技术的形成，为加强蛋白质工程的高效、理性和创造性奠定了基础，这必将大大加快其研究和开发进程。进入 20 世纪 90 年代以后，对天然蛋白质进行改造的技术越来越成熟，设计合成新的蛋白质的途径已取得突破性进展，为蛋白质工程树立了新的里程碑。

蛋白质工程在生命科学研究和医药、工业、农业等各行各业中具有广阔的应用前景，其突出表现有以下几个方面。

一、医用蛋白质工程

利用生物细胞因子进行人类疾病治疗的独到作用已越来越被人们重视。基因工程技术诞生后首先就被用于人类生长激素释放抑制因子、胰岛素等医用蛋白质产品的开发，这大大地降低了治疗成本。利用大肠杆菌进行真核生物蛋白质表达会遇到生物活性低等问题，解决这些问题的出路之一是研究开发新的表达系统，如酵母、哺乳动物细胞等。另外，借助蛋白质工程，如利用分子设计和定点突变技术获得胰岛素突变体等取得了相当多的成果，同时，干扰素、尿激酶等蛋白质工程也取得了长足的发展。此外，利用蛋白质工程技术进行分子设计，通过肽模拟物构象筛选药物等方面的研究更加丰富了蛋白质工程的内容。

二、工业用酶的蛋白质工程

以酶的固定化技术为核心的酶工程是 20 世纪继生物发酵工程后的又一个创造出巨大工业应用价值的现代生物工程技术。通过酶的结构或局部构象调整、改造，可大大提高酶的耐高温、抗氧化能力，增加酶的稳定性和其适用的 pH 范围，从而获得性质更稳定、作用效率更高的酶，并应用于食品、化工、制革、洗涤等工业生产中。如食品工业中用于制备高果糖浆的葡萄糖异构酶，用于干酪生产的凝乳酶，用于洗涤工业的枯草杆菌蛋白酶等蛋白质工程产品。

三、病毒疫苗的蛋白质工程

疫苗在病毒等病原引起的人及畜禽传染性疾病的预防中起着不可替代的作用。从制备疫苗的途径来说已有几代产品，目前如乙肝等基因工程疫苗已开始得到应用。通过抗原移植和构建各种颗粒体、活载体及多价疫苗的研究已经成为生物技术领域的研究热点，但与此同时也遇到了一些问题，如移植抗原三级结构没有完全恢复天然状态，因而使得抗原性不够理想。蛋白质工程技术将在今后的疫苗改造中发挥重要的作用，不但可使抗原性得到最大程度的提高，还可使重组疫苗抗病作用更加广泛。近年来越来越多的病毒精细结构的阐明正在为开展蛋白质工程奠定基础。

四、抗体的蛋白质工程

抗体不仅在哺乳动物机体中担负着重要的体液免疫功能，还在医学、生物学免疫诊断中被广泛地应用。于 20 世纪人们证明了抗体是一类免疫球蛋白，并相继阐明了抗体的产生及其多样性的细胞和分子机制，使免疫学研究成为生命科学前沿领域。同时抗体的制备技术也经历着一次又一次革命，由血清抗体到杂交瘤单克隆抗体，再到基因工程抗体库技术，可谓日新月异。单克隆抗体给人类疾病的药物导向治疗带来了曙光，但应用上遇到鼠抗体对人具有免疫原作用的问题，而蛋白质工程已成功地解决了这个问题。通过结构分析表明，抗体可变区内具有 6 个互补决定区（CDR）与抗原结合作用，其他区域作为支架（FR）维持构象，通过 CDR 移植已构建了 30 多种改型的人源化鼠抗，并通过序列分析比较和计算机模拟进行分子设计，对 FR 区特定碱基进行替换，保证了改型后抗体亲和力不下降，这种抗体有人称之为第二代基因工程抗体，亦即蛋白质工程抗体。目前，有人研究通过抗体的多样性从抗体库中筛选具有酶活性的分子，从而得到抗体酶。可以相信，蛋白质工程在未来改造抗体中还将发挥更大作用。

分子生物学基础研究及其他以上提到的只是蛋白质工程应用上的几个具有代表性的领域，实际上它的作用远非如此。随着蛋白质工程研究对象的扩大和技术的成熟，其应用领域也将不断拓宽，除用于直接生产蛋白质产品外，也将通过操作生物体内蛋白质而获得特定的生物性状。有人根据植物叶绿体中 1,5-二磷酸核酮糖羧化酶、加氧酶双重活性，提出通过蛋白质工程途径提高其还原能力、降低氧化能力从而提高光合作用效率的设想，目前已进行了大量探索工作，一旦成功必将给农业生产带来巨大的效益。另外，改良农作物的蛋白质组成的蛋白质工程也是目前正在研究的重要课题。蛋白质工程不仅对产品开发具有巨大的作用，它也为基础分子生物学研究提供了非常有用的手段，因为它可以从分子内部了解构象和功能的关系，从而阐明分子作用机制。近年来国际上正在利用结构分析、定点突变等技术研究一些重要的分子生物学和细胞分子生物学问题，如蛋白质合成过程中延伸因子的作用，蛋白体在蛋白质折叠、加工过程中的作用位点，以及肿瘤基因 Ras 蛋白的作用等，并且各方面都取得了较快的进展。

蛋白质工程作为一项新的生物技术可以说还刚刚起步，它的发展前景无量。今后蛋白质工程将和其他生物技术共同发展，为阐明生命科学领域中的重大问题并尽快转变成实用技术做出巨大的贡献。

习　　题

1. 说明蛋白质工程的基本程序。
2. 简述开展蛋白质工程的必要性。
3. 蛋白质工程的研究方法有哪些？
4. 蛋白质工程有哪些应用？

实 验

绪 论

实验须知

生物技术基础实验是生物技术基础课程的重要组成部分，其目的是：训练学生掌握生物学最基本的操作技能，加深理解课堂讲授的理论知识，培养学生观察、思考、分析问题和解决问题的能力；培养学生实事求是、严肃认真的科学态度以及勤俭节约、爱护公物的良好作风，为今后进行生物技术制药专业课程的学习打下良好的基础。

为了学好生物技术基础实验课，提高实验效率，保证安全，特提出以下几点要求。

1. 实验时须穿好实验工作服，以防被细菌等微生物污染；离开实验室时脱下实验工作服，反折挂回原处；实验工作服应经常洗涤、消毒，保持干净。

2. 除必要的书籍、实验报告及文具外，非实验所需用品以及其他个人物品（如书包、餐具等）一律不得带入实验室；未经教师允许，不得将实验室内物品带出。

3. 实验室内应保持整洁，严禁食用任何食品或吸烟；勿高声谈话和随便走动，保持室内安静。

4. 实验时要小心仔细，严格遵守实验操作规程和无菌操作技术，各类微生物及其培养物应轻拿轻放，以免容器破损，造成污染或其他事故。

5. 实验中用过的器材必须放在指定的地点或按特殊要求处理，切不可乱丢乱放。

6. 实验过程中万一发生有菌材料污染衣物、皮肤、桌面、用具，应立即报告教师，及时处理，切勿隐瞒。简单的处理方法介绍如下。

如有菌材料污染桌面、地面，可用 3% 的煤酚皂溶液或 1% 的新洁尔灭等消毒液倒在污染处覆盖 30min 后擦去。如有菌材料为芽孢杆菌，应延长消毒时间。

如手上沾有活菌，应浸泡在上述消毒液中 10～20min 后，再用肥皂及水洗净。

如不慎吸入细菌菌液等，应立即吐出，再用 0.1% 的高锰酸钾溶液漱口，必要时可口服抗菌类药物。

凡带菌的工具（吸管、玻璃刮棒等）在洗涤前均应浸泡在 3% 的煤酚皂溶液中进行消毒。

7. 为保证安全，实验过程中切勿使酒精、乙醚、丙酮等易燃药品接近火焰。如遇火险，先关掉火源，再用湿纱布或砂土掩盖灭火。必要时用灭火器。

8. 每次实验前应做好充分的预习，了解实验的目的、原理和方法，做好实验前的必要准备工作，避免在实验中发生差错及事故。

9. 实验过程中要做好实验记录。对于当时不能得到结果而需要连续观察的实验，则需记下每次观察的现象和结果，以便分析；若实验结果与理论不符，则应及时分析，找出原因，必要时重复实验；若是一些较复杂的实验，应与其他同学做好分工协作，注意合理分配和运用时间。

10. 每次实验的结果，应以实事求是的科学态度、力求简明准确写入实验报告中并及时汇交教师批阅。

11. 爱护公物，尤其是使用显微镜或其他贵重仪器时，要求细心操作，特别爱护。对消耗材料和药品要力求节约，用毕后放回原处。如损坏器材，应主动报告教师，听候处理。

12. 实验完毕，将需培养的物品作好标记，放入恒温箱；清理好实验台面，脱下实验工作服，将手消毒并洗净才可离开实验室。

13. 值日生应将实验室打扫干净，并用消毒液擦拭桌面，在确认水、电、煤气、窗等已关好后，才可离开实验室。

实验一　显微镜的构造与使用

一、实验目的

1. 了解普通光学显微镜的构造。
2. 掌握显微镜的使用方法。

二、实验原理

1. 光学显微镜的构造

微生物个体微小，必须用显微镜放大成百上千倍才能看到。微生物实验室中最常用的是普通光学显微镜（以下简称显微镜），它的构造可分为机械部分和光学部分（实验图 1-1）。

（1）机械部分

① 镜臂：为一弓形金属柱，是搬取显微镜时手握之处。

② 镜筒：位于显微镜的上方，为一空心圆筒。上端连接目镜，下端与转换器相接。

③ 转换器：用来安装和转换物镜，通常有三孔，可装配不同放大率的物镜。使用时根据需要可自由旋转，更换放大倍数不同的物镜。

④ 调节器：有粗调节器和细调节器两种，用来调节物镜与标本之间的距离，使被观察物在正确的位置上形成清晰的图像。粗调节器可使镜筒有较大距离的升降，细调节器调节升降的距离很小，一般在已见到图像，但还不太清晰时使用。

⑤ 载物台：为镜筒下的平台，用以载放被检标本。台中央有孔，称为通光孔，可通过集中的光线。载物台上装有压片夹，以固定标本片；有的还装有推进器，可固定或移动标本片。

⑥ 镜座：为支持全镜的底座。

（2）光学部分

① 目镜：又称接目镜，安放于镜筒上端，上面刻有

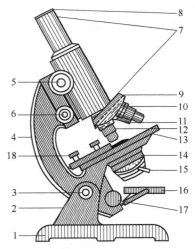

实验图 1-1　光学显微镜

1—镜座；2—镜柱；3—倾斜关节；4—镜臂；5—粗调节器；6—细调节器；7—镜筒；8—接目镜；9—转换器；10—油镜；11—低倍镜；12—高倍镜；13—载物台；14—聚光器；15—光圈把手；16—反光镜；17—聚光器调节螺旋；18—标本移动旋钮

5×、10×、15×等标记，各代表其放大倍数。为便于指示物像，目镜中常装有指针。

② 物镜：又称接物镜，它是决定显微镜性能的最重要部件，装在转换器的圆孔内，一

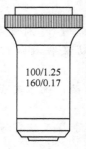

实验图 1-2　光学
显微镜物镜

般有 3 个，即低倍镜、高倍镜和油镜。物镜上一般都标有表示物镜光学性能和使用条件的一些数字和符号，如实验图 1-2 所示。以图中物镜为例，这里 100 指的是放大倍数，1.25 为该物镜的数值口径，数值口径愈大，分辨物体的能力愈强；160 表示镜筒的机械长度（mm），0.17 为所用盖玻片的最大厚度（mm）。物镜下缘常还刻有一圈带色的线，用以区别不同放大倍数的物镜。

③ 聚光器：位于载物台下方，其位置可上下移动，上升则视野明亮，下降则光线减弱。在聚光器下方装有虹彩光圈，借此也可以调节视野亮度。

④ 反光镜：位于聚光器之下方，作用是采集外来光线并反射到聚光器中。有平面镜和凹面镜之分，一般在光源光线较强时用平面镜，光源光线轻弱时用凹面镜。

2. 放大倍数

标本的放大倍数是物镜放大倍数与目镜放大倍数的乘积（实验表 1-1）。

实验表 1-1　显微镜的放大倍数

项　目	物　镜	目　镜	放大倍数	项　目	物　镜	目　镜	放大倍数
低倍镜	10	10×	100	油镜	100	10×	1000
高倍镜	40	10×	400				

通常物镜的放大倍数愈大，物镜镜头到标本之间的距离就愈短，这时光圈就要打开得愈大。

3. 油镜的原理

油镜的开口很小，故进入镜中的光线较少，其视野较用低倍镜、高倍镜时暗。当油镜与标本片之间为空气时，由于空气中的折射率为 1.0，而玻璃的折射率为 1.52，故有一部分光线被折射而不能进入镜头内，以致视野很暗。为了增强光照亮度，一般用香柏油充填镜头与标本片之间的空隙。因为香柏油的折射率为 1.51，与玻璃的折射率相近，故通过的光线极少因折射而损失，这样，视野充分明亮、便于清晰地观察标本（实验图 1-3）。

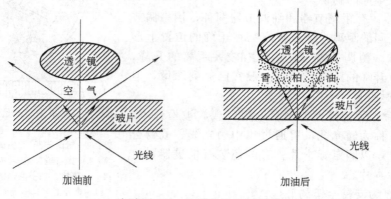

实验图 1-3　油镜使用的原理

三、实验材料

所需实验材料除显微镜外，还有细菌染色标本片或其他微生物标本片，香柏油、二甲苯、显微镜、擦镜纸等。

四、实验方法

1. 取镜

取用显微镜时，应右手紧握镜臂，左手托住镜座，保持镜身直立，轻轻放置在离实验桌边缘约 10cm 的桌面上，端正坐姿，使镜臂对着左肩。放置妥当后，应检查各部分是否完好。

2. 对光

转动粗调节器，使镜筒上升，然后转动转换器，使低倍物镜与镜筒成一直线，打开光圈，左眼向目镜内观察，调节反光镜、聚光器和光圈，使整个视野亮度均匀适宜。

3. 装片

将标本片置于载物台上，用压片夹固定，调节标本移动旋钮，将所要观察的部分对准物镜。

4. 低倍物镜的使用

观察标本必须从低倍镜开始。先转动粗调节器，使物镜与标本片接近。直至初见物像，再转动细调节器使物像清晰。镜检时，两眼都要睁开，一般用左眼观察，用右眼协助绘图或记录。

5. 高倍物镜的使用

在低倍镜下找到物像后，将要观察的部位移至视野中央，然后小心转换高倍物镜进行观察。如果看不清物像，可用细调节器稍加调节焦距使物像清晰。若光线较暗，可调节聚光器及光圈。

6. 油镜的使用

升高镜筒，换入油镜。在标本片的待检部位加一滴香柏油，从显微镜侧面观察，调节粗调节器，缓缓使油镜头浸入油滴内，几乎与标本片相接，但两者切不可相碰。然后调节光照，一边从目镜观察，一边徐徐调节粗调节器，看到模糊图像之后，再调节细调节器使物像清晰。如镜头离开油面还未看到物像，则需重新操作。

7. 清洁

观察完毕，转动粗调节器使镜筒上升，取下标本片，及时用擦镜纸将油镜和标本片擦干净，再用蘸过二甲苯的擦镜纸擦拭，随后用干净的擦镜纸再擦二次。

8. 还镜

将物镜转离通光孔，以防镜头与聚光器碰撞。把镜头下降与载物台相接，降下聚光器，竖直反光镜，罩好防尘罩或放回镜箱内。

五、注意事项

① 拿显微镜要做到"一握、一托、镜身直"，取用过程中应避免碰撞。

② 显微镜为精密、贵重仪器，应注意细心爱护，不得随便拆卸。若发现故障，应及时向老师提出，以便检查修理。

③ 用显微镜观察的水浸标本片应盖上盖玻片。

④ 临时标本片制好后，必须用吸水纸吸净载玻片或盖玻片外面的试液，方可置于载物台上观察，严防酸碱等试液腐蚀镜头和载物台。

⑤ 降下镜筒时，宜慢忌快，一定要注意物镜与标本片之间的距离，谨防损坏镜头。在整个调焦过程中，动作要慢、要小心谨慎。

⑥ 从高倍物镜和油镜下取出标本时，必须先提升镜筒，将镜头转离通光孔，方可取出。

⑦ 保持清洁。禁止用手触摸一切光学部分，尤其是物镜和目镜镜头。

⑧ 使用完毕，各个附件要清点齐全，归还原位，置于通风干燥处。

六、思考题

1. 镜检标本片时，为什么要先用低倍镜？

2. 油镜的原理是什么？怎样正确使用油镜？

实验二　细菌的单染色法

一、实验目的

1. 掌握细菌涂片和单染色技术。

2. 复习显微镜的使用和操作。

二、实验原理

细菌的体积小、无色半透明，在普通光学显微镜下不易观察清楚，故通常需染色来增加菌体与背景之间的色差，以清楚易辨。

细菌的等电点为 pH2～5，在接近中性的环境中通常带负电荷，易与带正电荷的碱性染料相结合而染上颜色，故常用亚甲蓝、碱性复红、草酸铵结晶紫等染料染色。单染色法只使用一种染料，所染的细菌均被染成一种颜色，一般能够显示细菌的形态、排列和大小，但不能显示细菌的内部构造。

三、实验材料

大肠杆菌和金黄色葡萄球菌 18～24h 培养物，生理盐水，亚甲蓝染色液，碱性复红染液，香柏油，二甲苯，显微镜，接种环，吸水纸，载玻片，酒精灯，擦镜纸。

四、实验方法

1. 涂片

取洁净的载玻片一块，滴一小滴生理盐水于载玻片中央（如被检材料是液体，可不加生理盐水）。将接种环在酒精灯火焰上灭菌，冷却后伸入试管取菌少许（切不可多，更不可将培养基刮下），混入载玻片上的生理盐水中，磨匀并涂抹成直径 1.5cm 左右的均匀薄层菌膜（实验图 2-1）。将接种环灭菌后放回原处。

2. 干燥

涂片最好在室温中让其自然干燥。有时为了干燥得快些也可在酒精灯火焰上方烘干，但勿紧靠火焰；也可以用吹风机吹干。

3. 固定

让菌膜面朝上，将载玻片在酒精灯火焰外层来回通过 3 次，此为"固定"。其目的是使细胞质凝固，以固定细菌的形态，并使细菌黏附于玻片上，以在染色和水冲时不会脱落。

4. 染色

将细菌涂片平置，滴加 1 滴亚甲蓝（或复红染液）于菌膜上，染液以覆盖涂抹的标本为度，染色 1～2min。

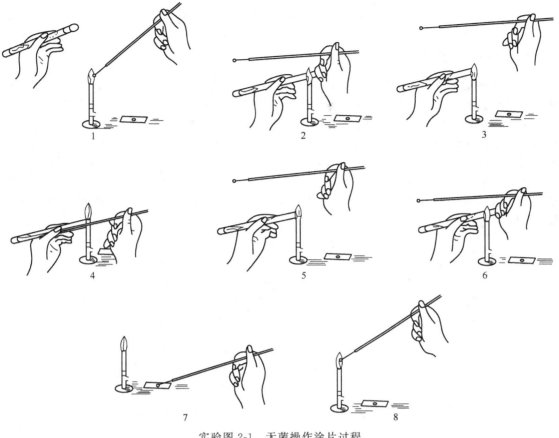

实验图 2-1　无菌操作涂片过程
1～8 表示实验步骤

5. 水洗

斜置载玻片，用细水流从上端流下洗去多余的染液。

6. 干燥

自然干燥或用吹风机吹干水分。

7. 镜检

先用低倍镜找到物像，并将物像调到视野中央，再于标本上滴上一滴香柏油，置于油镜下进行观察。

五、注意事项

① 固定时温度不可过高，以载玻片反面触及皮肤时热而不烫为宜。

② 水洗时，不要对着标本直接冲洗，以免冲去被检标本，一般以冲洗下来的水基本无色为度。

③ 染色完毕，倾去水分，于室温中自然干燥或用吹风机吹干水分，不可在标本上擦拭，以免擦损标本。

六、思考题

1. 细菌染色前，为什么必须固定？

2. 为什么滴加香柏油镜检前要干燥？

实验三　离心机的使用

一、离心机的原理

　　离心分离是基因工程实验中使用最多的技术之一，掌握相关的原理与方法有利于高效、快速地进行实验。根据离心技术的原理可将离心方法分为差速离心与区带离心两大类。

　　实验室中最常用的是差速离心，这是利用溶液中不同颗粒沉降系数的差别，在不同离心力的条件下将它们分别沉淀的方法。溶液中颗粒的沉降之所以会有差别，是因为它们的密度不同所致沉降速度不同，而离心力的作用只是增大其差别，加速颗粒沉降。实验图 3-1 是离心机转速、半径列表计算图。这种技术一般用于分离沉降系数相差较大的颗粒，如基因工程实验中用这种方法收集沉降细胞、去除裂解细胞的碎片、去除变性蛋白等杂质以及用于沉淀 DNA。

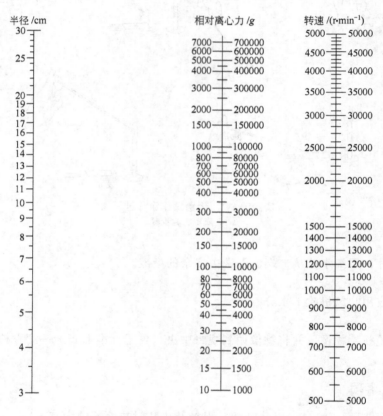

实验图 3-1　离心机转速、半径列表计算

　　除了两类不同的离心方法外，离心机所用转头也有 3 种形式：垂直转头、甩平转头与角度转头。常规差速离心中多用角度转头。

二、离心机的使用

　　基因工程实验中使用的离心机以台式为主，离心管多为 0.5mL、1.5mL、2mL、5mL。如果需要处理大量液体也可以使用可装几十毫升管的落地式离心机。实验中以选用带有转速表与冷冻装置的高速离心机为最佳。这是因为短时间内沉淀 DNA 至少需要 12000g 的相对离心力，这样的条件只有高速离心机才能达到；另外，带有转速表的离心机可以随时显示转速，以便控制离心力；带有冷冻装置的离心机可以防止由于转头高速旋转，与空气摩擦而产生的高热（这是制备感受态细胞过程中要注意防止的）。关于沉淀 DNA 过程中的温度控制，近期研究表明，常温下的离心回收率并不低于低温下的离心回收率。

使用离心机时还应注意不可超过最大允许转速。最大允许转速是以一定密度的液体作为离心介质来确定的，不同型号的离心机具有不同的允许值，不可互用。当实验中用到密度较大的液体时可酌情降低转速，防止损坏机器。转速的确定可以根据公式 $n = n_{\max}(A/B)^{1/2}$ 进行计算，其中 n 为待定转速；$n_{\max}$ 为离心机的最大允许转速，是根据离心机及转头性质决定的；A 为最大允许转速时使用溶液的密度；B 为待离心溶液的密度。使用小型台式离心机时一般不必作此类校正。

使用小型台式离心机时，往往会忽视对称管的平衡问题。当管子未平衡离心时，会听到离心机发出负重工作的噪声，与平衡后即使是高速离心时发出的声音也不相同，这种噪声在转速上升与下降阶段尤其明显。未平衡状态下离心会使离心机受到极大的损伤。为了防止出现上述情况，离心时应注意以下几点。

对于密封程度较差的有盖管离心时，宁可少加些液体，以防止因渗漏造成对称管不平衡的现象。离心前试将离心管以角度转头的倾角放置来检查所装液体是否过量，以将离心状态下的垂直液面控制在管长范围内。如实验图 3-2 中（a）、（b）、（c）分别为离心管在不同情况下的液面状态。

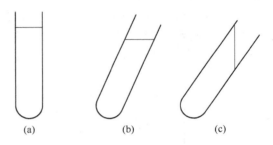

实验图 3-2　离心管在不同
情况下的液面状态

（a）离心管处于垂直状态；（b）离心管置于角度转头内（未离心时）；（c）角度转头离心时

除了较长时间的离心外，即使是数秒钟的离心，如实验中还经常需将管壁上的液体甩至管底，也应使用平衡管。

在使用三氯甲烷抽提去除蛋白质的操作中，不可仅根据体积用肉眼估计平衡与否。这是因为三氯甲烷的密度高达 $1.49\mathrm{g/mL}$，如对称管中为水时，虽然体积相等，但却会造成很大的质量误差，甚至是使用了经称重平衡的 2 管也还会在离心时出现不平衡的现象。其原因如下：根据 $F = \omega^2 r$（其中，F 为离心力，ω 为离心角速度，r 为颗粒的旋转半径）可以知道，离心力不仅与颗粒的旋转半径有关，整个管子所受的离心力也与管子的重心有关。只是一般的高速离心中可以不考虑重心的差别，但仅此一点也足以使机器在高速离心时发出负重工作的噪声，所以超速离心时除了平衡对称管的质量外，还必须考虑到重心的差别。此外，在使用 12 孔的 1.5mL Eppendorf 管离心机时，也可平均放置 3 管进行离心。但必须注意 3 管要经过统一的平衡，再外推，凡是能满足 3 加偶数（2、4 等）管时，均能在对称状态下离心。

掌握离心机有关原理，不超速并注意在平衡状态下使用，能尽量避免损坏离心机，大大延长其使用寿命。根据实验操作步骤所提供的条件进行离心时，可以避免出现沉淀不完全或是沉淀过紧的现象。前者在沉淀 DNA 时会碰到，后者在收集感受态细菌时会碰到。当用力振松过紧的菌块时，可能使脆弱的感受态细胞受到损伤而死亡。由于离心机的转头不可能非常大，转速也有所限制，所以调整也只是在条件允许的状况下所作的微调，有经验者往往只是估计使用不低于原有离心力的条件。但是，在高速或是极限速度下，长时间的离心会使离心机的寿命缩短，所以，使用经计算后调整的参数离心，能在有效的前提下尽可能延长离机的使用寿命。

三、离心机的操作

① 离心机必须放置在坚固水平的台面上，塑料盖门上不得放置任何物品。如实验图 3-3。

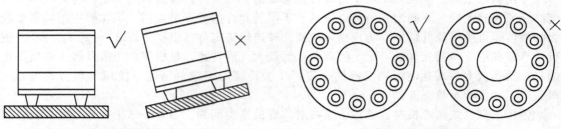

实验图 3-3　离心机的水平放置　　　　　　　　　实验图 3-4　样品等量放置

② 将样品等量放置在试管内，并将其对称放入转头，如实验图 3-4。

③ 拧紧转轴螺母，盖好盖门，将仪器接上电源后，打开仪器后面的电源开关，此时数码管显示 "0000"，表示仪器已接通电源。

④ 如需调整仪器的运行参数（运转时间和运转速度），可按功能键，使相应的指示灯点亮，数码管即显示该参数值，此时可用 "◀" 和 "▲" 及 "▼" 键相结合调整该参数至需要的值，并按记忆键确认储存。仪器控制面板如实验图 3-5。

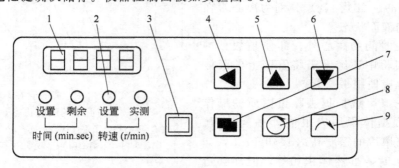

上图中各部分的含义如下表所示：

1	数码管	用以显示仪器的转速，时间等参数。
2	指示灯	数码管显示参数值时，该参数对应的指示灯亮
3	选择键 ▭	按该键可使 4 只指示灯切换点亮，同时数码管显示相应的参数值
4	◀	数字选择换位键，按此键可使数码管闪烁位左移
5	▲	增键，按此键可使数码管闪烁位由 0～9 变化
6	▼	减键，按此键可使数码管闪烁位由 9～0 变化
7	记忆键 ◧	按此键，储存所修改的参数值
8	开　键 ◯	启动离心机
9	关　键 ⌒	停止离心机

实验图 3-5　离心机仪器控制面板及说明

⑤ 按开键启动仪器。仪器运行过程中数码管显示转速，当需要查看其他参数时，可按功能键，使该参数对应的指示灯点亮，数码管即显示该参数值。当仪器到达设定的时间或中途停机时，停机过程中数码管闪烁显示转速，属正常现象。设定最高转速：1 号转 16000r/min；2 号转 12000r/min。

四、注意事项

① 为确保安全和离心效果，仪器必须水平置于操作台上，样品必须对称放置，并在开机前确保已拧紧螺母。

② 应经常检查转头及实验用的离心管是否有裂纹、老化等现象，如有就应及时更换。

③ 实验完毕后，需将仪器擦拭干净，以防腐蚀。

④ 如样品比重超过 $1.2g/cm^3$，设置转速 n 按下式计算：

$$n = n_{max} \times \sqrt{\frac{1.2}{\rho}}$$，其中 ρ 为样品比重，n_{max} 为离心机的最大允许转速。

⑤ 当电机碳刷（参见使用说明书）长度小于 6mm 时，必须及时更换。

⑥ 在离心机未停稳的情况下不得打开盖门。

⑦ 仪器必须有可靠接地。

⑧ 实验结束后，关闭后面的电源开关。拔掉电源插头。下次实验插上电源插头时，不要忘了打开后面的电源开关。

五、思考题

1. 分别有 1 支、3 支、5 支离心管的样品，而且质量相同，如何进行离心？
2. 装入离心管内的样品在体积上有何限制？
3. 2 支装有质量不等样品的离心管，如何使之平衡？

实验四　微量移液器的使用

基因工程实验中移取的液体体积往往很小，所以大多使用微升（μL）级的移液器。这种移液器要求有精确的、连续可调的机械装置与可调换使用的吸嘴，目的是能精确吸量并能防止交叉污染。微量移液器生产厂家不少，现以法国 Gilson Medical Electronics 公司的产品为例说明使用方法。Gilson 系列移液器共有 5 种型号，分别适用于不同性质、不同形式的液体移取（实验表 4-1）。实验室中使用最多的是 P 型产品，经常进行 PCR 操作的还可配备 M 型产品。P 型产品中共有 2μL、10μL、20μL、100μL、200μL 与 1mL、5mL、10mL 等最大吸量规格，均为空气排代、连续可调型。由于移液器价格昂贵，实验室可根据实验精度要求配备其中部分产品，并且正确使用，使操作误差控制在标称的范围之内。

实验表 4-1　Gilson Medical Electronics 公司的 5 种微量移液器特征

类　　型	P 型	F 型	M 型	R 型	D 型
特性	容量连续可调、空气排代	容量固定、空气排代	容量连续可调、活塞排代	容量连续可调、有外接管、可重复配液	容量连续可调、可从试剂瓶中重复配液
适用液体	各种水溶液、放射性溶液	任何黏度与密度的溶液	黏稠、高密度、易挥发性液体	各种水溶液、放射性溶液	水溶液
容量范围/μL	2～10000	2～1000	3～250	20～1000	50～5000

一、移液器的使用

1. 设定移液量

转动移液器顶部的按钮进行移液量的设定。反时针方向转动按钮可增加移液量，顺时针方向转动按钮则减少移液量。必须确认所要求的移液量调整到位并完全在把手体数字显示窗内的可见位置。如实验图 4-1、实验图 4-2。

注意：不能将设定的移液量超出该移液器标定的移液范围。用力过度试图把按钮转至额定范围之外将造成机械部件卡死，最后导致移液器损坏。

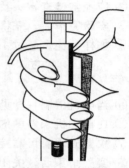

实验图 4-1　把手体数字　　　实验图 4-2　转动按钮　　　实验图 4-3　管嘴推顶

显示窗　　　　　　　设定移液量　　　　　退除管嘴

2. 管嘴推顶

每支移液器都具有管嘴推顶装置，用以排除手污染的危险。管嘴推顶装置由推杆、支撑弹簧以及管嘴推顶构件组成。操作时先把移液管对着废液接受容器，然后用大拇指按住管嘴推顶杆向下压，则可安全退除管嘴。如实验图 4-3。

3. 前进法转移溶液

移液器的操作由操作按钮进行控制。为得到最好的使用精度，应注意：①按下按钮或松开按钮的操作必须缓慢进行，尤其是处理高黏度液体时，不可让操作按钮急速弹回。②移液前应确保洁净的管嘴牢固地装进移液器的管嘴嘴锥并且管嘴内无外来颗粒。③在移液前先将溶液吸入新装的管嘴，然后排空、再吸入这样反复 2~3 次后再进行实际移液操作。④用移液管吸入液体时应注意垂直握住移液器，把手柄靠在食指上。⑤当移液器和管嘴的温度与溶液温度一致时再进行操作。

操作过程如下。

① 在洁净的试剂容器中注入待转移的溶液。

② 将按钮压至第一停点位置，如实验图 4-4 中 1 所示。

③ 将移液器管嘴置于液面下 1cm 深处并慢慢松开按钮，如实验图 4-4 中 2 所示。待管嘴吸入溶液后，将管嘴撤出液面并斜贴在试剂瓶壁上淌走多余的液体。

④ 轻轻压下操作按钮至第一停点位置，约 1s 后继续将操作按钮向下压至第二停点位置，如实验图 4-4 中 3 所示，其作用是排尽管嘴内的溶液。

⑤ 松开按钮使之返回按钮起点位置，如实验图 4-4 中 4 所示。

⑥ 需要时，可更换管嘴继续移液操作。

4. 倒退法转移溶液

倒退法适用于高黏度液体或易起泡沫液体的移取，此方法也推荐用于极微量液体的转移。操作过程如下。

① 在洁净的试剂容器中注入待转移的溶液。

② 将按钮下压至第二停点位置，如实验图 4-5 中 1 所示。

③ 将移液器管嘴置于液面以下 1cm 深处，然后慢慢松开按钮吸液，如实验图 4-5 中 2 所示。待管嘴吸满溶液后，将管嘴撤出液面并斜贴在试剂瓶壁上淌走多余的液体。

④ 轻轻压下按钮至第一停点位置，放出预设定的液体，如实验图 4-5 中 3 所示。将操作按钮保持在第一停点位置，使少量不包括在移液量内的液体仍然留在管嘴内。

⑤ 剩余在管嘴内的液体随管嘴一起废弃或者转移至原容器中，如实验图 4-5 中 4 所示。

⑥ 需要时，可更换管嘴继续移液操作。

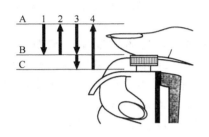 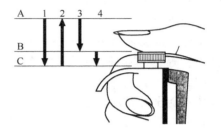

实验图 4-4　前进法转移溶液　　　　　　　实验图 4-5　倒退法转移溶液

A—起点位置；B—第一停点位置；C—第二停点位置　　　A—起点位置；B—第一停点位置；C—第二停点位置

二、注意事项

① 正确使用移液器应该包括以下几个方面：首先根据实验精度要求选用正确量程的移液器。例如，P20 移液器移取 $2\mu L$ 液体时会产生 $0.1\mu L$ 的误差，也即 5% 的误差，这是一般操作能容许的误差范围。但如果实验精度要求更高，可考虑配备量程范围更小的移液器（各移液器的吸量误差可自公司附表上查得）。对于无此条件，可考虑稀释液体，通过加大吸量体积来减少移液误差。

② 移液器调整时要先转至大于所需刻度 1/3 圈，然后再慢慢转至所需刻度，这步操作在吸量较小体积时尤为重要，这是因为螺丝的齿合有一定的间距，而校正移液器就是由大向小转至一定刻度进行，所以只有同样的操作才能消除误差的积累。

③ 吸量前先将吸嘴装上套紧（对于反复清洗、使用的吸嘴可用手轻旋以助套紧，但此处已被污染切不可接触试剂与瓶壁），将按把按到第一档处后，将吸嘴垂直插入液面。吸入时要慢慢放松按把，在吸取黏度与体积较大的液体时特别要缓慢操作，防止系统漏气与吸入的液体快速冲入移液器的套筒中。放样时先缓慢按到第一档，停留 1~2s 后再按到第二档以便彻底排出液体。

导致移液不准的原因很多。例如 P 型移液器属空气排代型，不宜吸取黏度与相对密度过大的液体，违反时会导致移液误差；长期使用的移液器中 O 型密封圈磨损与漏气以及吸嘴松动等也都会导致移液不准；吸样时吸嘴未与液面垂直、吸放样速度过快也同样会导致移液不准；对于 P 型产品来说甚至当吸量过程中温度变化较大时也会因腔内的体积变化而导致移液误差。除了注意上述各因素外，初学者最好使用带刻度的吸嘴，建立微升的大致概念。

除了常规的移液方法按到第一档吸样、按到第二档放样（即前述的"前进法转移溶液"）外，Gilson 公司还推荐其他的移液方法。例如，第二种方法是吸样时按到第二档，而放样时按到第一档，多余的液体则留在吸嘴内，即前述的"倒退法转移溶液"。这种方法适用于易在吸嘴中滞留的、黏性较大的液体，如甘油、硫酸葡聚糖溶液等。第三种方法是预淋洗法，就是先吸放样一次后再正式吸取样品，这种方法适用于易在吸嘴内形成薄膜的试剂，如白蛋白溶液与某些有机试剂等。对于限制酶等极昂贵的试剂仍应按常规法操作，防止滞留于吸嘴中造成浪费。

PCR 操作中极易由于移液过程造成交叉污染、甚至仅仅是形成气溶胶而造成假阳性结果，所以有必要配备一些活塞排代的 M 型移液器。这种移液器使用的吸嘴不同于一般，而是带有内部活塞杆的吸嘴。移液时吸嘴与活塞均与液体直接接触，移液完毕后带活塞的吸嘴可整体掉换，不会发生 P 型移液器中接触液体的空气进入套筒的现象，从而杜绝了气溶胶污染的可能。M 型移液器还适用于吸量高黏度、高挥发性与高密度的液体，当然也更适用于处理放射性试样。

长期使用的移液器需要定期检验以保证吸量的精度，常见的故障有 O 型圈磨损与调节螺杆松动等。检验是否漏气时可将移液器刻度调到较大体积，套紧吸嘴、浸入水中后观察，如吸嘴中有较多液体进入说明有漏气现象；也可吸样后慢慢将液体排出，如果有剩余液体不能全部排尽时也说明有漏气现象。最常见的原因是 O 型聚四氟乙烯密封圈磨损变形，调换后即可解决。检验调节螺杆时可将刻度慢慢转至零位置（不可转过头），轻按按钮应只有极小的松动感，如有较大的松动感时就会发生吸量的偏差。另外，还可吸取不同体积的水滴于已称重的 Parafilm 膜上，用天平进行称重校正，这是最根本也是最可靠的校验方法。

三、思考题

1. 规格为 $5\sim50\mu L$ 的移液器，可以进行 $1100\mu L$ 的移液吗？为什么？

2. 规格为 $100\sim1000\mu L$ 的移液器，可以进行 $1120\mu L$ 的移液吗？为什么？

3. 现有规格 $5\sim50\mu L$、$20\sim200\mu L$、$100\sim1000\mu L$ 的移液器，若需要移取 $15\mu L$、$115\mu L$、$1850\mu L$ 的溶液，分别应选择哪种移液器？

实验五　器皿的清洗、消毒与灭菌

一、常用清洗液的配制与使用

1. 清洗液的配方

强液（浓液）配方：

重铬酸钾（化学纯）	63g
浓硫酸（化学纯）	1000mL
双蒸水	200mL

中强液配方：

重铬酸钾（化学纯）	120g
浓硫酸（化学纯）	200mL
双蒸水	1000mL

弱液（稀液）配方：

重铬酸钾（化学纯）	100g
浓硫酸（化学纯）	100mL
双蒸水	1000mL

2. 配制与使用方法

最常用的是中强液。将重铬酸钾溶液溶解在双蒸水中，慢慢加入浓硫酸，边加边搅拌，配好后，储存于广口玻璃瓶内，盖紧塞子备用。应用此液时，器皿必须干燥，同时切忌把大量还原物质带入，这样可应用多次，溶液呈绿色时表明已失效。为增加去污作用，稀的铬酸洗涤液可以煮沸使用。

注意：配制清洗液时要注意安全，配戴耐酸手套。并在通风橱中操作。

3. 酸和碱的使用

若器皿上沾有焦油和树脂等物质，可用浓硫酸或40％的氢氧化钠溶液溶解后洗去，一般只需5～10min，有时需数小时。

4. 肥皂和其他洗涤剂的使用

肥皂水是很好的去污剂。油脂太多的器皿，先用吸水纸将油擦去后，再用肥皂水洗。此外还有其他洗涤剂，如10％的磷酸钠溶液去污、去油脂能力更强，比用肥皂洗更加洁净。

二、器皿的清洗

1. 玻璃器皿

玻璃器皿要求干净透明，无油迹，且不能残留任何毒性物质。其清洗一般包括浸泡、刷洗、浸酸、冲洗4个步骤。

（1）浸泡　先在清水或加有洗涤剂（常用洗涤灵）的水中浸泡数小时，再经简单刷洗，然后在5％的稀盐酸溶液中浸泡12h以上。注意：浸泡时要把器皿完全浸入水中，使水进入器皿中而无空气遗留。

（2）刷洗　如果条件允许，浸泡后的玻璃器皿在刷洗前用超声波清洗仪进行超声波处理，然后进行刷洗。刷洗时一般用毛刷蘸洗涤灵洗涤，以除去器皿表面杂质。刷洗时注意：①刷洗时不要留下死角。②刷洗时用力要轻，禁用去污粉，忌用粗糙的工具抠、刮瓶或皿表面以防止损伤表面。刷洗后，用自来水充分冲洗、晾干，待浸酸。

（3）浸酸　手戴橡胶耐酸手套，将涮洗晾干的玻璃器皿浸泡到重铬酸钾-浓硫酸清洗液中。注意：器皿应完全浸入清洗液中，培养瓶、试剂瓶等容器必须灌满清洗液。浸泡过夜或不少于6h，但浸酸时间也不宜过长。

（4）冲洗　每个器皿灌满水，再倒掉，如此用自来水反复冲洗10次以上。再用洗瓶装满蒸馏水冲洗至少3遍。冲洗后的器皿置鼓风干燥箱中吹干或烘干。

2. 胶塞、盖子的清洗

新购买的胶塞、盖子先用自来水冲洗后再做常规处理（直接购买的灭菌器材可以直接使用）。常规清洗方法：用后的上述器皿放入自来水中浸泡，若有血迹用毛刷刷掉后再用2％的氢氧化钠煮沸10～20min，然后用自来水冲洗，再用1％的盐酸浸泡30min，最后用自来水冲洗和用蒸馏水冲洗2～3次，晾干备用。

3. 不锈钢用品的清洗

剪子和镊子每次使用后要先用自来水浸泡，用毛刷蘸洗涤剂刷洗后用自来水冲洗和蒸馏水清洗2～3次，晾干备用。

4. 玻璃滤器的清洗

玻璃滤器的清洗过程比较繁琐，其具体步骤如下。

① 使用后立即将自来水注满漏斗，抽气过滤，反复抽滤5次。

② 用干净的清洗液或浓硫酸注满漏斗，彻底抽滤完毕。

③ 用自来水再抽气过滤10次。

④ 蒸馏水注满抽滤 3 次。

⑤ 晾干，用纱布包裹或存放在干净的地方备用。

三、包装

为保证消毒后的器皿不再次受到污染，清洗后的器皿在进行消毒前必须要进行包装。因器皿的大小和种类不同，采用的包装方法也有所不同。

（1）较大器皿

① 玻璃瓶：不同容量的生理盐水瓶和血浆瓶只需包扎瓶口即可。操作方法：用纱布包裹脱脂棉做成适宜的通气塞塞住瓶口（不要太紧），再用牛皮纸在外面包裹，然后用线绳扎紧。

② 滤器：将滤器漏斗安装在抽滤瓶上（注意：安装不能过于紧密，以免消毒时抽滤瓶内压力过大而使抽滤瓶破裂），漏斗的上方用牛皮纸包住，并用线绳扎紧。抽滤瓶与抽滤管相接处用脱脂棉塞住（注意：松紧要适宜，过紧影响使用，过松抽滤时易脱落），外面再用牛皮纸包裹并以线绳扎紧。整个滤器要用棉布紧密包裹起来并用线绳扎紧。

③ 培养皿：较大培养皿直接用牛皮纸或棉布包起来用线绳扎紧。

注意：以上用线绳捆扎时，不要打成死结。

（2）较小器皿

① 培养瓶、青霉素瓶、小培养皿、注射器、金属器械和胶塞等：直接装入金属饭盒内，饭盒外贴上标签进行消毒。注意：胶塞不能直接盖在培养瓶上进行消毒，把胶塞要单独放在一起消毒。

② 胶头滴管：消毒前先用少许脱脂棉将吸管与吸头接口端塞住，脱脂棉松紧要适宜，以防过松脱落到吸管内，或过紧影响使用。将吸管放入长度适宜并用纱布垫好底部的消毒筒内进行消毒。

四、消毒

1. 干热灭菌

此法的根本在于利用热辐射及干热空气进行灭菌，常用仪器是恒温干燥箱。

① 把待灭菌物品包好，放置入干燥箱内，不要堆放过挤。

② 接通电源，按下开关，黄灯亮，旋转干燥箱顶部调气阀，打开通气孔，排出箱内冷空气；旋转恒温调节器至红灯亮，逐渐升温，待干燥箱内温度上升至 100～105℃ 时，旋转调气阀，关闭通气孔。

③ 继续加热，调节电热干燥箱温度至所需温度，箱内有纸、棉花时不能超过 170℃。所需恒温时间一般为 160～170℃、2h 以上；170～180℃、1h 以上；250℃、45min 以上。

④ 灭菌完毕，切断电源，待箱内温度降到 60℃，再打开干燥箱门，取出灭菌物品。有包扎物的器皿在使用前要去除包扎物。

使用恒温干燥箱的注意事项如下。

① 对玻璃器皿、瓷器、金属等耐热物品灭菌时，首先要洗干净、控干水，不能沾有油脂等有机物。按要求包扎好后，放入恒温干燥箱内，排列不可过密、不可紧靠干燥箱壁，且忌用油纸包扎，以防着火。然后调节温度到 160～170℃ 持续 2h 以上，温度不要超过 170℃。

② 对注射器、安瓿等灭菌时，在 180℃ 持续 45min 即可。用 180℃、2h 或 250℃、45min 可除去热原。

③ 对纸张、棉花等物品及凡士林、部分粉剂等药品灭菌可用 140℃，持续 3h。

④ 再次强调，灭菌时，干燥箱内物品不能堆放过多、过密，以防空气不易流通。用纸

包扎的待灭菌物，不可紧靠干燥箱壁，以防着火。

⑤ 灭菌开始前要调节好温度、时间，关好箱门，待温度慢慢升高。灭菌结束时，关闭电源，温度慢慢降至 60℃左右再开启箱门，以免高温度的玻璃因骤冷而破碎。

⑥ 干燥箱内有焦糊味应立即关闭电源，报告教师。

⑦ 取出灭菌物品时，小心不要碰破电热干燥箱顶部放置的温度计。若水银温度计打破，应立即报告老师，一定及时处理，防止水银蒸发中毒。可先用硫磺铺洒在污染的地面和仪器上，然后用吸管清除水银。

2. 高压蒸汽灭菌

高压蒸汽法是彻底而迅速的灭菌法，现在已经被广泛使用。其适用范围有：①耐高温和潮湿的物品，如培养基、衣物、敷料、玻璃器材，传染性污染物等。②接种及培养后的培养基，经高压蒸汽灭菌后再弃去，然后洗涤相应容器。

高压蒸汽灭菌法需要的设备为高压蒸汽灭菌器。

高压蒸汽灭菌器的工作原理：常压下水的沸点是 100℃，随着容器里的压力升高，水的沸点也将升高，因此可以提高蒸汽的温度。人为地使容器内的高压持续一定的时间，可达到彻底灭菌的目的。

使用高压蒸汽灭菌器要按要求操作，特别注意安全事项。

包扎好的器皿、配制好的培养基可以用手提式高压灭菌仪进行灭菌，步骤如下。

（1）加水　打开灭菌锅盖，向锅内加水至高水位的标示高度。

（2）加料　将待灭菌物品放入灭菌桶内，物品不要堆放太紧或紧靠锅壁。

（3）盖好锅盖　将盖上的软管插入灭菌桶的槽内，加盖，对齐上、下栓口，两两以对角方式均匀旋紧螺栓，使锅盖紧闭。

（4）排放锅内冷空气及升温灭菌器　打开放气阀，加热。自锅内开始产生持续的高温蒸汽 3min 后再关紧放气阀。待压力逐渐上升，至所需温度时，控制热源，维持所需温度和压力达所需时间（115℃、30min，121.5℃、20min，126.5℃、15min）后，关闭热源，停止加热。

（5）灭菌后开盖取物及后处理　待压力降至"0"时，慢慢打开放气阀（排气口），开盖，立即取出灭菌物品。灭菌后的空培养皿、试管、移液管等需烘干或晾干。如果需要连续使用灭菌锅，每次需补充水。灭菌完毕，除去锅内剩余水分，保持灭菌锅干燥。

（6）灭菌情况检查　抽取少数灭过菌的培养基，置于 37℃恒温箱中培养 24h，若无菌生长，则认为灭菌彻底。

使用高压蒸汽灭菌锅的注意事项如前所述，这里不再赘述。

五、思考题

1. 用干热灭菌器要注意哪些事项？
2. 用高压蒸汽灭菌仪要注意哪些事项？
3. 使用干热灭菌器对有棉花、纸包装的物品灭菌时，对时间和温度有什么要求？
4. 使用干热灭菌器什么情况下才能打开箱门？

实验六　棉塞的制作

一、实验目的

1. 了解高压蒸汽灭菌前要对培养基进行加塞、包扎的作用。

2．掌握棉塞的制作过程。

二、实验原理

对分装入试管和培养瓶中的培养基进行灭菌时，容器内的气体要与灭菌锅中的气体保持相通，才能使内、外压平衡，从而使培养基在此温度、压力下达到很好的灭菌效果。如果玻璃器皿内、外气体不通，导致其内外压力差过大，会使玻璃器皿破碎，从而使灭菌失败。所以，分装培养基的小试管或锥形瓶在灭菌前要加上松紧适度的棉塞，以保证其通气性。此外，加上松紧适度的棉塞，可以阻止外界空气中的微生物进入而污染培养基。

所制做棉塞的大小、松紧要适当。棉塞过紧，小试管或锥形瓶内的气体与灭菌锅中的气体不相通，易造成玻璃器皿的破碎而使灭菌失败。棉塞过松，外界微生物容易进入培养基而造成污染。

三、实验材料

小试管、锥形瓶、棉花、纱布、剪刀、牛皮纸、记号笔、麻绳。

四、实验方法

1．制作棉塞

首先根据需要量把棉花摊成正方形，然后将一角沿对角线的 1/3 处对折，再从相邻一角开始慢慢向上（或向下）卷，最终成锤头状。卷的过程要注意松紧适度。一只好的棉塞，外形与未开伞的蘑菇相似，其大小、松紧都适当。如实验图 6-1。

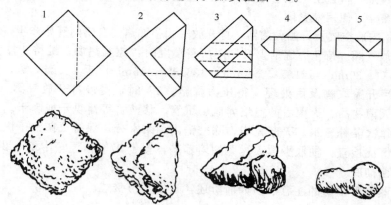

实验图 6-1　棉塞制作过程

在给装好培养基的试管或锥形瓶加棉塞时，棉塞总长度的 3/5 应在口内，2/5 应在口外（实验图 6-2）。

此外，在微生物实验过程中，通常要用通气塞。通气塞是由几层纱布（一般为 8 层）相互重叠而成，或是在两层纱布中间均匀铺一层棉花而成。这种通气塞常加在装有液体培养基的锥形瓶口上，经接种后，放置于摇床上振荡培养。由于通气更加良好，故可获得更多氧气以促使菌体生长和发酵。纱布通气塞如实验图 6-3 所示。

2．包扎

塞好棉塞后，将试管用棉绳扎成捆。在成捆的试管或单个锥形瓶的棉塞外包上一层牛皮纸，以防灭菌时冷凝水沾湿或灭菌后灰尘侵入。然后再用线绳扎好，打活结。挂上标签，注明培养基的名称及配制日期。

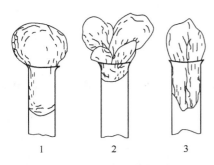

实验图 6-2　加棉塞的方法
1—正确；2,3—不正确

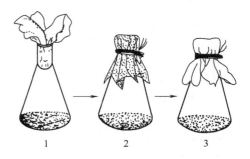

实验图 6-3　通气塞
1—配制时纱布塞法；2—灭菌时包牛皮纸；
3—培养时纱布翻出

3. 重复练习

分别做 3 个试管、锥形瓶的棉塞，并包扎。再试做 2 个通气塞。

五、注意事项

① 做棉塞的棉花要选用纤维较长的，一般不用脱脂棉做棉塞，因它易吸水变湿，造成污染而且价格也昂贵。

② 做好的棉塞大小、松紧都应适当。

③ 塞入口内的棉塞不能过长或过短。

④ 灭菌前一定在棉塞外包扎牛皮纸，且用线绳打活结捆扎，并系好标签。

六、思考题

1. 高压蒸汽灭菌前，为什么要在分装培养基的试管口或锥形瓶口加棉塞？

2. 通气塞与棉塞在制法上有什么区别？通气塞在培养微生物过程中有什么作用？

3. 为什么一个做好的棉塞，其大小、松紧要适当？

实验七　固体培养基的制备

一、实验目的

1. 熟悉配制固体培养基的基本流程。

2. 学会固体培养基及半固体培养基的配制方法。

二、实验原理

人工地将氮源、无机盐、生长因子、水等物质混合在一起，再调节适宜的 pH 值，就成了供微生物生长繁殖的培养基。由于这些原材料中含有各种微生物，而培养基是提供微生物纯培养用的，故配制后应经灭菌使呈无菌状态。不同的微生物所需的营养成分不同，培养基的组成也不同。

每种培养基都可配制成液体、固体及半固体三种物理状态以满足不同的培养的需求。液体培养基、固体培养基、半固体培养基的区别在琼脂加量上。不加琼脂，为液体培养基；若加入 1.5％～2％的琼脂，即成为固体培养基；若加入 0.2％～0.5％的琼脂，即为半固体培养基。琼脂加热至 100℃ 时熔化，再冷却到 45℃ 时又凝固，主要用作赋形剂（凝固剂）。

三、实验材料

1. 器材

锥形瓶、量筒、试管、吸管、漏斗、棉花、牛皮纸、纱布、记号笔、麻绳、1000mL 的搪瓷量杯、托盘天平。

2. 试剂

牛肉膏、蛋白胨（简称胨）、氯化钠、蒸馏水、琼脂、可溶性淀粉、磷酸二氢钾、硫酸亚铁、硫酸镁、硝酸钾、葡萄糖、1mol/L 氢氧化钠溶液和同浓度的盐酸溶液、广泛 pH 试纸。

四、操作方法

固体培养基：牛肉膏蛋白胨琼脂培养基的制备如下。

1. 培养基配方

牛肉膏	3g	琼脂	15～20g
蛋白胨	10g	蒸馏水	1000mL
氯化钠	5g	pH	7.4

2. 配制方法

固体培养基与液体培养基的区别仅在于有无琼脂。配制过程中，条状琼脂先用剪刀剪成小段，然后加入试管加热。加热过程中应注意不断搅拌，以防琼脂煳底。熔化后用热蒸馏水补足 1000mL 水量，再按实验八的方法进行调 pH、分装、加塞、包扎及灭菌。

灭菌后，需做成斜面的试管应趁热摆成斜面（实验图 7-1）。制成的斜面长度以不超过试管总长的一半为宜。固体平板培养基则需完成倒平板工作，操作过程如下。

（1）熔化培养基　水浴熔化按固体培养基配制方法配制的固体培养基；如果灭菌之后直接倒平板，可以在取出灭菌物品时直接操作。

（2）倒平板　待培养基冷却至 50℃ 左右，取无菌培养皿，用无菌操作法每皿倒入约 20mL 的培养基（实验图 7-2）。凝固，备用。

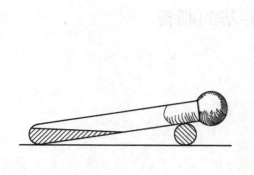

实验图 7-1　摆固体斜面

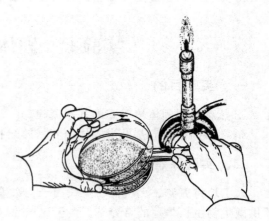

实验图 7-2　倒固体培养基平板

五、思考题

1. 倒平板之前熔化培养基为什么要在水浴中进行？
2. 倒平板的培养基能否在室温下进行？

3. 倒平板时为什么要求无菌操作？

4. 配制固体培养基时加入琼脂后，为什么要不断搅拌？

实验八　液体培养基的配制、分装与包扎

一、实验目的

1. 熟悉配制液体培养基的基本流程。

2. 学会液体培养基的配制、分装与包扎方法。

二、实验原理

同实验七。

三、实验材料

1. 器材

锥形瓶、量筒、试管、吸管、漏斗、棉花、牛皮纸、纱布、记号笔、麻绳、1000mL 的搪瓷量杯、托盘天平。

2. 试剂

牛肉膏、蛋白胨、氯化钠、蒸馏水、琼脂、可溶性淀粉、磷酸二氢钾、硫酸亚铁、硫酸镁、硝酸钾、葡萄糖、1mol/L 氢氧化钠溶液和同浓度的盐酸溶液、广泛 pH 试纸。

四、实验方法

液体培养基：牛肉膏蛋白胨（肉汤）培养基的制备如下。

1. 培养基配方

牛肉膏	3g	蒸馏水	1000mL
蛋白胨	5g	pH	7.4
氯化钠	5g		

2. 配制方法

（1）称量　按培养基配方依次准确地称取牛肉膏、蛋白胨、氯化钠，放入 1000mL 的搪瓷量杯中。对于一些不易称量的成分，如牛肉膏，可用玻璃棒挑取，放入已知质量的小烧杯或表面皿中称量，用热的蒸馏水熔化后倒入搪瓷量杯中。

（2）溶解　在上述搪瓷量杯中，加入约 900mL 的蒸馏水，用玻璃棒搅匀，然后在石棉网上加热，使各成分充分溶解。用水补足至 1000mL。

（3）调 pH　逐渐滴加 1mol/L 氢氧化钠溶液，用玻璃棒搅匀。在滴加的过程中，用玻璃棒蘸取培养基点在广泛 pH 试纸上，对照 pH 值，调至 7.4。如果 pH 值调过头，可用 1mol/L 盐酸回调。经高压灭菌后，培养液 pH 略有降低，故在调整培养液 pH 值时，一般比配后要高出 0.2。

3. 分装

将配制的培养基用玻璃漏斗分装入试管或锥形瓶内。试管的装量不超过管高的 1/4，锥形瓶的装量以不超过锥形瓶容积的一半为限。分装通常使用大漏斗，漏斗下口连有一段橡皮软管，橡皮管下面再接一根玻璃滴管，橡皮管上夹一个弹簧夹以控制培养基的流出量。如实验图 8-1 所示。

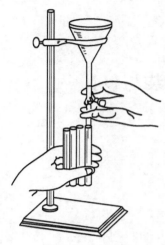

实验图 8-1　液体培养基的分装

4. 包扎

分装培养基结束后，加棉塞或通气塞，并用牛皮纸将棉塞部分包好，然后用记号笔注明培养基的名称、组别、日期。

5. 灭菌与无菌检查

（1）灭菌　装入高压灭菌锅，用 103.42kPa、121.3℃，灭菌 20～30min。

（2）无菌检查　将灭菌的培养基抽样置于 37℃ 恒温箱（或培养箱）内，培养 24～48h，证明无菌生长后才可使用。

对一些特殊的培养基，配制有特殊的要求，要按具体说明配制。

五、思考题

1. 固体培养基与液体培养基的组成区别关键是哪种物质？有何作用？

2. 怎样对培养基进行无菌检查？

实验九　平板划线接种技术

一、实验目的

1. 掌握常用接种工具的使用。

2. 掌握平板划线接种技术。

3. 了解斜面培养基接种法。

二、实验原理

要使微生物在培养基上按要求生长，必须使用适当的接种工具，同时掌握一定的接种技术。

一般酒精灯火焰周围 10cm 处是无菌的，无菌超净台吹出的风是无菌的。用接种环或接种针就着酒精灯火焰或在无菌超净台上，将微生物从某一固体培养基表面或液体培养基中移到另一含有适宜营养成分的固体培养基表面或液体培养基中，完成接种过程。接种后的微生物经培养就能得到纯培养的微生物。

细菌的接种方法有固体平板划线法、固体斜面培养基接种法、液体培养基接种法、半固体培养基接种法。本实验主要介绍固体平板划线法，同时介绍固体斜面培养基接种法。

三、实验材料

1. 器材

接种环、接种针、酒精灯、试管等。

2. 试剂

固体平板培养基、固体斜面培养基、肉汤琼脂半固体培养基、金黄色葡萄球菌和大肠埃希菌的混合菌液、大肠埃希菌斜面培养物、金黄色葡萄球菌斜面培养物。

四、操作前准备

配制培养基：按实验七所述的方法配制固体培养基、固体斜面培养基。

五、操作方法

1. 斜面接种技术

（1）接种环的使用　接种环（或接种针）是用铂丝或细电炉丝制成的，使用前后都要用酒精灯火焰的外焰灼烧，灭菌方法如实验图 9-1，要按图中箭头的所示来回移动，严格灭菌。

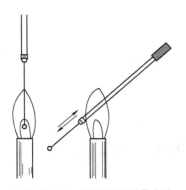

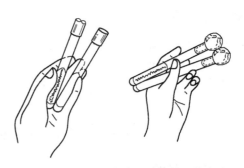

实验图 9-1　接种环的灭菌方法　　　　实验图 9-2　斜面接种时试管的两种拿法

（2）斜面培养基接种　斜面接种时试管有两种拿法（如实验图 9-2）。斜面培养基接种方法如实验图 9-3 所示。左手握持菌种管与琼脂斜面培养基管，菌种管位于左侧，培养基管位于右侧，斜面均向上；右手持接种环火焰灭菌。以右手掌心和小指、小指和无名指分别夹取两管口的棉塞，将两试管口迅速通过火焰灭菌。在火焰附近，用灭菌的接种环从菌种管挑取少量菌，伸进待接种的培养基管斜面底部，先向上划一直线，再从底部向上蛇形划线。接种时不要划破培养基表面，沾菌的接种环进出试管时不应触及试管口。灼烧接种环，放回原处。

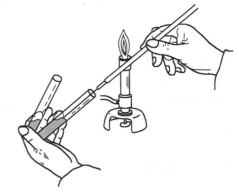

2. 琼脂平板划线分离法

琼脂平板划线分离的方法一般为分区划线法。琼脂平板划线的操作方法如实验图 9-4 所示。

实验图 9-3　斜面培养基接种方法

分区划线分离法的步骤如下：①将接种环灭菌。②冷却后，蘸取金黄色葡萄球菌和大肠埃希菌的混合菌液少许，划线于平板培养基表面 a 处，如实验图 9-4 中 1 所示。③再将接种环灭菌。④冷却后，从 a 处将菌划出至 b 处，如实验图 9-4 中 2 所示。⑤接种环再次灭菌。⑥从 b 处划出至 c 处，如实验图 9-4 中 3 所示。

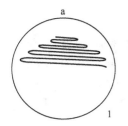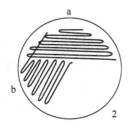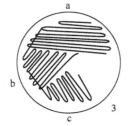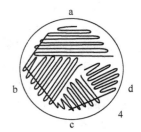

实验图 9-4　分区划线分离法

⑦再次灭菌接种环。⑧从 c 处划出至 d 处，如实验图 9-4 中 4 所示。⑨将平皿倒置于 37℃培养箱中培养。⑩观察结果。

六、注意事项

① 接种环或接种针在接种前后都要消毒。

② 接种环消毒后蘸取菌种之前，要在试管内壁上靠一下，以冷却铂丝，使其不至于烫伤菌种。

七、思考题

1. 如何对接种环、接种针进行灭菌？
2. 固体培养基为何要倒置培养？
3. 举例说明实验室常用于微生物纯种分离的方法。

实验十　从植物细胞中提取 DNA

一、实验目的

1. 了解 DNA 的提取原理。
2. 学会 DNA 的粗提取和鉴定的方法，观察提取出来的 DNA 物质。
3. 通过本实验培养实验操作能力和观察能力。

二、实验原理

1. DNA 在氯化钠溶液中的溶解度是随着氯化钠浓度的变化而改变的。当氯化钠的物质的量浓度为 0.15mol/L 时，DNA 的溶解度最低。利用这一原理，可以使溶解在氯化钠溶液中的 DNA 析出。

2. DNA 不溶于乙醇溶液，但是细胞中的某些物质可以。利用这一原理，可以进一步提取出含杂质较少的 DNA，使 DNA 纯化。

三、实验材料

1. 试剂

① 研磨缓冲液（pH7.0）：0.45mol/L 氯化钠，0.045mol/L 柠檬酸三钠（3×SSC），0.1mol/L EDTA，1％ SDS（十二烷基硫酸钠）。

② 5mol/L 高氯酸钠溶液。

③ 三氯甲烷。

④ 异戊醇。

⑤ 95％的预冷乙醇。

⑥ 0.1×SSC 溶液（pH7.0）：0.015mol/L 氯化钠，0.0015mol/L 柠檬酸三钠。

⑦ 10×SSC 溶液（pH7.0）：1.5mol/L 氯化钠，0.15mol/L 柠檬酸三钠。

⑧ RNA 酶溶液：RNA 酶溶液在 0.15mol/L 氯化钠溶液（pH5.0）中溶解，在 80℃水浴中保温 10min，灭活可能污染的 DNA 酶。然后冷却，在低温下保存备用。

2. 器材

磨口锥形瓶、离心机、细吸管、移液管、烧杯、恒温水浴锅、研钵、豌豆或菠菜幼苗。

四、实验步骤

① 称取豌豆或菠菜幼苗 50g，剪碎后放在研钵内，加入 50mL 的研磨缓冲液，然后剧烈研磨，使之成为浆状物。

② 将此浆状物小心地倒入一个磨口锥形瓶内，加入等体积的三氯甲烷-异戊醇（24∶1，体积比）混合液，加上瓶塞，剧烈摇晃 30s，以脱除组织蛋白质。

③ 在室温下离心（4000r/min）5min，这时混合物会形成三层，用细口吸管小心地吸取上层含有核酸的水溶液，弃去中间的细胞碎片与变性蛋白质以及下层的三氯甲烷。

④ 将收集的水溶液倒入一个在 70℃ 水浴中预热的试管中，并在 70℃ 下继续保温 3～4min（注意：不要超过 4min），以灭活组织内的 DNA 酶，然后迅速取出试管，放在冰水浴中冷却到室温。

⑤ 加入 5mol/L 高氯酸钠溶液（4∶1，体积分数），使溶液中高氯酸钠的最终浓度为 1mol/L。

⑥ 再次加入等体积的三氯甲烷-异戊醇（24∶1，体积比）混合液，并在带塞的锥形瓶中摇晃 30s。

⑦ 将此乳浊液在室温下离心（4000r/min）5min 后，收集上层含核酸的水溶液。

⑧ 将收集的水溶液置于一小烧杯内，然后用滴管慢慢地加入 2 倍体积的预冷过的 95% 乙醇于水溶液表面上，用玻璃棒轻轻地搅动，此时核酸将迅速地以纤维状沉淀缠绕在玻璃棒上（当 DNA 不能形成或不完全形成纤维状沉淀时，可采用离心法收集絮状沉淀物）。

⑨ 将核酸沉淀物在烧杯壁上轻轻挤压以除去乙醇，然后溶解在适量的 0.1×SSC 溶液中。待完全溶解后，加入此溶液 1/10 体积的 10×SSC 溶液，使之最终成为 1×SSC 溶液。

⑩ 按照步骤 8，再次用乙醇沉淀核酸，并且按步骤 9 将核酸溶解，即可得到 DNA 的粗制品。

⑪ 加入 RNA 酶溶液使其最后作用的浓度为 50～75μg/mL，并在 37℃ 下保温 30min，以除去 RNA。

⑫ 加入等体积的三氯甲烷-异戊醇（24∶1，体积比）混合液，在锥形瓶中摇晃 30s，再次除去残留蛋白质及所加的 RNA 酶。然后按照步骤 7 离心，收集上层水溶液。

⑬ 按照步骤 8 再次沉淀 DNA，并按步骤 9 的程序将其溶解，即可得到纯化的 DNA 溶液。

五、思考题

1. 在本实验中 0.1×SSC 溶液与 10×SSC 溶液各有什么作用？
2. 简述三氯甲烷-异戊醇的作用。
3. 称取植物幼苗时，最好选用叶肉，剥离叶脉，为什么？
4. 分析实验成功或失败的主要原因。

实验十一　　碱裂解法抽提质粒

一、实验目的

学习和掌握碱裂解法提取（以下简称碱法抽提）质粒 DNA 的方法。

二、实验原理

质粒是一种双链的共价闭合环状的 DNA 分子，它是染色体外能够稳定遗传的物质。因质粒能在细胞质中自行进行复制，并使子细胞保持恒定的拷贝数，因此在基因工程中质粒作为外源 DNA 片段进入受体细胞的运载工具（载体），起到了举足轻重的作用。

碱裂解法提取质粒是基于质粒 DNA 与染色体 DNA 的变性与复性的差异而达到分离的目的。在 pH 值介于 12.0～12.5 这个狭窄的范围内，染色体 DNA 的双螺旋结构解开而变性，而共价闭环质粒 DNA 的氢键虽然会断裂，但超螺旋共价闭合环状的两条互补链由于相互盘绕紧密结合而不会完全分开，当加入 pH4.8 的乙酸钾高盐缓冲液恢复 pH 至中性时，变性的质粒 DNA 又恢复原来的构型，保存在溶液中，而染色体 DNA 不能复性而形成缠连的网状结构。通过离心，染色体 DNA 与不稳定的大分子 RNA、蛋白质-SDS 复合物等一起沉淀下来而被除去。

碱法抽提质粒用到的主要试剂是溶液Ⅰ、溶液Ⅱ、溶液Ⅲ，掌握各种试剂的组分与作用对于做好实验很有帮助。

溶液Ⅰ：由葡萄糖、EDTA、Tris·Cl 组成。其中葡萄糖的作用是增加溶液的黏度，减少抽提过程中的机械剪切作用，防止破坏质粒 DNA；EDTA 的作用是络合掉 Mg^{2+} 等二价金属离子，防止 DNA 酶对质粒分子的降解作用；Tris·Cl 能使溶菌液维持溶菌作用的最适 pH 范围。如果需要溶菌酶可在临用前加入，抽提大肠杆菌质粒时可不用溶菌酶，本实验中也不用。因溶液Ⅰ中含有葡萄糖，易长菌，配好后应湿热灭菌，保存于 4℃ 冰箱。

溶液Ⅱ：由 SDS（十二烷基硫酸钠）与 NaOH 组成。SDS 的作用是解聚核蛋白并与蛋白质分子结合使之变性；NaOH(pH>12) 的作用是破坏氢键，使 DNA 分子变性。配制时应注意 NaOH 要用新鲜配制的，若放置时间较长后，部分 NaOH 会吸收空气中的 CO_2 形成 Na_2CO_3，影响溶液Ⅱ的碱性。

溶液Ⅲ：由 KAc 与 HAc 组成，其中 K^+ 浓度为 3mol/L、Ac^- 浓度为 5mol/L，是 pH 值为 4.8 的高盐溶液。溶液Ⅲ能中和溶液Ⅱ的碱性，使染色体 DNA 复性而发生缠绕并使质粒 DNA 复性。K^+ 会与 SDS 形成溶解度很低的盐并与蛋白质形成沉淀而除去。溶液中的染色体 DNA 也会与蛋白质-SDS 形成相互缠绕的大分子物质，很容易与小分子的质粒 DNA 分离，此外，高盐溶液也有利于各种沉淀的形成。

三、实验材料

1. 试剂

① LB 液体培养基：酵母提取物 5g/L、蛋白胨 10g/L、NaCl 10g/L。用 5mol/L NaOH 调节 pH 值为 7.0，加水定容。0.103MPa(15bf/cm²) 湿热灭菌 15min。

② 抗生素：用无菌水溶解氨苄青霉素或硫酸卡那霉素，使之浓度达到 100mg/mL，分装后于 -20℃ 保存。

③ 溶液Ⅰ：50mmol/L 葡萄糖、25mmol/L Tris·Cl(pH=8.0)、10mmol/L EDTA(pH=8.0)。可先配 0.5mol/L 葡萄糖、0.5mol/L Tris·Cl(pH=8.0)、0.5mol/L EDTA(pH=8.0) 的母液，再稀释。

溶液Ⅰ配好后于 0.103MPa 湿热灭菌 15min，于 4℃ 保存。

④ 溶液Ⅱ：0.2mol/L NaOH、10g/L SDS。可先配 5mol/L NaOH 与 100g/L SDS，再稀释。溶液Ⅱ中 NaOH 最好新鲜配制，否则空气中 CO_2 会溶入 NaOH 形成 Na_2CO_3 影响溶液 pH 值。溶液Ⅱ中如有絮状沉淀可放到温水浴中助溶，不澄清者不可用。

⑤ 溶液Ⅲ：5mol/L 乙酸钾 60mL、冰乙酸 11.5mL、无菌水 28.5mL。其中，K^+ 浓度为 3mol/L，Ac^- 浓度为 5mol/L。5mol/L 乙酸钾配后灭菌可长期保存。

溶液Ⅰ、Ⅱ、Ⅲ可按体积 1∶2∶1.5 的比例配制。

⑥ 饱和酚：酚重蒸后加入质量浓度为 1g/L 的 8-羟基喹啉，以 2/3 酚体积的 0.8mol/L Tris 水溶液与之混合使 pH 值升至 8.0，液面上覆盖饱和后过剩的水层。

⑦ 酚/三氯甲烷：饱和酚中加入等体积三氯甲烷/异戊醇，混匀使用。

⑧ 三氯甲烷/异戊醇：V(三氯甲烷)∶V(异戊醇) 为 24∶1，混匀使用。

⑨ 异丙醇。

⑩ TE：10mmol/L Tris·Cl(pH=8.0)、1mmol/L EDTA(pH=8.0)。可先配 0.5mol/L Tris·Cl(pH=8.0) 与 0.5mol/L EDTA(pH=8.0) 的母液，稀释后应重新测定并调整 pH 值。TE 配好后于 0.103MPa 湿热灭菌 15min。

⑪ RNaseA：称取 RNaseA 溶于 10mmol/L Tris·Cl(pH=7.5)、15mmol/L NaCl 溶液或无菌水中，质量浓度为 5mg/mL。置于 2000mL 烧杯中 100℃ 水浴煮沸 5～15min，自然冷却至室温，分装于小管，−20℃ 保存。

⑫ 3mol/L NaAc：配好后 0.103MPa 湿热灭菌 15min，分装小管中，于 4℃ 保存。

⑬ 100% 乙醇。

⑭ 70% 乙醇：可用 95% 乙醇稀释配制。

2. 器材

摇床、TGL-16G 离心机（6×5mL 管）、Eppendorf 管离心机（12×1.5mL 管）、振荡器、恒温水浴、移液管、微量移液器：20μL、200μL 各一把、5mL 离心管、1.5mL 离心管。

3. 菌种

① MV1184(pUC118)。

② TG1(pKM)。

四、实验步骤

抽提过夜的培养菌液 MV1184 菌株中的 pUC118 质粒 2 管与 TG1 菌株中的 pKM 质粒 4 管。再按如下步骤进行操作。

从平皿上挑取一环菌种

接入含抗生素的液体 LB 培养基

37℃，振荡培养过夜

4mL 菌液倒入 5mL 管中离心

5000r/min，离心 3min

↓

弃上清液，振荡沉淀物至无菌块

加溶液Ⅰ 0.5mL，混匀

加溶液Ⅱ 1.0mL，混匀，0℃ 放置 10min

加溶液Ⅲ 0.75mL，混匀，0℃ 放置 10min

12000r/min，离心 10min

↓

倒取上清液，加 1.5mL 酚/三氯甲烷，混匀

↓

10000r/min，离心 5min

↓

吸取上清液，加 1.5mL 三氯甲烷／异戊醇，混匀

↓

10000r/min，离心 5min

↓

吸取上清液，加 1.8mL 异丙醇，室温放置 15min

↓

12000r/min，离心 10min

↓

弃上清液，加 70％ 乙醇 2mL，略振荡后放置 2min

↓

10000r/min，离心 2min

↓

弃上清液，沉淀于 50℃ 烘干

每 2 管加 0.5mL TE 溶解，转移至 1.5mL Eppendorf 管中

加 RNaseA 至终浓度为 $50\mu g/mL$，65℃ 放置 30min

加 0.4mL 三氯甲烷，混匀

↓

10000r/min，离心 5min

取上清液，加 1/10 体积的 3mol/L NaAc 以及 2 倍体积的 100％ 乙醇

0℃，放置 30min

12000r/min，离心 10min

弃上清液，加 $400\mu L$ 70％ 乙醇略振荡后放置 2min

10000r/min，离心 5min

↓

弃上清液，沉淀于 50℃ 烘干备用

五、思考题

1. 100％与 70％的乙醇在实验中各有什么作用？
2. 简述酚、三氯甲烷、异戊醇、异丙醇、饱和酚的作用。
3. 抽提过程中每次离心的时间与转速是否都一样？为什么？

实验十二　　$CaCl_2$ 法转化大肠杆菌

一、实验目的

1. 了解转化过程中各因素对转化率的影响以及大肠杆菌常用菌株中各限制因素对克隆外源 DNA 的影响。
2. 掌握基因工程中选用宿主菌的原则。
3. 学会用 $CaCl_2$ 法促生感受态并进行连接液的转化。

二、实验原理

质粒 DNA 的转化是重组 DNA 技术中重要的一环，只有经过这一步骤才能将人工改造、构建的基因导入宿主菌中，通过无性繁殖而得到其他方法不可能得到的大量特定的蛋白质。

转化是将异源 DNA 分子引入受体细胞，并在受体细胞内进行复制表达，从而使受体细胞获得新的遗传性状的过程。受体细胞经过一些特殊方法（如电击法、$CaCl_2$ 等化学法）处

理后，使细胞膜的通透性发生变化，成为易于接受外源 DNA 片段转入的感受态细胞。在一定条件下，将带有外源 DNA 的质粒与感受态细胞混合保温培养，使 DNA 分子进入受体细胞。进入细胞的外源 DNA 分子通过复制、表达、使受体细胞出现新的遗传性状，通过在选择性培养基中培养，即可筛选出转化子。

本实验以大肠杆菌 DH5a 菌株为受体细胞，用 $CaCl_2$ 法处理细胞使其成为感受态细胞，然后与前一实验获得的质粒（pUC118）共同保温，实现转化。

三、实验材料

1. 试剂

① LB 液体培养基。

② LB 固体培养基：液体培养基中加入质量浓度为 10g/L 的琼脂粉，于 0.103MPa 湿热灭菌 15min。

③ 100mmol/L $CaCl_2$：于 0.103MPa 湿热灭菌 15min，4℃保存。

④ 抗生素：氨苄青霉素（Ap）浓度为 100mg/mL、硫酸卡那霉素（Km）浓度为 100mg/mL。

2. 器材

摇床、分光光度计、冷冻离心机、恒温水浴、37℃恒温培养箱、40mL 有盖离心管、1.5mL 离心管、涂布棒、培养皿。

3. 菌种

DH5α。

四、实验步骤

取少量连接液用 $CaCl_2$ 法转化大肠杆菌 DH5α 菌株，并同时进行转化效率的阳性对照与连接液、受体菌的阴性对照转化。具体过程如下。

接种一环 DH5α 于 2mL LB 中

↓

37℃ 振荡过夜

稀释 10 倍，测定 $D(600)$ 值，计算接种量

以约 1% 体积的接种量接入 20mL 于 37℃ 预热的 LB 中至 $D(600) \approx 0.03$

37℃ 培养至 $D(600) \approx 0.2$（约 1.5h，菌数不可多于 $10^8 \, mL^{-1}$）

↓

倒入 40mL 离心管中

↓

0℃，放置 10min

4℃，5000r/min，离心 5min

弃上清液，摇动振松菌块

加 10mL 100mmol/L 预冷的 $CaCl_2$

0℃，放置 20min

4℃，5000r/min，离心 5min

↓

弃上清液，摇动振松菌块

加 100μL 100mmol/L 预冷的 $CaCl_2$，0℃ 放置

在 1.5mL、离心管中按实验表加入 $CaCl_2$、受体菌与 DNA

加入组分 转化项目	CaCl₂	受体菌	DNA	预热液体 LB	抗生素种类 （LB 皿中）
① 阳性对照　a.	—	10μL	pUC118 DNA 1ng	100μL	Ap
b.	—	10μL	pUC118 DNA 5ng	100μL	Ap
② 阴性对照（连接液）	10μL	—	2μL 连接液	100μL	Ap＋Km
③ 阴性对照（受体菌）	—	10μL	—	100μL	Ap＋Km
④ 连接液转化组	—	60μL	6μL 连接液	600μL	Ap＋Km

0℃，放置 30min

42℃，放置 2min

0℃，放置 2min

加于 37℃ 预热的液体 LB（见上表）

37℃，放置 45min，期间轻摇数次

表中 ①、②、③ 组各 100μL/ 涂布（见上表）

连接液转化组 ④ 梯度涂布（见上表），分 A、B 两组
A：50μL×2 皿涂布
B：500μL 浓缩后×2 皿涂布（10000r/min，30s 离心，弃上清液，剩余部分分 2 份涂布）

37℃ 倒置培养过夜

五、思考题

计算系统转化效率（转化子数/μg）与重组子总数：
1ng pUC118 转化效率：＿＿＿，未浓缩涂布重组子个数：＿＿＿，
5ng pUC118 转化效率：＿＿＿，浓缩后涂布重组子个数：＿＿＿。

实验十三　酚/三氯甲烷法快速鉴定转化子

一、实验目的

1. 了解在 DNA、mRNA、蛋白质以及功能等各水平上的转化子鉴定原理。
2. 掌握各种检测方法适用的情况。
3. 用酚/三氯甲烷快速抽提酶切法鉴定本实验中的转化子。

二、实验原理

上一个实验将重组的 DNA 转化到大肠杆菌的受体菌中；但在实际工作中克隆的含义是只有当我们得到了经过鉴定的重组子时，才能说完成了一个完整的过程。大部分克隆工作是从一个原核生物或真核生物庞大的基因组 DNA 中获得某一特定的基因。一般的做法是，先构建一个概率上包含有整个基因组 DNA 片段的基因文库，然后用特定的方法从文库中筛选出所需要的基因。其中，筛选往往是整个克隆过程中工作量最大的部分。从理论上说，重组子的筛选与鉴定可以在各个水平上进行，如 DNA 水平、mRNA 水平、蛋白质水平以及外源基因所表现出的功能水平。但实际上很少在外源基因转录的水平进行检测，这是因为

mRNA 的操作较为困难且 mRNA 携带的信息可以分别从 DNA 水平与蛋白质水平推测到。下面介绍几种在不同水平上的检测原理。

1. DNA 水平检测

（1）快速抽提电泳分析　快速抽提法是用非常简便的方法将质粒 DNA 快速分离，以供电泳检测之用。例如，裂解法就是将电泳点样液与 SDS 混合的裂解液加到离心收集后的菌体中，保温促使细菌壁与膜的破裂、促使 SDS 与蛋白质等形成大分子，然后离心除去细胞碎片以及大部分大分子杂质，上清液可直接用于电泳检测。这类方法使用试剂单一，操作简便、快速，适合于筛选重组子。但因这种方法没有传统抽提法中对各种杂质的分别处理，所以上清液中除了质粒 DNA 外仍有大量的杂质，只能作电泳分析之用；并且用这种方法得到的上清液中的 DNA 会因酶的降解而不宜作长时间的保存，所以最好随抽随用。快速抽提法可用于基因文库中外源片段插入比例的检测以及文库中片段大小的大致估计，方法虽简便但得到的信息不够确切。

（2）快速抽提酶切分析　快速抽提法只能大致知道是否有插入以及片段的大小，抽提质粒 DNA 后的酶切分析可以得到关于插入片段更加确切的信息。例如，一步法中将菌体悬浮于含 100mmol/L NaCl 的 TE 中后，用酚/三氯甲烷法抽提可去除细胞壁以及大部分蛋白质，虽经乙醇沉淀后的 TE 悬浮液中仍留有部分染色体 DNA，但限制酶切处理后并不影响电泳结果的分析。抽提后酶切的方法虽然比简单的抽提法多一步操作，但能确切知道插入片段的大小。煮沸法、碱法等小量抽提后也可用于酶切分析，但与快速抽提法相比就显得非常繁琐。快速抽提酶切分析尽管能了解插入片段的大小，但却不能肯定与目的基因的同源性。

（3）原位杂交法　原位杂交是利用 DNA 的同源性进行检测的方法，既可用于菌落也可用于噬菌斑的检测，探针可以使用预先标记好的目的基因片段。这种方法不需抽提 DNA，而是在母平板的影印膜上将细胞原位裂解，然后与探针杂交进行检测。检测信号与母平板对应且可同时检测多个菌落，所以适用于克隆后的筛选工作。但由于克隆工作完成之前不可能得到此基因的片段，所以探针多用人工合成的寡聚核苷酸。与较长的 DNA 片段相比，寡聚核苷酸探针有更高的检测灵敏度。尽管原位杂交的方法适用于克隆后的筛选工作，但要有一套标记杂交的试剂，而且人工合成寡聚核苷酸又需要不菲的费用。

（4）斑点杂交法　与原位杂交不同的是斑点杂交要将 DNA 抽提出来，样品点在膜上后进行杂交。这一方法比原位杂交麻烦，用于大量筛选时有一定的困难，但由于 DNA 已经过抽提纯化，影响杂交结果的蛋白质、RNA 等杂质已大大减少，所以此法能得到更加确切的结果。

（5）Southern 杂交法　原位杂交与斑点杂交都只能鉴定整个 DNA 分子中是否含有与探针同源的片段，而 Southern 杂交能将同源基因定位于某个酶切片段中。具体方法是：将抽提的 DNA 进行彻底酶解，电泳后吸印于膜上再与探针进行杂交。选用合适的膜与合适的杂交系统时，还可对同一张膜进行不同探针的杂交，可以得到更多的信息。Southern 杂交步骤较多，一般不用于重组子的大量筛选，而仅用于克隆片段的基因定位等分析。

（6）DNA 序列分析　以上几种方法都是针对 DNA 同源性所设计、能对整个片段的同源性做出判断，但对于个别碱基的差异就不能给出准确的结论了，而 DNA 序列分析能检出个别不同的碱基。现大多数测序方法是用 Sanger 的双脱氧终止法。测序法操作步骤多、花费也大，只能用于个别重组子中外源片段的鉴定，特别是对于已经产生了点突变的基因。

2. mRNA 水平检测

以上方法都是利用 DNA 及其同源性进行检测，以下所介绍的 3 种方法则是利用 DNA 与其转录的 mRNA 之间的同源性进行检测。

（1）R 一环电子显微镜法检测　　R 一环电子显微镜法的过程是将带有目的基因的载体 DNA 与欲克隆 DNA 的 mRNA 在双链 DNA 的变性温度下在质量分数为 70％的甲酰胺溶液中保温，其中 DNA-mRNA 会形成稳定性大于 DNA-DNA 的分子结构。形成的 DNA-mRNA 分子可以在电子显微镜下观察到 θ 状结构，其中的环就是因为 mRNA 取代了同源基因的 DNA 片段所致。这种方法曾在早期的鉴定工作中用到，但此法首先要制备 mRNA，之后又要用电子显微镜观察，很是麻烦，近年来无论是筛选还是鉴定都已不用了。

（2）杂交抑制翻译　　杂交抑制翻译的过程是用带有目的基因的载体 DNA 与含有目的基因的总 mRNA 杂交，回收杂交后剩余的 mRNA 进行体外翻译，将翻译产物与总 mRNA 的翻译产物比较，所缺少的翻译产物的基因就是位于载体上的目的基因片段。这一操作涉及 DNA、mRNA 以及蛋白质，并且需要体外翻译系统，价高操作步骤又多，一般的鉴定工作极少使用。

（3）杂交选择翻译　　杂交抑制翻译只能用于鉴定所克隆的基因编码高丰度的 mRNA，而杂交选择翻译可将灵敏度提高很多，对于编码低丰度 mRNA 的基因也适用，如对于只占总 mRNA 0.1％左右的低丰度 mRNA 的编码基因也能筛选。具体的做法是：将带有目的基因的载体 DNA 固定于膜上后，与总 mRNA 杂交。先将未杂交部分洗脱，再将同源 mRNA 洗下进行体外翻译，翻译产物与载体上的外源基因相对应。

相比之下，杂交抑制翻译是在大量翻译杂蛋白质中寻找缺少的部分，而杂交选择翻译只是翻译与所测基因相对应的蛋白质，当然后者的灵敏度大大高于前者。无论抑制翻译还是选择翻译，都涉及与基因相对应的 mRNA，而且还需要体外翻译系统，现在都已极少使用。

3. 蛋白质水平检测

（1）沉淀免疫检测法　　用这种方法测试前，先要用纯的被克隆基因的蛋白质作为抗原免疫动物后得到抗体。检测时，如有肉眼可见的沉淀物，即可判断被测物中含有此种蛋白质。这种方法在制备抗原与抗体时工作量较多，而且检测灵敏度不够高。

（2）其他免疫检测法　　沉淀免疫检测法全凭肉眼观察结果，故难以避免低灵敏度。以后又发明了利用放射性标记检测的放射免疫法；利用荧光物质测定的荧光免疫分析法；利用可使无色底物分解为有色底物的酶联免疫法以及利用稀土元素进行检测的时间分辨免疫荧光法。所有这些检测原理都相同，只是在提高灵敏度方面有了很大的进展。

4. 功能水平检测

当免疫法得到正结果时仍有可能得不到活性蛋白。原因可能是由于克隆进去的结构基因不完整但也大到足以产生免疫反应，这在克隆较大的基因时会碰到；当然也有可能是产生了融合蛋白而影响活性，所以只有蛋白质功能水平上的检测才是最可靠的结果。功能水平的检测包括对特定抗生素的抗性反应、显色反应，噬菌斑的形态区别，能与营养缺陷型互补等，当然现在大部分克隆的真核生物的某些基因并不能使宿主菌产生明显的形态、功能方面的区别。对于不产生以上肉眼可见的种种功能区别的基因来说，只能分离相应的蛋白质并测定其功能才能最后肯定克隆结果。

三、实验材料

1. 试剂

① LB 液体培养基。

② TNE：10mmol/L Tris·Cl（pH＝8.0），1mmol/L EDTA（pH＝8.0），100mmol/L NaCl。

TNE 用 TE 母液配制，于 0.103MPa 湿热灭菌 15min。

③ 酚/三氯甲烷。

④ 三氯甲烷/异戊醇。

⑤ 10mol/L NH₄Ac：无菌水配制后用 0.22μm 的滤膜推滤灭菌，分装小管于 4℃保存。

⑥ 100％的乙醇。

⑦ 70％的乙醇。

⑧ TE。

⑨ RNaseA：5mg/mL。

⑩ *Eco*RⅠ酶。

⑪ 10×*Eco*RⅠ酶切缓冲液（购酶时附有）。

⑫ 琼脂糖。

⑬ TAE 电泳缓冲液。

⑭ 6×点样液。

2. 器材

摇床、Eppendorf 管离心机（12×1.5mL 管）、振荡器、烘箱、电泳槽、电泳仪、手提式紫外灯、10mL 有盖试管。

3. 菌种

① DH5α(pUC118)。

② DH5α(pKM)。

③ DH5α（重组质粒转化子）。

四、实验步骤

分别抽提载体对照 CDH5α(pUC118)DNA，供体对照 CDH5α(pKM) 与重组质粒转化子的 DNA。

（1）细菌培养

2mL 液体 LB(含抗生素) 置于 10mL 试管中分别接种 DH5α(pUC118)×1；DH5α(pKM)×1；
DH5α(重组质粒转化子)×4(随机挑取重组质粒转化子)

↓

倾斜放置于摇床上

37℃，振荡培养过夜

（2）抽提质粒

1.3mL 菌液各 1 管

↓

1.5mL 离心管中，12000r/min，离心 1min

↓

弃上清液，振松菌块

加 100μL TNE，混匀

加 100μL 酚／三氯甲烷，混匀

12000r/min，离心 5min

吸取上清液

↓

加 100μL 三氯甲烷／异戊醇，混匀

12000r/min，离心 5min

↓

定量吸取上清液

加 1/4 体积的 10mol/L NH₄Ac(终浓度 > 2mol/L)

加 2 倍体积的 100% 的乙醇

0℃，放置 30min

12000r/min，离心 10min

弃上清液，加 200μL 70% 的乙醇洗涤

弃上清液，沉淀物于 50℃ 烘干

（3）酶切、电泳

沉淀物溶于 15μL 含 20μg/mL RNaseA 的 TE 中

65℃，放置 30min

取 2μL，电泳检查 RNaseA 处理结果

各取 3μL 于 15μL 体系中进行 *Eco*R I 酶切反应

电泳检测结果

五、思考题

1. 影响该实验成败的因素有哪些？
2. 除了电泳检测，还有哪些鉴定重组子的方法？

实验十四　醋酸纤维薄膜电泳分离核苷酸

一、实验目的

1. 学习核酸碱水解的原理和方法。
2. 掌握核苷酸的醋酸纤维薄膜电泳的原理和方法。

二、实验原理

RNA 在稀碱条件下水解，先形成中间物 2′、3′-环状核苷酸，进一步水解得到 2′-核苷酸和 3′-核苷酸的混合物。在 pH3.5 时，各核苷酸的第一磷酸基（pK0.7～1.0）完全解离，第二磷酸基（pK6.0）和烯醇基（pK9.5 以上）不解离，而含氮环的解离程度差别很大。因此在 pH3.5 条件下进行电泳可将这四种核苷酸分开。四种核苷酸在 pH3.5 时的离子化程度见实验表 14-1。

实验表 14-1　四种核苷酸在 pH3.5 时的离子化程度

核苷酸	含氮环 pK 值	离子化程度	净负电荷
AMP	3.70	0.54	0.46
GMP	2.30	0.05	0.015
CMP	4.24	0.84	0.16
UMP	—	—	1.00

本实验先用稀氢氧化钾溶液将 RNA 水解，再加高氯酸将水解液调至 pH3.5，同时生成

高氯酸钾沉淀以除去 K^+，然后用电泳法分离水解液中各核苷酸，并在紫外分析灯（波长 254nm）下确定电泳图谱。

三、实验材料

1. 试剂

① 0.3mol/L 氢氧化钾溶液。

② 200g/L 高氯酸溶液。

③ 核糖核酸（粉末）。

④ 0.02mol/L pH3.5 柠檬酸缓冲液：称取柠檬酸·$2H_2O$，6.48g、柠檬酸钠·$2H_2O$ 2.68g，溶解在 2000mL 蒸馏水中，调 pH 至 3.5。

⑤ 0.01mol/L 盐酸溶液。

⑥ 标准核苷酸 TMP（AMP，UMP，GMP）。

⑦ 酸酸纤维薄膜（2cm×8cm）。

2. 器材

试管及试管架、锥形瓶、电热恒温水浴、血色素玻管和载玻片（点样用）、紫外分光光度计、电泳仪和电泳槽、紫外分析灯、托盘天平、解剖剪刀和镊子。

四、实验步骤

（1）RNA 的碱水解　称取 0.1～0.7g RNA，溶于 5mL 0.3mol/L 氢氧化钾溶液，使 RNA 的浓度达到 20～30mg/mL。在 37℃ 条件下保温 10h 后（或沸水浴 30min），将该水解液转移到锥形瓶内，在水浴中用高氯酸溶液滴定至水解液的 pH 为 3.5，离心（2000r/min，10min）除去沉淀，上清液即为样品液。

（2）点样　将醋酸纤维素薄膜在 pH3.5 的 0.02mol/L 柠檬酸缓冲液中浸湿后，用滤纸轻轻吸去多余的缓冲液，再点上样品液。另取一张薄膜，点上标准 AMP、CMP、UMP 及 GMP 的混合溶液。

（3）电泳　将已点样的薄膜仔细放入电泳槽内，注意样品的一端应靠近负极，并将条薄膜的点样对齐。每厘米长度电势降为 10V，调节电压至 160V，电流强度为 0.4mA/cm，电泳 25min。

电泳后，将薄膜放在滤纸上于紫外分析灯下进行观察，用铅笔将吸收紫外光的暗斑圈出。在记录本上给出 RNA 水解液和标准核苷酸的醋酸纤维素薄膜电泳图谱，并将每个斑点编号。

（4）鉴定　将每个斑点剪下，分别放入已编号的试管内，每管加 4mL 0.01mol/L 盐酸溶液进行洗脱，在 200～320nm 波长范围内分别测定它们的紫外吸收值（E）。制作空白对照时，专用一条薄膜，按上述方法点上同样量的 0.01mol/L 盐酸溶液或样品的溶剂，与点有样品的薄膜同时电泳，然后，在核苷酸点相对应的位置并剪下相同面积的薄膜，再浸入 4mL 0.01mol/L 盐酸溶液，洗脱后就为空白液。以波长 nm 为横坐标，消光值为纵坐标绘制每个斑点的吸收光谱。

根据每个斑点的紫外吸收值，计算出它们的 E_{250}/E_{260} 和 E_{280}/E_{260}。

五、思考题

1. 利用实验表 14-1，鉴定 pH3.5 下电泳分离后洗脱下来的各个斑点是哪种核苷酸。
2. 为什么核酸进行碱水解而不是酸水解？说明 RNA 碱水解产物的结构特点。

实验十五　紫外吸收法测定蛋白质含量

一、实验目的

1. 掌握紫外分光光度计的使用方法。
2. 了解紫外分光光度法测定蛋白质含量的原理。

二、实验原理

由于蛋白质中存在共轭双键、酪氨酸和色氨酸，因此蛋白质具有吸收紫外光的性质，吸收峰在 280nm 波长处，在此波长范围内，蛋白质溶液的吸光值 A_{280nm} 与其浓度成正比关系，故可对其做定量测定。

该法迅速、简便、不消耗样品，低浓度盐类不干扰测定。因此，在蛋白质和酶的生化制备中被广泛采用，特别是在层析分离中，利用 280nm 进行紫外检测，来判断蛋白质吸附或洗脱情况。但本法存在以下缺点：①对于测定那些与标准蛋白质中酪氨酸和色氨酸含量差异较大的蛋白质，有一定的误差，故该方法适于测定与标准蛋白质氨基酸组成相似的蛋白质。②若样品中含有嘌呤、嘧啶等吸收紫外光的物质，会出现较大干扰。例如，在制备酶的过程中，层析柱的流出液内有时混有核酸，应予以校正。核酸强烈吸收波长为 280nm 的紫外光，对 260nm 也有紫外吸收值。利用这些性质，通过计算可以适当校正核酸对于测定蛋白质浓度的干扰作用。但是，不同的蛋白质和核酸的紫外吸收是不同的，虽然经过校正，其测定结果还存在着一定的误差。

三、实验材料

1. 试剂
① 标准蛋白质溶液：准备称取经凯氏定氮法校正的结晶牛血清白蛋白，用蒸馏水精确稀释成 1mg/mL 的浓度。
② 待测蛋白质溶液：浓度为 1mg/mL 左右的溶液。
2. 器材
① 紫外分光光度计。
② 吸量管：0.5mL 1 支，1mL 3 支，2mL 2 支，5mL 2 支。
③ 试管和试管架。

四、实验步骤

1. 280nm 光吸收法
取 8 支试管标号，按实验表 15-1 加入各试剂。

实验表 15-1　制作标准曲线加样表

管　　号	1	2	3	4	5	6	7	8
标准蛋白质溶液体积/mL	0	0.5	1.0	1.5	2.0	2.5	3.0	4.0
蒸馏水体积/mL	4.0	3.5	3.0	2.5	2.0	1.5	1.0	0
蛋白质浓度/mg·mL^{-1}	0	0.125	0.25	0.375	0.50	0.625	0.75	1.0
A_{280nm}								

　　试剂加完后混匀，选用光程为 1cm 的石英比色杯，在 280nm 波长处分别测定各管溶液的吸光值 A_{280nm}。以吸光值为纵坐标、蛋白质浓度为横坐标，绘制标准曲线。

　　取待测蛋白质溶液 1mL，加入蒸馏水 3mL，混匀，按上述方法测定 280nm 处吸光值 A_{280nm}，并从标准曲线上查出待测蛋白质的浓度。

　　2. 280nm 和 260nm 的吸收差法

　　取待测蛋白质溶液 1mL，加入蒸馏水 3mL，混匀，测定 280nm 和 260nm 处吸光值 A_{280nm} 和 A_{260nm}。计算 A_{280nm}/A_{260nm} 的比值后，从表 15-2 查出校正因子"F"值，同时可查出该样品内混杂的核酸的百分含量，将 F 值代入，再用下述经验公式直接计算出该溶液的蛋白质浓度。

$$蛋白质浓度（mg/mL）=F\times 1/d\times A_{280nm}\times D$$

　　式中，A_{280nm} 为该溶液在 280nm 波长下的紫外吸收；d 为石英比色杯的厚度（以 cm 表示）；D 为溶液的稀释倍数。

实验表 15-2　紫外分光光度法测定蛋白质含量的校正数据表

A_{280nm}/A_{260nm}	核酸含量/%	因子(F)	A_{280nm}/A_{260nm}	核酸含量/%	因子(F)
1.75	0.00	1.11	0.846	5.50	0.656
1.63	0.25	1.081	0.822	6.00	0.632
1.52	0.50	1.054	0.804	6.50	0.607
1.40	0.75	1.02	0.784	7.00	0.585
1.36	1.00	0.994	0.767	7.50	0.565
1.30	1.25	0.970	0.753	8.00	0.545
1.25	1.50	0.944	0.730	9.00	0.508
1.16	2.00	0.899	0.705	10.00	0.478
1.09	2.50	0.852	0.671	12.00	0.422
1.03	3.00	0.814	0.644	14.00	0.377
0.979	3.50	0.776	0.615	17.00	0.322
0.939	4.00	0.743	0.595	20.00	0.278
0.874	5.00	0.682			

　　注：一般纯蛋白质的吸光度比值（280/260）约 1.8，而纯核酸的比值大约为 0.5。

五、思考题

　　1. 本法有何优缺点？

　　2. 若样品中含有核酸类杂质，应如何校正？

实验十六　动物细胞融合实验

一、实验目的

　　1. 学习聚乙二醇（PEG）化学诱导细胞融合的一般操作过程。

　　2. 对体细胞融合增加感性认识。

二、实验原理

　　细胞融合是两个或两个以上的细胞合并形成一个细胞的过程。在自然情况下，体内和体外培养的细胞均能发生自发融合现象。用人工的方法诱导细胞发生融合是 20 世纪 60 年代发展起来的技术。它不仅能诱导产生同种细胞融合、种间细胞融合，还能诱导动植物细胞产生细胞间融合。现在，细胞融合这一技术已成为研究细胞遗传、细胞免疫、肿瘤和生物新品种培育等的重要手段。

细胞融合的过程先是细胞质融合，形成双核或多核的细胞（同种细胞融合称同核体或同核细胞，异种细胞融合称异核体或异核细胞），然后发生有丝分裂，细胞核才合二为一，形成一个新的细胞（异核细胞就形成为杂种细胞）。在通常情况下，两个细胞接触并不发生融合现象，因为各自存在完整的细胞膜。但是，特殊融合诱导物质的作用使细胞膜之间融合，继之细胞质融合，就会形成一个大的融合细胞。

细胞融合诱导剂种类很多，一般可分为生物性和化学性两类。常用的主要有灭活的仙台病毒和聚乙二醇。后者是一种去垢剂，易得、用法简单、融合效果稳定，是目前用得比较多的一种诱导剂。

三、实验材料

1. 试剂

① RPMI1640：称取 10.4g RPMI1640 干粉，加 1000mL 双蒸水，混匀。从中取 90mL，加入 10mL 灭活小牛血清，即成含牛血清培养液。

② 50%聚乙二醇液：称取 5g PEG（相对分子质量 4000）放入刻度离心管内，在酒精灯上加热使其熔化，待冷却至 50℃时加入等体积预热的无血清 RPMI1640 培养液，混匀，置 37℃水浴中保温备用。

③ 聚乙二醇（PEG，相对分子质量 4000）。

④ RPMI1640 培养液（含 10%灭活小牛血清和不含血清两种）。

⑤ 0.2%次甲基蓝染液。

2. 器材

显微镜、离心机、离心管、水浴锅、吸管、载玻片、盖玻片、试管、酒精灯、小鼠骨髓细胞。

四、实验步骤

① 取一小瓶小白鼠骨髓细胞悬液（本实验是进行同种细胞融合）。

② 将悬液移入离心管中以 800r/min，离心 8min，弃上清液。加 10mL RPMI1640 无血清培养液再次悬浮细胞，离心洗涤一次。弃上清液后，将离心管倒置于滤纸上，流尽剩余液体（这一步很重要，因为残留液体会改变 PEG 的浓度）。

③ 用手指轻弹离心管底壁，使沉淀物松散。然后吸取制备好的 50% PEG 0.4mL，在 37℃水浴中，于 90s 内逐滴加入离心管中，边加边振摇离心管，使之与细胞混匀。然后加入 8~10mL RPMI1640 无血清培养液，轻轻敲打混匀，在 37℃水浴中静置 5min 以稀释 PEG。离心，弃上清液后，加入 2~3mL 含小牛血清的 RPMI1640 培养液，在 37℃水浴中孵育 30min。

④ 细胞融合过程的观察。每人分别于孵育 5min、10min、20min、30min 时取细胞悬液一滴制成临时装片，以 0.2%次甲基蓝染液染色，在显微镜下观察融合的不同阶段。通常可把融合过程分为 5 个阶段。

a. 两个细胞的细胞膜互相接触、粘连。

b. 接触部位的细胞膜破溃。

c. 两细胞之间细胞质相通，形成细胞质通道。

d. 通道扩大，两细胞连成一体。

e. 细胞合并完成，形成一个含有两个或多个核的圆形细胞。

上述阶段可在不同时间的临时装片上观察到。

⑤ 融合率的计算。对孵育 30min 时制备的临时装片计算融合率。融合率是指在显微镜的视野内，已发生融合的细胞，其细胞核的总数与此视野内所有细胞（包括已融合细胞和未融合细胞）的细胞核总数之比称为融合率，通常以百分数表示。计算时要进行 3～5 个视野测定，再加以统计、计算平均值，结果就更为准确。融合率计算公式：

$$融合率＝（融合的细胞核数/总细胞核数）×100\%$$

五、思考题

1. 在显微镜下绘制所观察到的细胞融合各阶段，并按变化顺序注明，说明其主要特点。
2. 测定的细胞融合率为多少？
3. 提高融合率的措施有哪些？

实验十七　PCR 扩增

一、实验目的

学习 PCR 反应的基本原理与实验技术。

二、实验原理

单链 DNA 在互补寡聚核苷酸片段的引导下，可以利用 DNA 多聚酶按 $5'→3'$ 方向复制出互补 DNA。这时单链 DNA 称为模板 DNA，寡聚核苷酸片段称为引物，合成的互补 DNA 称为产物 DNA。双链 DNA 分子经高温变性后成为两条单链 DNA，它们都可以作为单链模板 DNA，在相应引物引导下，利用 DNA 聚合酶复制出产物 DNA。PCR，即多聚酶链式反应（polymerase chain reaction，PCR）的原理类似于 DNA 的天然复制过程。在缓冲液中有引物、DNA 合成底物脱氧核苷酸（dNTP）存在的条件下，经变性、退火和延伸即可合成产物 DNA。经若干个这样的循环后，DNA 即可扩增 2^n 倍。

具体过程如下。

① 变性：加热使模板 DNA 在高温（94℃）下变性，双链间的氢键断裂而形成两条单链。

② 退火：使溶液温度逐渐降至 50～60℃，模板 DNA 即可与引物按碱基配对原则互补结合。

③ 延伸：再将溶液反应温度升至 72℃，耐热 DNA 聚合酶以单链 DNA 为模板，在引物的引导下，利用反应混合物中的 4 种脱氧核苷酸（dNTP），按 $5'→3'$ 方向复制出互补 DNA。

上述 3 步为一个循环，每经过一个循环，样本中的 DNA 量即可增加 1 倍，新形成的链又可成为下一轮循环的模板，经过 25～30 个循环后，DNA 可扩增 $10^6～10^9$ 倍。

典型的 PCR 反应体系由如下组分组成：DNA 模板、反应缓冲液、dNTP、$MgCl_2$、两个合成的 DNA 引物、耐热 Taq 聚合酶。

三、实验材料

1. 试剂

① DNA 模板：0.1μg/μL 人线粒体 DNA（从人胎盘中抽提纯化），使用前用 TE 缓冲

液稀释 10 倍置冰浴中。

②4 种脱氧核苷酸（dNTP）：4 倍 dNTP，即 1mmol/L dATP、1mmol/L dCTP、1mmol/L dGTP、1mmol/L dTTP。

③50nmol/L 引物：引物 1（位于线粒体 3108～3127bp）5′-TTCAAATTCCTCCCTG-TACG-3′；

引物 2（位于线粒体 3717～3701bp）5′-GGCTACTGCTCGCAGTG-3′。

④2.5U/μL Taq 聚合酶：如果市售浓度过高，可用酶稀释液进行稀释。

⑤酶稀释液：含有 50％甘油、50mmol/L NaCl、0.02％明胶（质量浓度）、0.1％ Triton X-100。

⑥DNA 相对分子质量标准物。

⑦10 倍缓冲液：含有 500mmol/L KCl、100mmol/L Tris-HCl(pH9.0)、15mmol/L MgCl$_2$、0.1％（质量浓度）明胶、1％ Triton X-100。

⑧石蜡油。

⑨DNA 琼脂糖凝胶电泳全部试剂。

2. 器具

PCR 热循环仪、琼脂糖凝胶电泳系统、加样枪。

四、实验步骤

①取 0.5mL Eppendorf 管一个，用加样枪按实验表 17-1 顺序分别加入各种试剂。

实验表 17-1　加样顺序

反 应 物	体积/μL	反 应 物	体积/μL	反 应 物	体积/μL
10 倍 PCR 缓冲液	10.0	引物 2	1.0	加水至终体积	100.0μL
4 倍 dNTP	8.0	线粒体模板 DNA	5.0		
引物 1	1.0	Taq 酶	1.0		

②加入 100μL 石蜡油。

③于 94℃预变性 5min，使 DNA 完全变性。

④按下述程序进行扩增：

　　a. 94℃变性 30s；

　　b. 52℃退火 45s；

　　c. 72℃延伸 45s；

　　d. 重复步骤 a.～c. 25～35 次；

　　e. 72℃延伸 10min。

⑤反应完毕，将样品取出置于冰浴中待用。

⑥进行琼脂糖凝胶电泳，分析 PCR 结果。

本实验 PCR 扩增的产物 DNA 片段长度为 609bp，适合于 1.5％琼脂糖凝胶中进行电泳检测。

五、思考题

1. PCR 基因扩增的基本原理是什么？

2. PCR 基因扩增基本反应步骤有哪些？

c. 在反应体系中加入石蜡油的作用是什么？

参 考 文 献

1　姚文淑．药用植物学．北京：人民卫生出版社，1996
2　王金发．细胞生物学．北京：科学出版社，2003
3　凌诒萍．细胞生物学．北京：人民卫生出版社，2001
4　杨萍．简明实验动物学．上海：复旦大学出版社，2003
5　上海中小学课程教材改革委员会编．生物．上海：上海科学技术出版社，2000
6　史济平．药学分子生物学．北京：人民卫生出版社，2000
7　于自然，黄熙泰．现代生物化学．北京：化学工业出版社，2001
8　吴梧桐．生物化学．北京：人民卫生出版社，2001
9　严莉莉．生物化学．北京：中国医药科技出版社，2000
10　王道若．微生物学．北京：人民卫生出版社，1998
11　李榆梅．微生物学．北京：中国医药科技出版社，2001
12　李榆梅．药学微生物检验技术．北京：化学工业出版社，2004
13　杨汝德．基因克隆技术在制药中的应用．北京：化学工业出版社，2004
14　刘佳佳，曹福祥．生物技术原理与方法．北京：化学工业出版社，2004
15　李继珩．生物工程．北京：中国医药科技出版社，2000
16　盛小禹．基因工程实验技术教程．上海：复旦大学出版社，1999

全国医药中等职业技术学校教材可供书目

	书　名	书号	主编	主审	定价
1	中医学基础	7876	石　磊	刘笑非	16.00
2	中药与方剂	7893	张晓瑞	范　颖	23.00
3	药用植物基础	7910	秦泽平	初　敏	25.00
4	中药化学基础	7997	张　梅	杜芳麓	18.00
5	中药炮制技术	7861	李松涛	孙秀梅	26.00
6	中药鉴定技术	7986	吕　薇	潘力佳	28.00
7	中药调剂技术	7894	阎　萍	李广庆	16.00
8	中药制剂技术	8001	张　杰	陈　祥	21.00
9	中药制剂分析技术	8040	陶定阐	朱品业	23.00
10	无机化学基础	7332	陈　艳	黄　如	22.00
11	有机化学基础	7999	梁绮思	党丽娟	24.00
12	药物化学基础	8043	叶云华	张春桃	23.00
13	生物化学	7333	王建新	苏怀德	20.00
14	仪器分析	7334	齐宗韶	胡家炽	26.00
15	药用化学基础（一）（第二版）	04538	常光萍	侯秀峰	22.00
16	药用化学基础（二）	7993	陈　蓉	宋丹青	24.00
17	药物分析技术	7336	霍燕兰	何铭新	30.00
18	药品生物测定技术	7338	汪穗福	张新妹	29.00
19	化学制药工艺	7978	金学平	张　珩	18.00
20	现代生物制药技术	7337	劳文艳	李　津	28.00
21	药品储存与养护技术	7860	夏鸿林	徐荣周	22.00
22	职业生涯规划（第二版）	04539	陆祖庆	陆国民	20.00
23	药事法规与管理（第二版）	04879	左淑芬	苏怀德	28.00
24	医药会计实务（第二版）	06017	董桂真	胡仁昱	15.00
25	药学信息检索技术	8066	周淑琴	苏怀德	20.00
26	药学基础	8865	潘　雪	苏怀德	21.00
27	药用医学基础（第二版）	05530	赵统臣	苏怀德	39.00
28	公关礼仪	9019	陈世伟	李松涛	23.00
29	药用微生物基础	8917	林　勇	黄武军	22.00
30	医药市场营销	9314	杨文章	杨　悦	20.00
31	生物学基础	9016	赵　军	苏怀德	25.00
32	药物制剂技术	8908	刘娇娥	罗杰英	36.00
33	药品购销实务	8387	张　蕾	吴阊云	23.00
34	医药职业道德	00054	谢淑俊	苏怀德	15.00
35	药品 GMP 实务	03810	范松华	文　彬	24.00
36	固体制剂技术	03760	熊野娟	孙忠达	27.00
37	液体制剂技术	03746	孙彤伟	张玉莲	25.00
38	半固体及其他制剂技术	03781	温博栋	王建平	20.00
39	医药商品采购	05231	陆国民	徐　东	25.00
40	药店零售技术	05161	苏兰宜	陈云鹏	26.00
41	医药商品销售	05602	王冬丽	陈军力	29.00
42	药品检验技术	05879	顾　平	董　政	29.00
43	药品服务英语	06297	侯居左	苏怀德	20.00
44	全国医药中等职业技术 教育专业技能标准	6282	全国医药职业技术 教育研究会		8.00

欲订购上述教材，请联系我社发行部：010-64519684，010-64518888
如果您需要了解详细的信息，欢迎登陆我社网站：www.cip.com.cn